国家在线开放课程配套教材
西安交通大学计算机基础系列教材

C# 程序设计

C# Chengxu Sheji

主编 崔舒宁
副主编 薄钧戈 房琛琛 齐 琪

高等教育出版社·北京

内容提要

本书以 Visual Studio 2017 为平台，讲述 C# 方面的编程知识。

本书共分 13 章。其中第 1~10 章主要讲述控制台下的 C# 编程，重点在面向对象的编程思想。第 11~13 章讲述 Windows 窗体程序的设计，介绍常用的控件、GDI+ 以及文件读写等方面的知识。

本书可作为高等学校程序设计类课程教材使用，也可供学习 C# 程序人员参考。

图书在版编目（CIP）数据

C# 程序设计 / 崔舒宁主编. -- 北京：高等教育出版社，2020.6（2024.11 重印）

ISBN 978-7-04-053718-5

Ⅰ. ①C… Ⅱ. ①崔… Ⅲ. ①C 语言 – 程序设计 – 高等学校 – 教材 Ⅳ. ①TP312.8

中国版本图书馆 CIP 数据核字（2020）第 028433 号

策划编辑 韩 飞　责任编辑 耿 芳　封面设计 张 楠　版式设计 杜微言

插图绘制 于 博　责任校对 窦丽娜　责任印制 刁 毅

出版发行 高等教育出版社

社 址 北京市西城区德外大街 4 号

邮政编码 100120

印 刷 涿州市京南印刷厂

开 本 787mm × 1092mm 1/16

印 张 23.25

字 数 530 千字

购书热线 010-58581118

咨询电话 400-810-0598

网 址 http://www.hep.edu.cn

http://www.hep.com.cn

网上订购 http://www.hepmall.com.cn

http://www.hepmall.com

http://www.hepmall.cn

版 次 2020年 6 月第 1 版

印 次 2024年11月第 2 次印刷

定 价 45.60 元

物 料 号 53718-00

出版说明

今天，从硅谷到北京，大数据、人工智能、云计算、物联网等新技术在不断被谈论，展示着前所未有的生命力。这使得计算机科学与技术在整个产业中占据了越来越重要的地位，从而也对培养具备计算思维能力、能够运用计算机解决各类专业问题的创新型高素质人才提出了迫切的要求。

随着21世纪的到来，人类进入了信息时代，计算机和网络成为人类生活与工作中不可缺少的伙伴和助手。作为信息时代的技术人员，建立和掌握利用计算机求解各种专业问题的思路和方法，是一种必备的能力。计算机科学既是一门独立的学科，又是所有专业研究的基础。《国家中长期教育改革和发展规划纲要（2010—2020年）》中指出，全面提高教育质量是高等教育发展的核心任务，是建设高等教育强国的基本要求。计算机基础教学承担着所有非计算机专业本科生的计算机能力培养工作，其教学质量和效果不仅直接影响学生的计算机能力，在一定程度上也影响本科教学质量。

教材是教学体系的反映，也是学习者获取知识的主要来源之一。为进一步提升计算机基础教育质量，培养学生的计算思维能力，高等教育出版社联合西安交通大学计算机基础课程教学团队在深入理解教育部高等学校大学计算机课程教指委发布的《大学计算机基础课程教学基本要求》基础上，结合多年教学和研究经验，编写出版了这套面向理工类专业、体现信息技术与教育深度融合的新形态“计算机基础系列教材”。整套教材从入门到进阶，并通过最终的《软硬件综合设计指导》，形成从基础知识和基本编程方法理解→适合不同应用方向软硬件知识学习→软硬件综合设计能力培养的相对独立的计算机基础教学体系，以培养学生对计算机的认知能力、编程能力和问题求解能力。这套教材总体上具有以下两个方面的显著特点：

（1）整套教材由浅入深、相互衔接、层次分明，反映了一个相对完整的计算机基础知识体系，可满足不同的学习需求。

整套教材分为4个层次。第一个层次的《大学计算机》以数据的表示、存储、处理、分析为主线，介绍系统平台原理、C程序设计，并从大数据的视角，概述了数据的组织与分析方法。作为入门级教材，该书将首先帮助读者在理解基础理论基础上，具备基本的C语言编程能力、简单算法设计和数据结构基础。

第二个层次是程序设计进阶，包括《算法设计与问题求解》《C#程序设计》《C++程序设计》和《Web编程技术》4本教材，分别侧重经典算法描述、可视化编程方法、面向对象程序设计、Web基本原理及平台相关技术四个方面，以满足读者在不同方向上的学习需求。

第三个层次的《微机原理与接口技术》在计算机、通信、电子工程、工业自动化和机械制造等专业学科中具有十分重要的地位。教材采用案例驱动方式，详细描述了微机系统的工作原理和I/O接口控制系统的设计方法，可帮助读者具备软硬件接口的初步设计能力。

第四个层次以"微项目设计"能力培养为目标，通过《软硬件综合设计指导》中多个不同主题的微型项目设计案例讲述，将前三个层次的知识融会贯通，帮助读者建立项目设计的基本思路和方法。

（2）教材与在线课程资源双向关联，形成了书网一体化的新形态教材。

该系列教材与即将在中国大学MOOC平台发布的"计算机基础系列在线开放课程群"配套，全部教材都有对应的MOOC。通过在教材的关键知识点描述中嵌入二维码，可以从教材直接跳转到线上课堂，使读者在文字阅读的同时能方便地从视频中获得教师对知识点的讲解；通过在线上课程中加入地址链接，可以实现在视频学习过程中同步阅读到详细的文字描述。同时，借助在线课程便于动态调整和跟进新技术发展的特点，实现相对稳定的纸质教材与动态更新的数字课程的深度融合。

计算机基础教学的培养目标是帮助所有非计算机专业的本科生具备利用计算机解决各种专业问题的能力。随着2017年新工科概念的提出，实践能力和创新能力成为关键词。因此，在这套教材的编写中，除了关注理论知识的系统和衔接之外，还尽可能注重了实践应用性，让读者在理解书中运行结果的同时，能够自然地将书中的知识运用到实际的问题求解中。

信息技术是21世纪发展最为迅速的技术，未来这套教材的内容和容量也会随着技术的发展而不断改革和调整。但是，纸质教材的更新永远难以跟上信息技术的发展，这也是努力建设与在线开放课程实现双向关联的新形态教材的初衷。

希望这一尝试能成为"互联网+"时代教材改革的风向标，为我国计算机基础教育的改革发展贡献力量。

西安交通大学
高等教育出版社
2018年7月

序

一流本科教育是建设世界一流大学的重要基础和支撑。《国家中长期教育改革和发展规划纲要（2010—2020年）》中指出，全面提高教育质量是高等教育发展的核心任务，是建设高等教育强国的基本要求。计算机基础教学承担着培养高校所有本科生的计算机基本知识、基本能力的重任，其教学质量和效果不仅直接影响学生的计算机能力，而且也将影响整个本科教学质量。为进一步推动计算机基础教育的发展，教育部高等学校大学计算机课程教学指导委员会发布了《大学计算机基础课程教学基本要求》（以下简称《基本要求》），针对计算机基础教学的现状与发展，提出了教学改革的指导思想、知识结构和课程设置。

西安交通大学计算机基础课程教学团队长期坚持教学研究和改革探索，研究成果和教学成效始终处于国内领先地位。近年来，随着大规模在线开放课程在全球的兴起以及国家对在线开放课程建设的要求，先后建设了7门计算机基础MOOC，其中3门获评首批国家精品在线课程，两门获评陕西省精品在线开放课程。在此基础上，课程团队启动建设了由6门理论课+1门综合设计实训课构成的“1+5+1”结构的“计算机基础系列在线开放课程群”，为学习者提供了体系完整、内容先进、逻辑清晰的学习平台。

教材是实现教学要求的重要保证。配合系列MOOC建设，团队教师在分析研究国内外相关领域课程体系基础上，结合计算机技术最新发展，编写了这套面向理工类专业的“计算机基础系列教材”。这套教材具有以下三个特点：

（1）体系完整，内容先进，逻辑清晰。构成了从基础理论到综合设计比较系统的计算机基础教学框架，符合高校理工类专业学生特点和学习需求。整套教材以《基本要求》为指导，以“计算思维能力来自于设计实践”为理念，以“使学习者具备利用计算机求解一般专业问题的能力和对计算机新技术的感知能力”为目标，在《大学计算机》教材中，不仅融入了各种新技术的描述，还从大数据视角，介绍了数据的组织与分析方法，并用较大篇幅介绍了C程序设计方法，奠定基本编程能力；在此基础上，分别通过《算法设计与问题求解》《C#程序设计》《C++程序设计》《Web编程技术》4本软件类教材与采用案例驱动式描述的《微机原理与接口技术》教材，分别介绍了高质量程序设计和I/O接口系统设计的思想和方法。最后，通过《软硬件综合设计指导》实践类教材，介绍了多个典型案例，实现了从理论知识到综合设计的有机结合，帮助读者建立利用程序语言求解问题的能力和初步的接口控制系统设计能力。

（2）线下和线上深度结合。基于“互联网+”思维，实现教材与线上课程的双向关联，形成相对稳定的纸质教材与动态更新的数字课程的深度融合。教材的每段关键知识点中都嵌入了二维码，扫描二维码，可以从教材直接跳转到线上课程中相应知识点的视频讲解；通过线上课程中的地址链接，可以在视频学习过程中同步阅读到教材的数字化文字描述。同时，借助 MOOC 教学内容易于动态调整和扩充的特点，实现教材内容的相对稳定和与教材链接的数字课程资源随时更新，形成了线上线下融合的新形态教材。

（3）编写团队经验丰富，水平高，能力强。团队成员均有十年以上教学和研究经验，对计算机基础教育理论、教学方法和学习需求有非常深入的理解和体会。团队主要教师均获得过国家或省、校级教学成果奖，并先后主编出版过国家“十五”“十一五”和“十二五”规划教材，具有丰富的教材编写经验。近年来，他们坚持将信息技术融入教育教学改革，结合大规模在线开放课程建设和在线学习行为分析研究，在多个理工类专业教学班中开展了基于 MOOC 的混合教学实践和在线学习过程的跟踪管理，已取得了一些研究成果，在《中国大学教学》等重要教学期刊和 ACM TURC 国际学术会议上发表了数篇研究论文。这套教材也反映了他们多年教学研究和实践的体会。

这套教材将会随着信息技术的发展和高校计算机基础教育的改革进程不断调整，希望各位专家、教师和读者不吝提出宝贵意见和建议，编写团队将认真吸取各方意见，不断改进和完善，为我国计算机基础教育的教材建设和人才培养做出新的更大贡献。

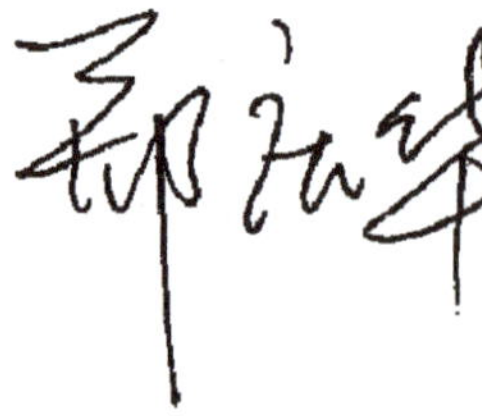

西安交通大学教授　副校长

教育部大学计算机课程教学指导委员会主任委员

2019 年 5 月

系列教材编委会

前言

C# 是一种安全的、稳定的、简单的，由 C 和 C++ 衍生出来的面向对象的编程语言。它在继承 C 和 C++ 强大功能的同时去掉了一些复杂特性（例如，没有宏和模板，不允许多重继承）。C# 综合了 Visual Basic 简单的可视化操作和 C++ 的高运行效率，以其强大的操作能力、优雅的语法风格、创新的语言特性和便捷的面向组件编程的支持成为 .NET 开发的首选语言。

C# 能够迅速、高效地完成 Windows 平台上的项目开发。众所周知，Windows 操作系统是目前世界上市场占有率最高的操作系统，众多的软件运行在 Windows 操作系统之上，而 C# 就非常适合开发这些软件。

本书以 Visual Studio 2017 为平台，讲述关于 C# 方面的编程知识。全书共分为 13 章。其中 1~10 章主要讲述控制台下的 C#，重点为面向对象的编程思想。第 11~13 章讲述 Windows 窗体程序的设计，介绍常用的控件、GDI+ 以及文件读写等方面的知识。

完成本书的讲授需要 48 课时（24 课时授课 +24 课时上机）至 72 课时（36 课时授课 + 36 课时上机）。本书的讲授只需要学生具有基本的计算机基础知识即可。在西安交通大学讲授本课程时，学生已经初步学习过 C 语言。在已经学习过一门程序语言的情况下，对于 1、2、4 章的内容讲述需注意 C# 和其他语言的区别。由于 C# 是纯面向对象的编程语言，所以本书在第 3 章只简单介绍一些面向对象的知识，使学生对程序的总体架构有一个认识。

第 5 章和第 6 章讲述数组和方法。从第 7 章到第 9 章则讨论面向对象的 3 个关键特性：封装、继承和多态。接口不是本书的重点内容，讲述得较为简略。第 10 章讨论 C# 的异常处理机制。

第 11 章到第 13 章讲述 Windows 的窗体编程。对于控件或组件的讲述，建议重点讲述 3~4 个控件，其余的可以安排学生自学。

本书所有代码在 Windows 10 以及 Visual Studio 2017 Team 版下调试通过。本书对版本没有特殊要求，Visual Studio Express 版完全可以满足本书的学习要求。

参加本书编写的人员有崔舒宁（第 1、2 章），齐琪（第 3、4、10、13 章），薄钧戈（第 5、7、9 章），房琛琛（第 6、8、11、12 章）。全书由崔舒宁统稿。本书的讲义已在西安交通大学部分班级试用，学生反应良好。但本书涉及面较广，时间仓促，加之作者水平有限，书中疏漏之处在所难免，恳望各位读者不吝指正。作者联系邮箱：cuishuning@sina.com。

崔舒宁

2019 年 10 月

目录

第 1 章

C# 和 .NET

1.1 C# 概述

编程工具与消费类电子设备（如移动电话和 PDA）的出现带来了新的问题与需求。集成不同语言的软件组件存在困难，安装问题也很常见，因为新版本的共享组件与旧软件不兼容。开发人员还发现它们是需要基于网络的程序，以便通过互联网访问和使用。随着移动电子设备的普及，软件开发人员发现客户不再局限于桌面计算机。开发人员认识到软件需要让任何人通过各种不同类型的设备访问。

为了满足这个需求，2000 年微软（Microsoft）公司推出了 C# 编程语言。C# 是由微软公司 Anders Hejlsberg 和 Scott Wiltamuth 领导的小组开发的，作为 .NET 平台上的语言，使程序员可以方便地集成到 .NET。C# 源于 C、C++ 和 Java 编程语言，采各家之所长并增加了自己的新特性。C# 是面向对象的，包含强大的预建组件类库，使程序员可以迅速地开发程序。C# 和 Visual Basic 共享框架类库，Visual C# 是事件驱动的可视化编程语言，程序在集成开发环境（IDE）中创建。编写的程序响应定时器和用户启动的事件（如鼠标单击与键击）。除了编写程序语句建立 C# 程序之外，还可以用 Visual Studio 的图形用户界面方便地把按钮、文本框之类的预定义对象拖放到屏幕上某个位置，然后标注和缩放它们。Visual Studio 会产生大部分 GUI 代码，利用 IDE，程序员可以方便地生成、运行、测试和调试 C# 程序，从而减少生成可工作程序所需的时间，比不用 IDE 时快得多。

1.2 .NET 框架和公共语言运行时

1.2.1 .NET 框架

技术人员一般将微软看成一个平台厂商。微软搭建技术平台，而技术人员在这个技术平台之上创建应用系统。从这个角度看，.NET 是微软的新一代技术平台，为敏捷商务构建互联互通的应用系统，这些系统是基于标准的、联通的、适应变化的、稳定的和高性能的。从技术的角度看，一个 .NET 应用是一个运行于 .NET Framework 之上的应用程序。更精确地说，一个 .NET 应用是一个使用 .NET Framework 类库来编写，并运行于公共语言运行时（common language runtime，CLR）之上的应用程序。如果一个应用程序与 .NET Framework 无关，它就不能称为 .NET 程序。比如，仅仅使用了 XML 并不就是 .NET 应用，仅仅使用 SOAP SDK 调用一个 Web Service 也不是 .NET 应用。目前 .NET Framework 的最新版本为 4.8，和 Visual Studio 2019 一起发布。可以在微软的网站上下载最新版本的 .NET 安装程序。

微视频：C# 与 .NET

1.2.2 CLR 与 CLI

CLI（common language infrastructure，公共语言基础结构）是一种为虚拟机环境而制定的规范，使得由各种高级语言所编制的程序可以在不同的系统环境中执行，而不必更改或重新编译源程序代码。CLI 指定一种标准的虚拟机中介语言，然后将各种高级语言编制的源代码映射为该中间语言。对于 .NET Framework 而言，这种中介语言是 Microsoft intermediate language（MSIL）。

在中介语言中，当执行程序时，代码是通过实时编译器（just-in-time compiler，简称为 JIT 编译器）被最终映射为机器码的。当然，在 CLI 中介语言中，代码可在其他任何具有 CLI 功能的环境中执行。一个具体的环境就是 CLR。

CLR 公共语言运行时是一个执行程序的标准化环境，不管程序是用 Visual Basic、C# 还是 C++ 等高级语言中的哪一种来编制的，都可以在此环境中执行。因此，按照 CLR 语言标准编写的 C++ 程序属于 C++/CLI，也就是为 CLI 而编写的 C++。

CLI 也被定义为一种数据类型的公共集，称为公共类型系统（common type system，CTS），它可用于任意语言编写的程序，以 CLI 为目标。CTS 规定在 CLR 环境如何使用数据类型，并包括一些预定义类型。也可以定义自己的数据类型，但必须用一种特殊方法来定义以便与 CLR 兼容。有一种标准的表达数据的类型系统，允许不同语言编制的组件用统一的方法来处理数据，从而使得不同语言编制的组件可以结合到单个程序中。CLR 只不过是 CLI 规范在个人计算机上、在微软 Windows 操作系统中的一个执行而已。

毫无疑问，其他操作系统环境和硬件平台上，CLI 也同样可行。有时会发现术语 CLI 和 CLR 可交换使用，尽管很明显它们不是一回事。CLI 是一种标准规范，而 CLR 却是微软对 CLI 的实现。

1.2.3 C# 的执行过程

执行 C# 代码的过程包括下列步骤。

1. 选择编译器

为获得公共语言运行时提供的优点，必须使用一个或多个针对运行时的语言编译器，如 Visual Basic、C#、Visual C++、F# 及许多第三方编译器（如 Eiffel、Perl 或 COBOL 编译器）中的一个。

2. 将代码编译为 MSIL

当编译为托管（CLR）代码时，编译器将源代码翻译为 Microsoft 中介语言（MSIL），这是一组可以有效地转换为本机代码且独立于 CPU 的指令。MSIL 包括用于加载、存储和初始化对象以及对对象调用方法的指令，还包括用于算术和逻辑运算、控制流、直接内存访问、异常处理和其他操作的指令。要使代码可运行，必须先将 MSIL 转换为特定于 CPU 的代码，这通常是通过 JIT 编译器来完成的。由于公共语言运行时为它支持的每种计算机结构都提供了一种或多种实时编译器，因此同一组 MSIL 可以在所支持的任何结构上实时编译和运行。

当编译器产生 MSIL 时，它也产生元数据。元数据描述代码中的类型，包括每种类型的定义、每种类型的成员的签名、代码引用的成员和运行时在执行时使用的其他数据。MSIL 和元数据包含在一个可移植、可执行文件中，文件格式包含 MSIL 或本机代码以及元数据，使得操作系统能够识别公共语言运行时映像。

3. 将 MSIL 编译为本机代码

运行 Microsoft 中介语言（MSIL）之前，必须先根据公共语言运行时将其编译为适合目标计算机体系结构的本机代码。.NET Framework 提供了两种方式来执行此类转换：.NET Framework JIT 编译器和 .NET Framework Ngen.exe（本机映像生成器）。

使用 JIT 编译器进行编译时，在应用程序运行时，JIT 编译器可以在加载和执行程序集内容的过程中根据需要将 MSIL 转换为本机代码。由于公共语言运行时为所支持的每种 CPU 体系结构都提供了一个 JIT 编译器，因此开发人员可以生成一组可在具有不同的计算机体系结构的计算机中进行实时编译和运行的 MSIL 程序集。但是，如果托管代码调用特定于平台的本机 API 或特定于平台的类库，则将只能在该操作系统上运行。

实时编译考虑了在执行过程中某些代码可能永远不会被调用的可能性。它不是耗费时间和内存将文件中的所有 MSIL 都转换为本机代码，而是在执行期间根据需要转换 MSIL 并将生成的本机代码存储在内存中，供该进程上下文中的后续调用访问。在加载并初始化类型时，加载程序将创建存根（stub）并将其附加到该类型的每个方法中。当首次调用某个方法时，存根（stub）会将控制权交给 JIT 编译器，后者会将该方法的 MSIL 转换为本机代码，并修改存根（stub）以使其直接指向生成的本机代码。这样，对 JIT 编译器方法的后续调用将直接转到该本机代码。

由于 JIT 编译器会在调用程序集中定义的单个方法时将该程序集的 MSIL 转换为本机代码，因而必定会对运行时的性能产生不利影响。在大多数情况下，这种性能降低是可以接受的。更为重要的是，由 JIT 编译器生成的代码会绑定到触发编译的进程上。它无法在多个进程之间进行共享。为了能在多个应用程序调用或共享一组程序集的多个进程之间共享生成的代码，公共语言运行时支持一种提前编译模式。此提前编译模式使用 Ngen.exe（本机映像生成器）将 MSIL 程序集转换为本机代码，其作用与 JIT 编译器极为相似。但是，Ngen.exe 的操作与 JIT 编译器的操作有 3 点不同。

（1）它在应用程序运行之前而不是在应用程序运行过程中执行从 MSIL 到本机代码的转换。

（2）它一次编译整个程序集，而不是一次编译一个方法。

（3）它将本机映像缓存中生成的代码以文件的形式持久保存在磁盘上。

在编译为本机代码的过程中，MSIL 代码必须通过验证过程，除非管理员已经建立了允许代码跳过验证的安全策略。验证过程检查 MSIL 和元数据以确定代码是否是类型安全的，这意味着它仅访问已授权访问的内存位置。类型安全帮助将对象彼此隔离，因而可以保护它们免遭无意或恶意的破坏。它还提供了对代码可以可靠地强制安全限制的保证。

验证过程中检查 MSIL 代码，尝试确认该代码只能通过正确定义的类型访问内存位置和调用方法。例如，代码不允许以超出内存范围的方式来访问对象。另外，验证过程检查代码以确定 MSIL 是否已正确生成，这是因为不正确的 MSIL 会导致违反类型安全规则。验证过程通过正确定义的类型安全代码集，并且它只通过类型安全的代码。然而，由于验证过程存在一些限制，某些类型安全代码可能无法通过验证，而某些语言在设计上并不产生可验证的类型安全代码。如果安全策略要求提供类型安全代码，而该代码不能通过验证，则在运行该代码时将引发异常。

4. 运行代码

公共语言运行时提供使托管代码执行能够发生，以及可在执行期间使用的各种服务的基础结构。在运行方法之前，必须先将其编译为特定处理器的代码。当首次调用已经为其生成 MSIL 的每个方法，然后运行该方法时，该方法将是实时编译的。下次运行该方法时，将运行现有的实时编译的本机代码。这种进行实时编译然后运行代码的过程一直重复到执行完成时为止。在执行过程中，托管代码接收若干服务，这些服务涉及垃圾回收、安全性、与非托管代码的互操作性、跨语言调试支持、增强的部署以及版本控制支持等。

1.2.4 垃圾回收

在 C++ 编程中，需要自己来管理申请内存空间和释放内存空间。于是有了 new、delete 关键字。还有一些内存申请和释放函数。C++ 程序必须很好地管理自己的内存，不然就会造成内存泄露（memory leak）。在 .NET 时代，微软为开发人员提供了一个强有力的机制——垃圾回收（garbage collection，GC）。垃圾回收机制是 CLR 的一部分，开发人员不用操心内存何时释放，可以花更多精力关注应用程序的业务逻辑。CLR 里面的垃圾回收机制用一定的算法判断某些内存程序不再使用，回收这些内存并交给程序再使用。

1.3 面向对象的编程技术

微视频：面向对象的编程技术

面向对象程序设计（object oriented programming，OOP）是软件开发人员多年来从真实世界的建模中受到启发所创造的一种软件开发的方法。利用面向对象的编程方法可以创建功能异常复杂的软件，同时利用其中的代码复用，可以加速软件开发的过程，并增强软件的后期功能的可扩展性与可维护性。

在面向对象的编程方法诞生之前，软件开发人员采用面向过程的程序设计语言进行编程。面向过程的程序设计语言最主要的特征是采用子过程（子模块）进行软件开发，但随着现代软件越来越强大，面向过程的编程方法明显无法适用大型软件的开发及维护，因此诞生了面向对象的编程方法。

▶ 1.3.1 类和对象

在面向对象程序设计中,类与对象是其核心,对象代表一个实实在在的实体(实际物体)或者实际概念,对象由类建模而成。例如,雇员、窗口、汽车等都可以通过相应的模型表示。

面向对象程序设计思想是现代软件开发的基础。面向对象的程序由各种各样的类、对象和方法组成,它们有机地组织在一起从而实现了复杂的软件功能设计。在面向对象程序设计中,类与对象是核心,而对象需要由类建模得到,在程序中将使用对象来完成不同的功能。对象是消息、数据和行为的组合,对象可以接收和发送消息并使用消息进行彼此交互。消息包含要传递给接收对象的信息。

对象由类得到,把由类转换为对象的这个过程称为类的实例化。所以对象就是类所表现出来的一个实实在在的例子,一个“具体的东西”或者“具体的事情”。对象可以是一个有形的实体(实际物体),也可以是一个无形的概念。对象往往有边界,有属性,有方法(特定用途)。例如,张三这个人:① 有形的实体,有边界;② 有姓名、身高、年龄、性别等,有属性;③ 可以走、跑、跳、叫、唱等,有方法。

一般而言,对象应具有以下特性。

(1)对象有状态,对象的状态由对象的各种属性和相应值构成。

(2)对象可以显示行为(即方法),对象的行为(方法)使对象可以完成相应功能。

(3)对象有一个唯一的身份,对象的身份可以把它与其他对象区别开来。

例如,一辆汽车,它有状态,即它可能正在行驶或者已经静止;它有方法,可以左转、右转、减速、加速等;它有一个车牌号(身份),唯一地标识了这辆汽车。两个对象可能什么都相同,但它们不可能有相同的身份,例如相同的两辆轿车,它们肯定会有不同的车牌号。

在当今的现实生活中,到处都是形状和颜色各异,大小功能不同的对象,所以现实生活就是由各种各样的对象构成的。为了对当今世界的各种各样的对象进行研究,以了解和掌握这些对象的习性、功能和使用方法,科学家将世界上的各种对象进行了逻辑上的分类,如矿物类、植物类、动物类等,并继续将这些类进行更细的逻辑上的分类,例如,动物类分成了鸟类、哺乳动物类、鱼类等。而每一个正在运动的哺乳动物、正在飞行的鸟、正在水里游动的鱼都是一个一个实实在在的对象,那么对于这些对象科学家怎样将它们划分到哺乳动物类、鸟类或者鱼类中呢?毫无疑问,科学家根据它们所表现出来的共同特征将这些对象进行了分类。

例如,孔雀、麻雀和翠鸟都属于鸟类,因为它们具有鸟类家族的公共特性,即它们都产蛋,都覆盖羽毛,都有空的骨架结构,且都能飞翔。所以,可以将类理解成对对象进行分类的一个模型,而该类中的对象都是由这个模型所产生的,它们具有这个类模型的共同特征。同样,现实生活中的《C# 编程技术》和《ASP.NET 编程技术》都是“书”这个类的实际对象,都是由“书”这个类模型所得到的对象,它们拥有“书”这个类的共同特征。

▶ 1.3.2 字段

属性在类的声明中(参看 1.3.3 节的例 1-1)用变量表示,这样的变量称为字段(field),它是在类声明的内部声明的,但是位于类的方法声明体之外。当类的每个对象维护自己的属性副本时，代表属性的字段又称为实例变量。类的每个对象（实例）在内存中有该变量的一个单独实例。

字段和方法（见 1.3.3 节）都具有访问权限。通常有 3 种访问权限：private、public 和 protected。以 private 修饰的字段或者方法只允许在类的内部使用，也就是说只允许类中的其他方法调用或者访问。以 public 修饰的字段或者方法则没有什么限制，从类的外部可以直接使用。以 protected 修饰的字段和方法可以在派生类（见第 8 章）中使用。

1.3.3　方法

方法（method）描述了类实际执行任务的机制，从形式上看，相当于 C 语言的函数。类中的方法可以直接存取类中的字段的值。C# 语言被称为纯面向对象的语言，也就是说，所有的方法都在某个类中，不存在独立于类之外的方法。

例 1–1　一个简单类的示例。

```
1: public class Hello
2: {
3:      private int x = 1;     // 定义 x 为整数，其值为 1
4:      public void DisplayMessage()
5:      {
6:           Console.WriteLine("Hello");
7:      }
8: }
```

微视频：C# 的例子

程序第 1 行，声明了一个类 Hello。第 3 行，声明了一个 private 的字段，含有一个整型变量 x。程序的第 4 行到第 8 行，声明了一个 public 的方法 DisplayMessage()，该方法在控制台输出 Hello 字样。

类并不能直接使用，如前所述，需要根据类来创建对象，也就是类的实例化。语句如下：

```
Hello myHello = new Hello();
```

上述语句，通过 new 关键字，创建了 Hello 类的一个对象实例 myHello，随后可以通过语句

```
myHello.DisplayMessage();
```

来调用 Hello 类中的方法。

1.3.4　注释

在编写程序的过程中，明了清晰的注释是至关重要的。一般一段复杂的代码经过一段时间后，即使是自己当时绞尽脑汁想出的，可能还是会忘得一干二净，如果当时做了注释，就能帮助快速回忆起当时的编程思路和需求背景的内容，可以快速地投入修改和功能添加等工作中。此外，注释也可以帮助别人快速地理解代码，便于交流。C# 常用的注释有以下 3 种。

（1）单行注释，较为短小的注释，以 // 开头，直到本行结束，用于对一行代码进行注释，如例 1–1 中的第 3 行。

（2）多行注释，标注类的内容、方法的内容、参数、返回值等；以 /// 开头，如果有多行，则

每一行都以 /// 开头。如果在方法或类的前面输入 ///，Visual Studio 具有自动完成功能，会补齐其余的部分。

（3）长段注释，描述需求、版本信息等。多行大段的注释可以用 /* 开头，并且用 */ 结尾。

1.4 使用 Visual Studio

微视频：Visual studio

本书的 C# 程序可以分为两大类：一类是带有 Windows 窗体的标准 Windows 程序，这类程序将在本书的后半部分介绍；一类是控制台程序，本书前几章都将使用控制台程序，其程序的输入和输出是文本，都位于控制台窗口。在 Windows 系统中，控制台窗口被称为命令提示符。

下面将示例如何使用 Visual Studio 2017 创建一个完整的 C# 控制台程序。

例 1–2 控制台程序示例。在本例中，完善例 1–1，使其可以运行。

（1）启动 Visual Studio 2017，如图 1–1 所示。选择“创建新项目”选项（也可以在菜单栏选择“文件”→“新建”→“项目”命令）。

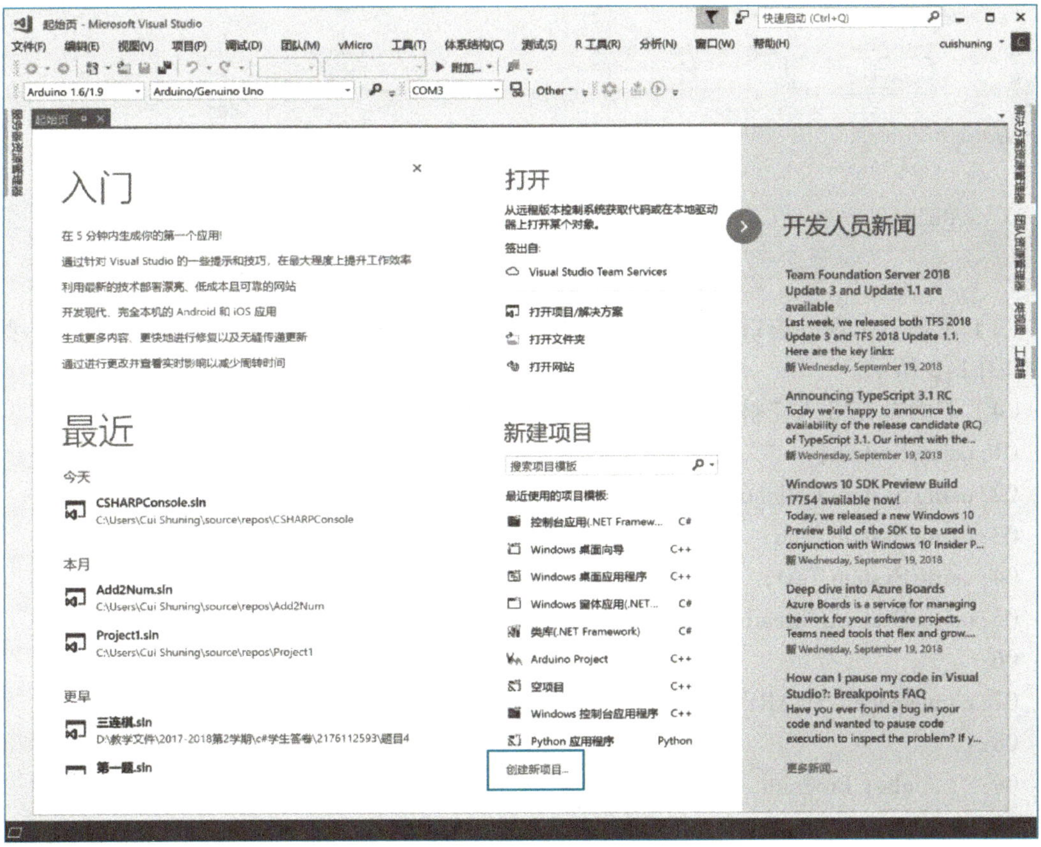

图 1–1　在 Visual Studio 2017 中新建一个项目

（2）在弹出的对话框中，选择 Visual C# → “控制台应用(.NET Framework)” 选项，并给出一个合适的名称，然后单击 “确定” 按钮，如图 1–2 所示。

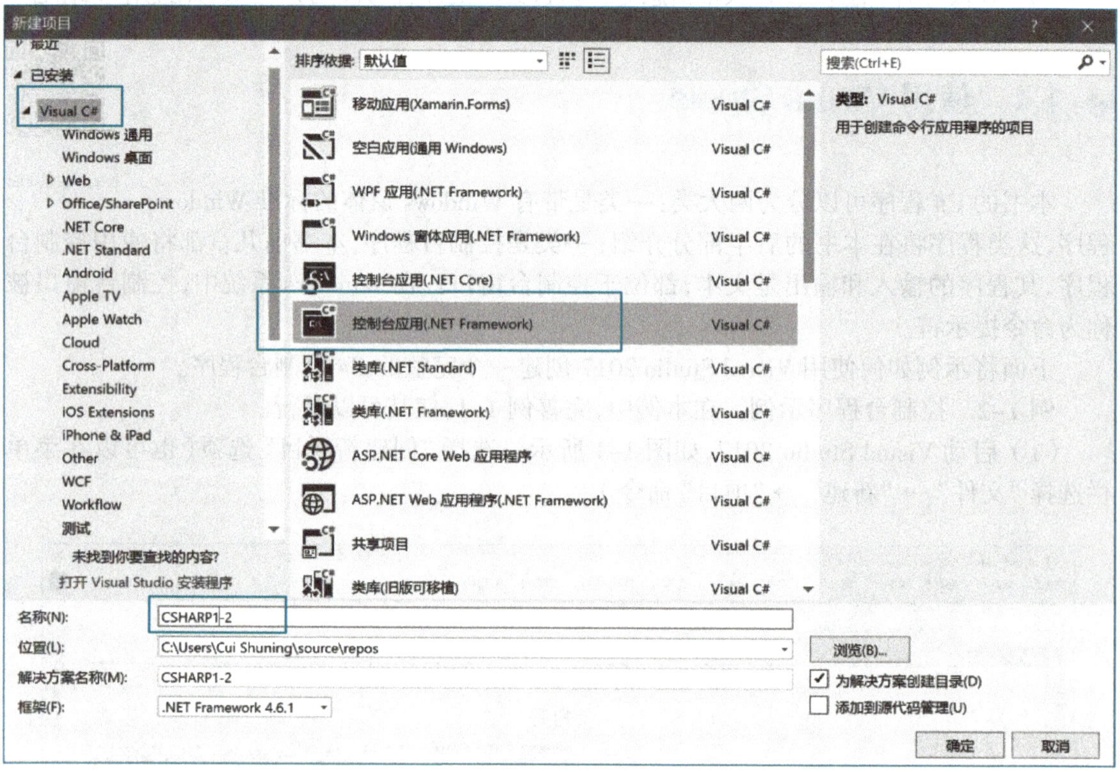

图 1–2　选择合适的模板，建立 Visual C# 控制台应用程序

（3）在随后出现的窗口中，Visual Studio 创建了文件 program.cs，并在里面添加了一些代码，如图 1–3 所示。

（4）下面补充输入完整的程序，以下是程序的全部代码：

```
using System;
using System.Collections.Generic;
using System.Linq;
using System.Text;
using System.Threading.Tasks;

namespace CSHARP1_2
{
    class Program
    {
        static void Main(string[] args)
```

```
        {
            Hello myHello = new Hello();
            myHello.DisplayMessage();
        }
    }
    public class Hello
    {
        private int x = 1;
        public void DisplayMessage()
        {
            Console.WriteLine("Hello");
        }
    }
}
```

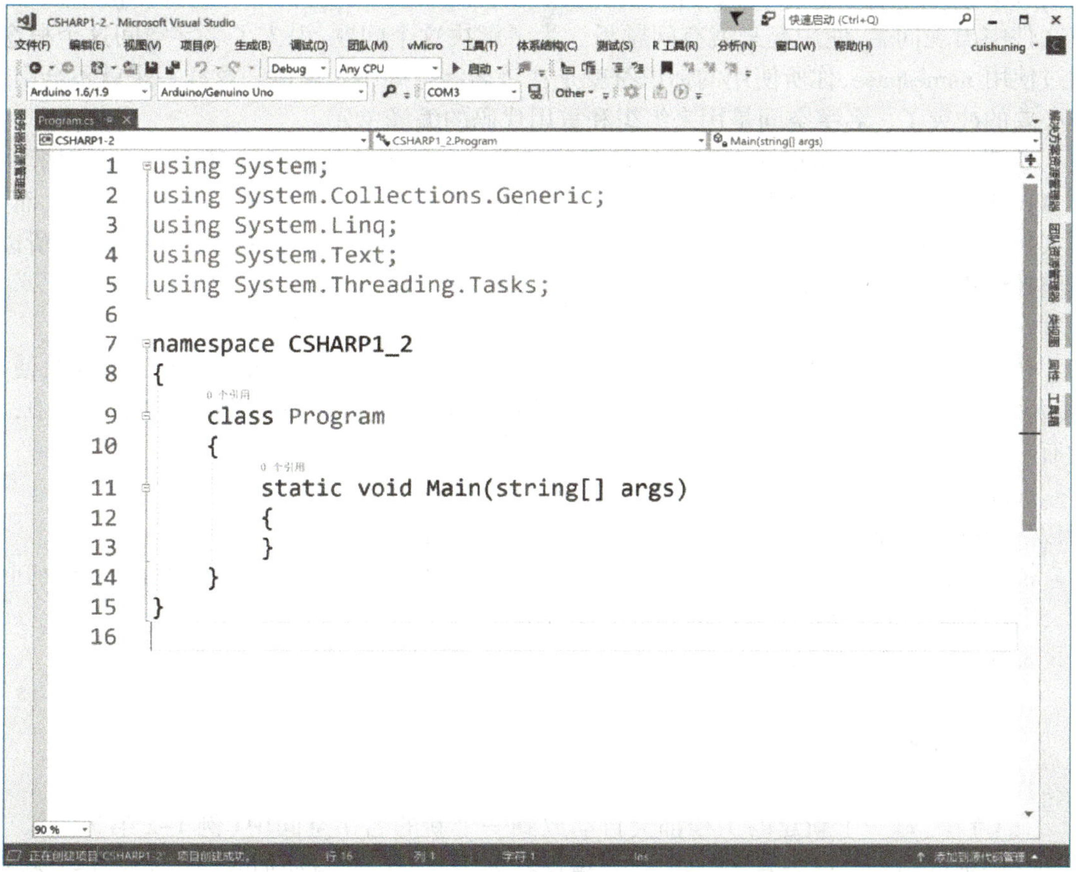

图 1-3 在此处输入所需的代码，编写程序

程序第 1 行到第 5 行是对名字空间（见 1.5 节）的引用，第 7 行将本项目的所有元素都组织到了名字空间 CSHARP1_2 中，该名字空间是在创建项目时使用的项目名称。在本项目中含有两个类，其中第 17~24 行是例 1-1 的内容。在 class Program 中含有方法 Main，对于每一个 C# 程序，至少应该含有一个 Main 方法，它是整个程序执行的起点。同时注意到 Main 方法的前面有一个 static 修饰符，该修饰符会在后面详细讨论，此处需要知道的是含有 static 修饰的方法不需要实例化，可以直接执行。

在 Main 中，实例化了一个 Hello 对象，并调用了 DisplayMessage 方法。编写好程序后，按 Ctrl+F5 键观看程序的运行结果。

微视频：名字空间和类库

1.5 名字空间

namespace 中文多翻译为名字空间（或者命名空间），之所以出来这样一个东西，是因为人类可用的单词数太少，并且不同的人写的程序不可能所有的变量（类名、标识符）都没有重名现象，对于库来说（不同人写的代码汇集到库中）这个问题尤其严重，如果两个人写的库文件中出现同名，使用起来就有问题了。为了解决这个问题，引入了名字空间这个概念，通过使用 namespace，你所使用的标识符就是在该名字空间中定义的。这样一来就不会引起不必要的冲突了。名字空间是用来组织和重用代码的编译单元。

所谓 namespace，是指标识符的各种可见范围。在例 1-1 的 DisplayMessage 中使用了一个 WriteLine 方法，该方法是 Console 类的一个静态（static）方法，所以可以直接使用，而无须实例化，类似于例 1-2 中的 Main 方法。Console 类是组织在 System 名字空间中的，所以，完整地使用该方法应该是

```
System.Console.WriteLine（"Hello"）;
```

很多时候都要写复杂的全名无疑不太方便，于是有了 using 语句。在名字的开头使用 using 语句表示引用该名字空间，在代码书写中可以省略名字空间。所以在例 1-2 中，因为有

```
using System;
```

所以后面的 Console.WriteLine 语句省略了前面的 System。

namespace 是 C# 的一个关键字。实际上，它只是起到标识作用，把需要的内容放到一起，细化管理。也可以定义自己的名字空间，例如：

```
namespace  SpaceName
{
    //declaration
}
```

在 C# 中，每一个新建的工程都会自动放到一个新的名字空间中（例 1-2 第 7 行）。在例 1-2 中前面引入了许多名字空间，这是编译器为了方便编程自动加的。对于例 1-2 来讲，只需要对 System 名字空间引用即可。

▶▶ 1.6 解决方案和项目

通俗地理解，一个项目可以就是你开发的一个软件。一个项目可以表现为多种类型，如控制台应用程序、Windows 应用程序、类库（class library）、Web 应用程序、Web Service、Windows 控件等。如果经过编译，从扩展名来看，应用程序都会被编译为 exe 文件，而其余的会被编译为 dll 文件。既然是 exe 文件，就表明它是可以被执行的，表现在程序中，这些应用程序都有一个主程序入口点，即 Main()。而类库、Windows 控件等则没有这个入口点，所以也不能直接执行，而仅提供一些功能，给其他项目调用。

在 Visual Studio 中，可以在“文件”菜单中，选择“新建项目”，来创建一个新的项目。例如，创建控制台应用程序。注意，在此时，Visual Studio 除了建立了一个控制台项目之外，该项目同时还属于一个解决方案。这个解决方案有什么用？如果只需要开发一个 Hello World 项目，解决方案自然毫无用处。但是，一个稍微复杂一点的软件都需要很多模块来组成，为了体现彼此之间的层次关系，利于程序的复用，往往需要多个项目，每个项目实现不同的功能，最后将这些项目组合起来，就形成了一个完整的解决方案。形象地说，解决方案就是一个容器，在这个容器里，分成很多层、很多格，用来存放不同的项目。一个解决方案与项目是大于等于的关系。建立解决方案后，会建立一个扩展名为 sln 的文件。

在解决方案里添加项目，不能再用“新建”的方法，而是要在“文件”菜单中选择“添加”命令。添加的项目，可以是新项目，也可以是已经存在的项目。

对于本课程的学习，需要注意的是，一般而言，每一道题目应该对应一个解决方案，而不是一个项目。也就是说，在初期的练习阶段，每做一道题目应该从一个新的解决方案开始。同样，要打开一个曾经写过的程序，不应该直接打开 C# 的源文件，而应该打开解决方案，即双击 sln 文件。

▶▶ 1.7 控制台的输入与输出

一个实际的程序总是离不开输入和输出的。严格地讲，输入和输出并不是 C# 语言的一部分。输入和输出依靠预先提供的方法来完成。这些方法都包含在 Console 类中。Console 类中的方法都是静态的，因此不需要创建一个 Console 类的对象（实例）。

所谓输入和输出，对于本书的例子而言，输入是指在程序运行时，从键盘得到要处理的信息；输出是指将结果显示在屏幕上。在此，也只讨论字符界面（控制台的输入和输出）。

控制台是一个操作系统窗口，用户可在其中通过计算机键盘输入文本，并从计算机终端读取文本输出，从而与操作系统或基于文本的控制台应用程序进行交互。Console 类对从控制台读取字符并向控制台写入字符的应用程序提供基本支持。Console 类提供用于从控制台读取单个字符或整行的方法；该类还提供若干写入方法，可将值类型的实例、字符数组以及对象集自动转换为格式化或未格式化的字符串，然后将该字符串写入控制台。

需要注意的是，实际上输入和输出都是针对字符和字符串（或文本）的。因此，输出到控制台时，所有数据都应该转换为字符或字符串。然而，很多时候这种转换是自动的，并不需要提供额外的代码来转换。而输入则没有这种自动的转换，键盘的输入将作为一个字符或字符串被读取，可能需要额外的代码将其转换为整数、小数或真正需要的数据类型。

1.7.1 控制台的输出

微视频：输入和输出（一）

控制台的输出主要通过 Console.Write 以及带有换行的 Console.WriteLine 来完成。下面的程序段向控制台（屏幕）输出整数、字符串等。

```
int a=56;
Console.Write(a);
Console.Write("Hello World");
```

Console.Write 和 Console.WriteLine 功能基本是一样的，主要的区别在于 WriteLine 输出完之后会跟一个换行符，下一个输出会从一个新行开始。另外，需要注意的是，Console 类中并非只有一个 Write 方法，而是有多个，只不过这些方法是同名而已。上面的程序段中，输出整数的方法和输出字符串的方法实际是两个不同的 Write 方法。这种现象称为重载。

Write 和 WriteLine 方法还有一个重要的用法是使用占位符的方式，例如：

```
Console.Write("X+Y={0}+{1}={2}", X, Y, X+Y);
```

在上面的语句中，最终输出是 Write 参数的第一个字符串 X+Y={0}+{1}={2}，但是 {0} 等是占位符，实际输出时，{0}、{1} 和 {2} 的值将被 X、Y 和 X+Y 的值所取代。因此，也要求占位符的个数应该和后面替换的参数个数一致且一一对应。

例 1–3 Console.Write 的输出示例。

```
using System;

namespace CSHARP1_3
{
    class Program
    {
        static void Main(string[] args)
        {
            int a = 23;
            int b = 34;
```

```
11:                 Console.Write( "Welcome C# 2013" );
12:                 Console.Write( "    " );        // 输出 2 个空格
13:                 Console.Write( a );
14:                 Console.Write( '\n' );          // 换行符
15:                 Console.Write( "A={0}, B={1}, A+B={2}", a, b, a + b );
16:             }
17:     }
18: }
```

程序第 11 行实现了字符串的输出，13 行实现了变量的输出，15 行实现了占位符的使用。程序的运行结果如下：

```
Welcome C# 2013 23
A=23, B=34, A+B=57
```

除了使用 {0} 作为占位符之外，还可以加入其他的参数进一步控制输出的格式。例如：

```
decimal i = 123.45678;
Console.WriteLine( "{0: C}", i );
Console.WriteLine( "{0: F}", i );
Console.WriteLine( "{0: E}", i );
```

第一行将按货币格式输出，第二行按定点格式（小数点后 2 位）输出，第三行按科学记数法输出。本书不在此罗列所有的输出格式的控制，在以后用到的地方再做解释。

微视频：输入和输出（二）

1.7.2 控制台的输入

控制台的输入大多数时候是指从键盘输入，也就是程序在运行时从键盘得到要处理的数据。这主要依靠 Console.Read 和 Console.ReadLine 方法来完成。Console.Read 方法读取一个字符，而 Console.ReadLine 方法读取一个字符串。

需要注意的是，无论程序最终需要什么类型的数据，在输入时，只能将输入作为字符或者字符串读入。读入数据后，程序需要自己将读入的数据转换为需要的数据类型（如果有必要）。由于 Read 方法每次只能读入一个字符，因此在实际使用时 ReadLine 使用得更多一些。例如，从键盘输入一个字符串到程序中：

```
string s = Console.ReadLine();
```

如果实际需要输入一个数字呢？例如，输入整数或者小数，此时该如何做？这时，仍然是将输入的内容作为一个字符串读入，然后由程序将字符串转换为需要的类型。有多种转换的方式，这里使用类 Convert 提供的方法来转换。和 Console 类相似，Convert 也提供了一组静态的方法来完成转换，因此使用 Convert 类的方法时也不需要创建对象。常用的转换方式如表 1–1 所示。

表 1-1　常用的 Convert 类的方法

方法名称	转换后的数据类型
Convert.ToBoolean	boolean
Convert.ToInt32	integer
Convert.ToInt64	long
Convert.ToDecimal	decimal
Convert.ToSingle	single
Convert.ToDouble	double
Convert.ToChar	char
Convert.ToDateTime	datetime

例 1-4　从键盘输入两个小数，相加后将显示结果。

```
using System;

namespace CSHARP1_4
{
    class Program
    {
        static void Main( string[] args )
        {
            string s = Console.ReadLine();
            decimal a = Convert.ToDecimal( s );
            s = Console.ReadLine();
            decimal b = Convert.ToDecimal( s );
            decimal c = a + b;
            Console.WriteLine( "{0}+{1}={2}", a, b, c );
        }
    }
}
```

程序运行时，先将数据读入到 s 中，再把字符串转换为小数。每次输入一个数时，需要按 Enter 键，即一行输入一个数据。程序的运行结果如下：

```
23.987
14.67
23.987+14.67=38.657
```

上面的例子先将 23. 987 作为字符串 "23.987" 存储到了变量 s 中，然后再转换为小数存储到 a 中。注意，需要确保这样的转换是可行的，如果试图将字符串 "ABC" 转换为小数，程序会立即中止运行并报错。

如果想在一行内输入多个数据，则需要做更多的工作。首先，这些数据会作为 1 个字符串读入，当采用空格来分割时，形如 "12 45 23 56 88"。此时在一行内输入了 5 个整数，并以空格分隔。接下来需要将这个字符串分解为 5 个字符串，存入到一个字符串数组中。分解的依据是空格作为分隔符。可以使用字符串对象自己的一个方法 Split 来完成此事。然后使用循环依次转换。

例 1-5　在一行内输入 5 个整数，分别求其除 3 的余数。

```
01: using System;
02:
03: namespace CSHARP1_5
04: {
05:     class Program
06:     {
07:         static void Main(string[] args)
08:         {
09:             Console.WriteLine("请输入 5 个整数，以空格分隔并以回车结束");
10:             string s = Console.ReadLine();
11:             string[] sSplit = s.Split(' ');
12:             for(int i = 0; i < 5; i++)
13:             {
14:                 int a = Convert.ToInt32(sSplit[i]);
15:                 Console.Write((a % 3).ToString() + " ");
16:             }
17:             Console.WriteLine();
18:         }
19:     }
20: }
```

上面的程序中，程序第 10 行 ReadLine 将空格分隔的 5 个整数作为一个字符串读入到变量 s 中。随后调用变量 s（也是一个数组对象）的方法 Split 将 s 按空格分割成 5 个字符串，结果存入字符串数组 sSplit 中（程序第 11 行）。在输出的 Write 方法中，a%3 的结果是一个整数，整数也是一个对象，使用 ToString 方法把自己转换为一个字符串，在和含有一个空格的字符串连接后输出（程序第 15 行）。假设输入的 5 个整数是 23、45、6、7 和 8，程序的运行结果如下：

```
请输入 5 个整数，以空格分隔并以回车结束
23 45 6 7 8
2 0 0 1 2
```

习题

1. 建立第一个 C# 程序,输出“我的名字叫……”。
2. 从键盘输入两个整数,分别输出这两个整数的和、差、积、商。
3. 在一行内输入 6 个整数,输出最大的一个整数。

第 2 章

数据类型与表达式

微视频：.NET 数据类型

2.1 .NET 数据类型

.NET 的两个基本类型是“值类型”和“引用类型”。内置值类型、枚举和结构（用户定义的值类型）为值类型。类、指针、自描述、接口、数组和委托为引用类型。

所有的类型要么是值类型，要么是引用类型，但有一种情况例外。根类型 System.Object，它非常特殊，因为它既不是引用类型也不是值类型，而且不能实例化。因此，类型 Object 的变量可包含值类型或引用类型，如图 2-1 所示。

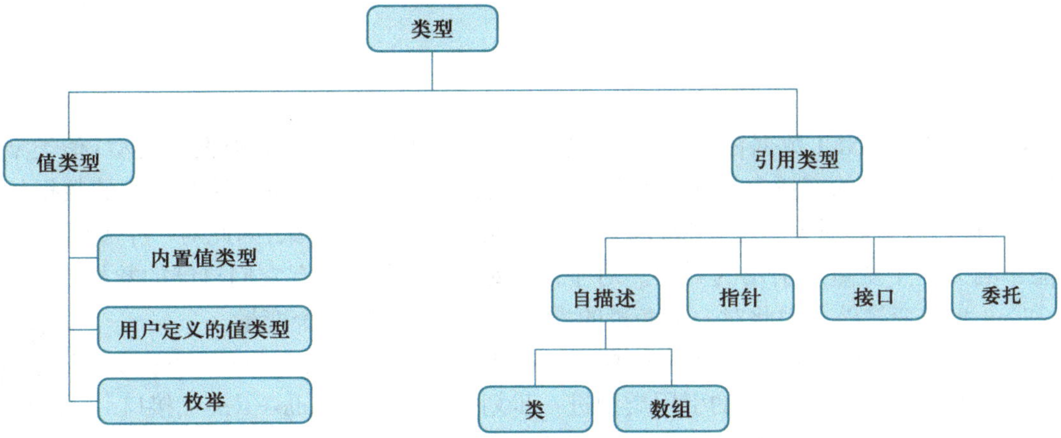

图 2-1 .NET 中的数据描述

2.1.1 值类型

如果数据类型在它自己的内存分配中存储数据，则该数据类型就是“值类型”。值类型包括以下类型。

（1）所有数字数据类型和 boolean 型、char 型和 date 型。

（2）所有结构，即使其成员是引用类型。

（3）枚举，因为其基础类型总是 sbyte、short、int、long、byte、ushort、uint 或 ulong。

2.1.2 引用类型

“引用类型”包含指向存储数据的其他内存位置的指针。引用类型包括以下类型。

（1）指针类型。

（2）所有数组，即使其元素是值类型。

（3）类类型，如 Form。

（4）委托。

（5）接口类型。

值类型（value type）实例通常分配在线程的堆栈（stack）上，并且不包含任何指向实例数据的指针，因为变量本身就包含了其实例数据。值类型直接包含它们的数据，值类型的实例要么在堆栈上，要么内联在结构中。引用类型（reference type）实例分配在托管堆（managed heap）上，变量保存了实例数据的内存引用。引用类型存储对值的内存地址的引用，位于堆上。引用类型可以是自描述类型、指针类型、接口类型或委托类型。而自描述类型进一步细分成数组和类（见图 2-1）。数据在内存中的分配位置取决于该变量的数据类型。由上可知，值类型通常分配在线程的堆栈上，而引用类型通常分配在托管堆上，由 GC（垃圾回收）来控制其回收。

2.2 C# 的数据类型

C# 的数据是 .NET 数据在 C# 语言上的一个实现。因此，C# 同样有两种类型：值类型和引用类型。值类型的变量直接包含它们的数据，而引用类型的变量存储对它们的数据的引用，后者称为对象。对于引用类型，两个变量可能引用同一个对象，因此对一个变量的操作可能影响另一个变量所引用的对象。对于值类型，每个变量都有它们自己的数据副本（除 ref 和 out 参数变量外），因此对一个变量的操作不可能影响另一个变量。

C# 的值类型进一步划分为简单类型（simple type）、枚举类型（enum type）和结构类型（struct type），C# 的引用类型进一步划分为类类型（class type）、接口类型（interface type）、数组类型（array type）和委托类型（delegate type）。表 2-1 为 C# 数据类型。

微视频：C# 数据类型（一）

表 2-1　C# 数据类型

类别		说明
值类型	简单类型	有符号整型：sbyte、short、int、long
		无符号整型：byte、ushort、uint、ulong
		Unicode 字符：char
		IEEE 浮点型：float、double

续表

类别		说明
值类型	简单类型	高精度小数：decimal
		布尔型：bool
	枚举类型	enum E{…} 形式的用户定义的类型
	结构类型	struct S{…} 形式的用户定义的类型
引用类型	类类型	所有其他类型的最终基类：object
		Unicode 字符串：string
		class C{…} 形式的用户定义的类型
	接口类型	interface I{…} 形式的用户定义的类型
	数组类型	一维和多维数组，例如，int[] 和 int[,]
	委托类型	delegate TD（…）形式的用户定义的类型

2.2.1 简单类型

如表 2–2 所示，C# 共支持 8 种整型类型，分别是 8 位、16 位、32 位和 64 位整数值的有符号和无符号的形式。两种浮点类型：float 和 double，分别使用 32 位单精度和 64 位双精度的格式表示。decimal 类型是 128 位的数据类型，适合用于财务计算和货币计算。C# 的 bool 类型用于表示布尔值为 true 或 false 的值。在 C# 中，字符和字符串处理使用 Unicode 编码。char 类型表示一个 16 位 Unicode 编码单元，string 类型表示 16 位 Unicode 编码单元的序列（注意，string 是引用类型）。

表 2–2 C# 的简单类型

类别	位数	类型	范围 / 精度
有符号整型	8	sbyte	−128~127
	16	short	−32 768~32 767
	32	int	−2 147 483 648~2 147 483 647
	64	long	−9 223 372 036 854 775 808~9 223 372 036 854 775 807
无符号整型	8	byte	0~255
	16	short	0~65 535
	32	uint	0~4 294 967 295
	64	ulong	0~18 446 744 073 709 551 615
浮点型	32	float	1.5×10^{-45}~3.4×10^{38}，7 位精度
	64	double	5.0×10^{-324}~1.7×10^{308}，15 位精度
小数	128	decimal	1.0×10^{-28}~7.9×10^{28}，28 位精度

▶ 2.2.2 枚举类型

微视频：C# 数据类型（二）

C# 程序使用类型声明（type declaration）创建新类型。类型声明指定新类型的名称和成员。有 5 种类别的 C# 类型是可由用户定义的：类类型、结构类型、接口类型、枚举类型和委托类型。本节学习枚举类型，下一节讲述结构类型，其他类型在后续章节学习。

枚举类型是具有命名常量的独特的类型。每种枚举类型都具有一个基础类型，该基础类型必须是 8 种整型之一。没有显式地声明基础类型的枚举声明意味着所对应的基础类型是 int。枚举类型的值集和它的基础类型的值集相同。枚举的声明如下：

```
访问修辞符 enum 枚举名：基础类型
{
    枚举成员
}
```

枚举成员是该枚举类型的命名常数。任意两个枚举成员不能具有相同的名称。每个枚举成员均具有相关联的常数值。此值的类型就是枚举的基础类型。每个枚举成员的常数值必须在该枚举的基础类型的范围内。

例 2-1 简单的枚举示例。

```
public enum TimeofDay: uint
{
    Morning = 1,
    Afternoon = 2,
    Evening = 3
}
```

在枚举类型中声明的第一个枚举成员的默值为零。以后的枚举成员值是将前一个枚举成员的值加 1 得到的。这样增加后的值必须在该基础类型可表示的值的范围内；否则，会出现编译时错误。允许多个枚举成员有相同的值，没有显式赋值的枚举成员的值总是前一个枚举成员的值 +1。

例 2-2 枚举成员的赋值。

```
public enum Number // 没有显式声明基础类型，默认为 int
{
   a=1,
   b,
   c=1,
   d
}
```

在此，b 的值为 2，d 的值为 2。

System.Enum 类型是所有枚举类型的抽象基类，并且从 System.Enum 继承的成员在任何枚举类型中都可用。System.Enum 本身不是枚举类型。相反，它是一个类类型，所有枚举类型都是从它派生的。存在从任何枚举类型到 System.Enum 的装箱转换，并且存在从 System.Enum 到任何枚举类型的拆箱转换（装箱和拆箱见 2.2.4 节）。

例 2-3 一个完整的例子。

```
using System;

namespace CSHARP2_3
{
    public enum TimeofDay
    {
        Morning,
        Afternoon,
        Evening
    }
    class Program
    {
        static void Main(string[] args)
        {
            WriteGreeting(TimeofDay.Morning);
            WriteGreeting(TimeofDay.Evening);
            WriteGreeting(TimeofDay.Afternoon);
        }
        static void WriteGreeting(TimeofDay timeofDay)
        {
            switch(timeofDay)
            {
                case TimeofDay.Morning:
                    Console.WriteLine("goodmorning");
                    break;
                case TimeofDay.Afternoon:
                    Console.WriteLine("goodafternoon");
                    break;
                case TimeofDay.Evening:
                    Console.WriteLine("goodevening");
                    break;
            }
        }
```

```
        }
    }
```

2.2.3 结构类型

结构类型与类类型相似，表示一个带有数据成员和函数成员的结构。但是，与类不同，结构是一种值类型，并且不需要堆分配。结构类型不支持用户指定的继承，并且所有结构类型都隐式地从类型 object 继承。

结构是使用 struct 关键字定义的，与类相似，都表示可以包含数据成员和函数成员的数据结构。结构是一种值类型，并且不需要堆分配。所以，结构的实例化可以不使用 new 运算符。在结构声明中，除非字段被声明为 const 或 static，否则无法初始化。结构不能声明默认构造函数（没有参数的构造函数）或析构函数，但可以声明带参数的构造函数（关于构造函数，参见第 3 章）。结构在赋值时进行复制。将结构赋值给新变量时，将复制所有数据，并且对新副本所做的任何修改不会更改原始副本的数据。结构类型的变量直接包含了该结构的数据，而类类型的变量所包含的只是对相应数据的一个引用（被引用的数据称为“对象”）。但是结构仍可以通过 ref 和 out 参数（参见第 6 章）引用方式传递给函数成员。结构可用作 null 类型，因而可向其赋 null 值。

微视频：结构与枚举

例 2–4 结构的简单示例。

```
struct A
{
    public int x;                        // 不能直接对其进行赋值
    public int y;
    public static string str = null;     // 静态变量可以初始化
    public A(int x, int y)               // 带参数的构造函数
    {
        this.x = x;
        this.y = y;
        Console.WriteLine("x={0}, y={1}, str={2}", x, y, str);
    }
}
```

2.2.4 拆箱与装箱

C# 的类型系统是统一的，因此任何类型的值都可以按对象处理。C# 中的每个类型直接或间接地从 object 类类型派生，而 object 是所有类型的最终基类。引用类型的值都被当作“对象”来处理，这是因为这些值可以简单地被视为属于 object 类型。值类型的值则通过执行装箱（boxing）和拆箱（unboxing）操作按对象处理。下面的示例将 int 值转换为 object，然后又转换回 int。

微视频：拆箱与装箱

```
int i = 123;
```

```
object o = i;          // 装箱
int j =(int)o;         // 拆箱
```

当将值类型的值转换为类型 object 时，将分配一个对象实例以包含该值，并将值复制到该箱子中。反过来，当将一个 object 引用强制转换为值类型时，将检查所引用的对象是否含有正确的值类型，如果是，则将箱子中的值复制出来。C# 的统一类型系统实际上意味着值类型可以"按需"转换为对象。由于这种统一性，使用 object 类型的通用库（例如，.NET Framework 中的集合类）既可以用于引用类型，又可以用于值类型。

2.2.5 常量

常量是在编译时已知并在程序的生存期内不发生更改的不可变值。常量使用 const 修饰符进行声明。只有 C# 内置类型（System.Object 除外）可以声明为 const。用户定义的类型（包括类、结构和数组）不能为 const，应使用 readonly 修饰符创建在运行时初始化一次即不可再更改的类、结构或数组。常量必须在声明时初始化。例如：

```
public const int months=12;
```

在此示例中，常量 months 始终为 12，不可更改，即使是该类自身也不能更改它。实际上，当编译器遇到 C# 源代码（例如 months）中的常量修饰符时，将直接把文本值替换到它生成的中间语言（IL）代码中。因为在运行时没有与常量关联的变量地址，所以 const 字段不能通过引用传递，并且不能在表达式中作为左值出现。可以同时声明多个相同类型的常量，例如：

```
const int months = 12, weeks = 52, days = 365;
```

在书写数值型常数时，一般小数将会被解释为浮点型，而不是 decimal。在程序中书写一个十进制的数值常数时，C# 默认按照如下方法判断一个数值常数属于哪种 C# 数值类，如果一个数值常数不带小数点，如 12345，则这个常量类型是整型。对于一个属于整型的数值常数，C# 按如下顺序判断该数的类型：int、uint、long、ulong。如果一个数值常数带小数点，如 3.14，则该常数的类型是浮点型中的 double 类型。

如果不希望 C# 使用上述默认的方式来判断一个十进制数值常数的类型，可以通过给数值常数加后缀的方法来指定数值常数的类型。可以使用的数值常数后缀有以下几种。

（1）u（或者 U）后缀：加在整型常数后面，代表该常数是 uint 类型或者 ulong 类型。具体是其中的哪一种，由常数的实际值决定。C# 优先匹配 uint 类型。

（2）l（或者 L）后缀：加在整型常数后面，代表该常数是 long 类型或者 ulong 类型。具体是其中的哪一种，由常数的实际值决定。C# 优先匹配 long 类型。

（3）ul 后缀：加在整型常数后面，代表该常数是 ulong 类型。

（4）f（或者 F）后缀：加在任何一种数值常数后面，代表该常数是 float 类型。

（5）d（或者 D）后缀：加在任何一种数值常数后面，代表该常数是 double 类型。

（6）m（或者 M）后缀：加在任何一种数值常数后面，代表该常数是 decimal 类型。

2.2.6 字符和字符串

C# 提供的字符类型数据按照国际上公认的标准，采用 Unicode 字符集。一个 Unicode 字符的长度为 16 位（bit），它可以用来表示世界上大部分语言种类。所有 Unicode 字符的集合构成字符类型。字符类型的类型标识符是 char，因此也可称为 char 类型。凡是在单引号中的一个字符，就是一个字符常数，如下所示：

'a'、'p'、 '*'、 '0'、'8'

在表示一个字符常数时，单引号内的有效字符数量必须且只能是一个，并且不能是单引号或者反斜杠（\）。为了表示单引号和反斜杠等特殊的字符常数，C# 提供了转义符（和 C 语言相同），在需要表示这些特殊常数的地方，可以使用这些转义符来替代字符。

一个字符串是被双引号包含的一序列字符。例如，"how are you!" 就是一个字符串。string 类是专门用于对字符串进行操作的，例如：

```
string str1 = "中国，";
string str2= "你好！";
string str3=str1+str2;              //这相当于 str3= "中国，你好！"
char c=str3[0];                     //取出 str3 的第一个字符，即"中"字
```

C# 支持以下两种形式的字符串常数。

（1）常规字符串常数：放在双引号间的一串字符，就是一个常规字符串常数，例如

"this is a test"

除了普通的字符，一个字符串常数也能包含一个或多个前面描述的转义符。

（2）逐字字符串常数：逐字字符串常数以 @ 开头，后跟一对双引号，在双引号中放入字符。例如

@"计算机"

逐字字符串常数同常规字符串常数的区别在于，在逐字字符串常数的双引号中，每个字符都代表其最原始的意义，在逐字字符串常数中没有转义字符。也就是说，逐字字符串常数双引号内的内容在被接收时是不变的，并且可以跨越多行。唯一的例外是，如果要包含双引号（ " ），就必须在一行中使用两个双引号（ " " ）。

2.2.7 隐式类型

可以赋予局部变量推断 “类型” var 而不是显式类型。var 关键字指示编译器根据初始化语句右侧的表达式推断变量的类型。推断类型可以是内置类型、匿名类型、用户定义类型或 .NET Framework 类库中定义的类型。

从 Visual C# 3.0 开始，在方法范围中声明的变量可以具有隐式类型 var。隐式类型就好像已经声明该类型一样，但由编译器确定其类型。如下面的两个 i 声明在功能上是等效的：

```
var i = 10;     //隐式声明
int i = 10;     //显式声明
```

2.3 表达式

微视频：表达式（一）

表达式是由运算符将运算对象（如常数、变量和函数等）连接起来的具有合法语义的式子。在 C# 中，由于运算符比较丰富，因而可以构成灵活多样的表达式。这些表达式的应用一方面可以使程序编写得短小简洁，另一方面还可以完成某些在其他高级程序设计语言中较难实现的运算功能。学习表达式时应注意以下几个方面。

（1） 运算符的正确书写方法。运算符与通常在数学公式中所见到的符号有很大差别，例如，整除求余（%）、相等（==）、逻辑运算与（&&）等。

（2） 运算符与运算对象的关系。运算符可以分为单目运算符、双目运算符，甚至还有复合表达式，其中的两个运算符对 3 个或者更多个运算对象进行操作。

（3） 运算符具有优先级和结合方向。如果一个运算对象的两边有不同的运算符，首先执行优先级别较高的运算。如果一个运算对象两边的运算符级别相同，则应按由左向右的方向顺序处理。如果编程序时对运算符的优先顺序没有把握，可以通过使用括号来明确其运算顺序。

2.3.1 算术运算符和算术表达式

C# 的算术运算符有以下几种：

+（加），-（减），*（乘），/（除），%（整除求余）

其中“/”为除法运算符。注意，如果除数和被除数均为整型数据，则结果也是整数。例如，5/3 的结果为 1。“%”为整除求余运算符，运算符两侧均应为整型数据，其运算结果为两个运算对象作除法运算的余数。例如 5%3 的结果为 2。不允许两个算术运算符紧挨在一起，也不能像在数学运算式中那样，任意省略乘号以及用中圆点“·”代替乘号等。如果遇到这些情况，应该使用括号将连续的算术运算符隔开，或者在适当的位置上加上乘法运算符。例如：

x*-y 应写成　x*（-y）

（x+y）（x-y）应写成（x+y）*（x-y）

2.3.2 关系运算符和关系表达式

关系运算符又称比较运算符，有 6 种关系运算符：

>（大于），　<（小于），　==（等于），

>=（大于或等于），<=（小于或等于），　!=（不等于）

用关系运算符将两个表达式连接起来就构成了关系表达式。关系表达式的值的类型为逻辑数据类型（布尔型），例如：

x >= 3

a+b == c

如果比较运算的结果成立，关系表达式取值就为 true，否则关系表达式的值为 false。注意，算术运算符的优先级高于关系运算符，即

a+b == c 等价于（a+b）==c

2.3.3 逻辑运算符和逻辑表达式

简单的关系比较是不能满足实际的编程需要的，一般还需要用逻辑运算符将关系表达式或逻辑量连接起来，构成较复杂的逻辑表达式。逻辑表达式的值也是逻辑量。C# 中提供了 3 种逻辑运算符：

!（逻辑非），&&（逻辑与），||（逻辑或）

在逻辑运算符中，逻辑与“&&”的优先级高于逻辑或“||”的优先级，而所有的关系运算符的优先级均高于以上两个逻辑运算符。至于逻辑非运算符“!”，由于这是一个单目运算符，所以和其他单目运算符（例如，用作正、负号的“+”和“–”）一样，优先级高于包括算术运算符在内的所有双目运算符。例如，表达式

x*y>z && x*y<100 || –x*y>0 && !isgreat（z）

的运算顺序如下：

```
计算 x*y                          // 算术运算优先于比较运算
计算 x*y>z                        // 比较运算优先于逻辑与运算
计算 x*y<100                      // 比较运算优先于逻辑与运算
计算 x*y>z && x*y<100             // 逻辑与运算优先于逻辑或运算
计算 –x                           // 单目运算优先于双目运算
计算 –x*y                         // 算术运算优先于比较运算
计算 –x*y>0                       // 比较运算优先于逻辑与运算
计算 isgreat（z）                 // 计算函数值优先于任何运算符
计算 !isgreat（z）                // 单目运算优先于双目运算
计算 –x*y>0 && !isgreat（z）      // 逻辑与运算优先于逻辑或运算
计算 x*y>z && x*y<100 || –x*y>0 && !isgreat（z）
```

2.3.4 赋值运算符和赋值表达式

C# 将赋值作为一个运算符处理。赋值运算符为“=”，用于构造赋值表达式。赋值表达式的格式如下：

V = e

其中 V 表示变量，e 表示一个表达式。赋值表达式的值等于赋值运算符右边的表达式的值。其实，赋值表达式的价值主要体现在其副作用上，即赋值运算符可以改变作为运算对象的变量 V 的值。赋值表达式的副作用就是将计算出来的表达式 e 的值存入变量 V。和其他表达式一样，赋值表达式也可以作为更复杂的表达式的组成部分。例如：

i = j = m*n;

由于赋值运算符的优先级较低，并列的赋值运算符之间的结合方向为从右向左，所以上

述语句的执行顺序是，首先计算出表达式 m*n 的值。然后再处理表达式 j = m*n，该表达式的值就是 m*n 的值，该值存入变量 j。最后，处理表达式 i = j = m*n，其值即第一个赋值运算符右面的整个表达式的值，因此也就是 m*n 的值存入变量 i。

2.3.5 自增运算符和自减运算符

微视频：表达式（二）

自增运算符“++”和自减运算符“--”这两个运算符也是 C# 程序中最常用的运算符，“++”和“--”运算符都是单目运算符，其运算对象常为整型变量或指针变量。这两个运算符既可以放在作为运算对象的变量之前，也可以放在变量之后，但对运算对象的值影响不同。4 种表达式的值分别如下：

i++ 的值和 i 的值相同。

i-- 的值和 i 的值相同。

++i 的值为 i+1。

--i 的值为 i-1。

然而，“++”和“--”这两个运算符真正的价值在于它们和赋值运算符类似，在参加运算的同时还改变了作为运算对象的变量的值。++i 和 i++ 会使变量 i 的值增大 1；类似地，--i 和 i-- 会使变量 i 的值减 1。

2.3.6 问号表达式

C# 中还提供了一种比较复杂的表达式，即问号表达式，又称条件表达式。问号表达式使用两个运算符 ? 和 : 对 3 个运算对象进行操作，格式如下：

<表达式 1>?<表达式 2>: <表达式 3>

问号表达式的值是这样确定的：如果 <表达式 1> 的值为 true，则问号表达式的值就是 <表达式 2> 的值；如果 <表达式 1> 的值等于 false，则问号表达式的值为 <表达式 3> 的值。利用问号表达式可以简化某些选择结构的编程。例如，分支语句

```
if(x>y)
    z = x;
else
    z = y;
```

等价于语句

```
z = x>y ? x : y;
```

2.3.7 位运算符

位运算符共有以下几种。

（1）按位与（&）：两个整型数据中的二进制位做“与”运算。“与”运算的规则为，如果参加运算的两个二进制位均为 1，则结果为 1，否则结果为 0，例如：

```
short x = 3, y = 5;
```

则 x 值对应的二进制表示为 00000000 00000011，y 值对应的二进制表示为 00000000

00000101。按位与 x&y 的运算过程如下：

```
  00000000 00000011
& 00000000 00000101
-------------------
  00000000 00000001
```

因此 x&y 的结果为二进制数 1，换算成十进制也是 1。

（2）按位或（|）：两个整型数据中的二进制位进行“或”运算。“或”运算的规则为，只要参加运算的两个二进制位中有一个为 1，则结果就是 1；只有在参加运算的两个二进制位均为 0 的情况下结果才是 0。

（3）按位异或（^）：两个整型数据中的二进制位进行“异或”运算。“异或”运算的规则为，如果参加运算的两个二进制位不同则运算结果为 1，相同则结果为 0。

（4）按位取反（~）：按位取反是单目运算符，只需一个运算对象。按位取反运算对作为运算对象的整型数据中的二进制位做“求反”运算。“求反”运算的规则很简单：如果原来的二进制位为 1，则运算结果为 0，否则结果为 1，即运算结果和原来的数据相反。

（5）左移位运算符（<<）：左移位运算用于将整型数据中的各个二进制位全部左移若干位，并在该数据的右端添加相同个数的 0。

（6）右移位运算符（>>）：右移位运算用于将整型数据中的各个二进制位全部右移若干位，并在该数据的左端添加相同个数的 0。

C# 运算符如表 2-3 所示。

表 2-3　C# 的运算符

类别	表达式	说明
基本	x.m	成员访问
	x（…）	方法和委托调用
	x[…]	数组和索引器访问
	x++	后增量
	x--	后减量
	new T（…）	对象和委托创建
	new T[…]	数组创建
	typeof（T）	获得 T 的 System.Type 对象
	checked（x）	在 checked 上下文中计算表达式
	unchecked（x）	在 unchecked 上下文中计算表达式
一元	+x	表达式的值相同
	-x	求相反数
	!x	逻辑求反

续表

类别	表达式	说明
一元	~x	按位求反
	++x	前增量
	--x	前减量
	(T)x	显式将 x 转换为类型 T
乘除	x*y	乘法
	x/y	除法
	x%y	求余
加减	x+y	加法、字符串串联、委托组合
	x-y	减法、委托移除
移位	x<<y	左移
	x>>y	右移
关系和类型检测	x<y	小于
	x>y	大于
	x<=y	小于或等于
	x>=y	大于或等于
	x is T	如果 x 属于 T 类型，则返回 true，否则返回 false
	x as T	返回转换为类型 T 的 x，如果 x 不是 T 则返回 null
相等	x==y	等于
	x!=y	不等于
逻辑 AND	x&y	整型按位 AND，布尔逻辑 AND
逻辑 XOR	x^y	整型按位 XOR，布尔逻辑 XOR
逻辑 OR	x|y	整型按位 OR，布尔逻辑 OR
条件 AND	x&&y	仅当 x 为 true 才对 y 求值
条件 OR	x||y	仅当 x 为 false 才对 y 求值
条件	x?y:z	如果 x 为 true，则对 y 求值，如果 x 为 false，则对 z 求值
赋值	x=y	赋值
	Xop=y	复合赋值；支持的运算符有 *=/=、%=、+=、-=、<<=、>>=、&=、^=、|=

其中，有些运算符是上面没有提到的，如 checked 和 unchecked 以及关系检测 is 和 as 等，这些运算符将在后续章节学习。

2.3.8 表达式中各运算符的运算顺序

大家知道，四则运算的运算顺序可以归纳为“先乘、除，后加、减”，也就是说，乘、除运算的优先级别比加减运算的优先级别要高。C# 语言中有几十种运算符，仅用一句“先乘、除，后加、减”是无法表示各种运算符之间的优先关系的，因此必须有更严格的确定各运算符优先关系的规则，各优先级的关系如表 2–4 所示。

表 2–4　C# 运算符的优先级顺序

<table>
<tr><th>优先级</th><th>类别</th><th>运算符</th></tr>
<tr><td>1</td><td>基本</td><td>(x)　x.y　f(x)　a[x]　x++　x--
new　typeof　sizeof　checked　unchecked</td></tr>
<tr><td>2</td><td>单目</td><td>+　-　!　~　++x　--x　(T)x</td></tr>
<tr><td>3</td><td>乘法与除法</td><td>*　/　%</td></tr>
<tr><td>4</td><td>加法与减法</td><td>+　-</td></tr>
<tr><td>5</td><td>移位运算</td><td><<　>></td></tr>
<tr><td>6</td><td>关系运算</td><td><　>　<=　>=　is</td></tr>
<tr><td>7</td><td>条件等</td><td>==　!=</td></tr>
<tr><td>8</td><td>位逻辑与</td><td>&</td></tr>
<tr><td>9</td><td>位逻辑异或</td><td>^</td></tr>
<tr><td>10</td><td>位逻辑或</td><td>|</td></tr>
<tr><td>11</td><td>条件与</td><td>&&</td></tr>
<tr><td>12</td><td>条件或</td><td>||</td></tr>
<tr><td>13</td><td>条件</td><td>?:</td></tr>
<tr><td>14</td><td>赋值</td><td>=　*=　/=　%=　+=　-=　<<=　>>=　&=　^=　|=</td></tr>
</table>

由表 2–4 可以看出，运算优先级的数字越大，优先级别越低。优先级别最高的是括号，所以如果要改变混合运算中的运算次序，或者对运算次序把握不准时，可以使用括号来明确规定运算的顺序。

2.4 常用数学函数

C# 中的数学函数大多是 Math 类的静态方法，而 Math 类在名字空间 System 中，例如：

double y = Math.Cos (0.5);

常用的数学方法如表 2–5 所示。

表 2–5　常用的数学方法

名称	说明
E	表示自然对数的底，它由常数 e 指定
PI	表示圆的周长与其直径的比值，它通过常数 π 指定
Abs	返回指定数字的绝对值
Acos	返回余弦值为指定数字的角度
Asin	返回正弦值为指定数字的角度
Atan	返回正切值为指定数字的角度
Atan2	返回正切值为两个指定数字的商的角度
BigMul	生成两个 32 位数字的完整乘积
Ceiling	返回大于或等于指定数字的最小整数
Cos	返回指定角度的余弦值
Cosh	返回指定角度的双曲余弦值
DivRem	计算两个数字的商，并在输出参数中返回余数
Equals	确定两个 Object 实例是否相等
Exp	返回 e 的指定次幂
Floor	返回小于或等于指定数字的最大整数
Remainder	返回一指定数字被另一指定数字相除的余数
Log	返回指定数字的对数
Log10	返回指定数字以 10 为底的对数
Max	返回两个指定数字中较大的一个
Min	返回两个指定数字中较小的一个
Pow	返回指定数字的指定次幂
Round	将值舍入到最接近的整数或指定的小数位数
Sign	返回表示数字符号的值
Sin	返回指定角度的正弦值
Sinh	返回指定角度的双曲正弦值
Sqrt	返回指定数字的平方根
Tan	返回指定角度的正切值
Tanh	返回指定角度的双曲正切值
ToString	返回表示当前 Object 的 String
Truncate	计算一个数字的整数部分

2.5 例题

例 2–5 根据三边长求三角形面积。

利用海伦公式：$A=\sqrt{s(s-a)(s-b)(s-c)}$，其中 a、b、c 分别为三角形三条边的长度，$s=\frac{1}{2}(a+b+c)$。

```
// 求三角形面积
using System;

namespace CSHARP2_5
{
    class Program
    {
        static void Main( string[] args )
        {
            Console.Write( "Please input a, b, c = " );
            string inS = Console.ReadLine();
            string[] inSS = inS.Split( ' ' );
            double a = Convert.ToDouble( inSS[0] );
            double b = Convert.ToDouble( inSS[1] );
            double c = Convert.ToDouble( inSS[2] );
            var s =( a + b + c ) / 2;
            var area = Math.Sqrt( s * ( s – a ) * ( s – b ) * ( s – c ));
            Console.WriteLine( "area = {0}", area );
        }
    }
}
```

程序的运行结果如下：

```
Please input a, b, c=3  4  5
area = 6
```

为简单起见，程序未考虑对数据的检验，即未检查输入的三边长是否能构成一个三角形。实际上，数据检验是程序的重要组成部分，应予以足够的重视。

例 2–6 输入一个 4 位无符号整数，反序输出这 4 位数的 4 个数字字符。

从输入的无符号整数 n 中依次分解出个位数字、十位数字、百位数字、千位数字并依次存放到变量 c1、c2、c3、c4 中，如将 n%10 的值即个位数字存入 c1 中，将 n/10%10 的值即十位数字存入 c2 中，将 n/100%10 的值即百位数字存入 c3 中，将 n/1 000 的值即千位数字存入 c4 中。再将各数字值 +'0' 转为对应的数字字符。

```
// 反序输出 4 位无符号整数的 4 个数字字符
using System;

namespace CSHARP2_6
{
    class Program
    {
        static void Main(string[] args)
        {
            Console.WriteLine("Please input one integer 1000<n<9999: ");
            uint n=Convert.ToUInt32(Console.ReadLine());
            Console.WriteLine("Before inversing the number is: {0}", n);
            char c1=Convert.ToChar(n%10+'0');          // 分离个位数字
            char c2=Convert.ToChar(n/10%10+'0');       // 分离十位数字
            char c3=Convert.ToChar(n/100%10+'0');      // 分离百位数字
            char c4=Convert.ToChar(n/1000+'0');        // 分离千位数字
            Console.WriteLine("After inversing the number is: {0}{1}{2}{3}",
                c1, c2, c3, c4);
        }
    }
}
```

程序的运行结果如下：

Please input one integer 1000<n<9999:

1234

Before inversing the number is: 1234

After inversing the number is: 4321

例 2-7　求一元二次方程 $ax^2+bx+c=0$ 的根，其中系数 a、b、c 为实数，由键盘输入。

设 $\Delta=b^2-4ac$，当 $\Delta=0$ 时，方程有一个重根；当 $\Delta>0$ 时，方程有两个不同的实根；当 $\Delta<0$ 时，则有两个共轭的复根。

```
// 解一元二次方程
using System;

namespace CSHARP2_7
{
    class Program
```

```
    {
        static void Main( string[] args )
        {
            Console.Write( "Please intput a, b, c = " );
            string inS = Console.ReadLine();
            string[] inSS = inS.Split( ' ' );
            double a = Convert.ToDouble( inSS[0] );
            double b = Convert.ToDouble( inSS[1] );
            double c = Convert.ToDouble( inSS[2] );
            double delta = b * b - 4 * a * c;
            double p = -b / ( 2 * a );
            double q = Math.Sqrt( Math.Abs( delta ) ) / ( 2 * a );
            if( delta >= 0 )
            {
                Console.WriteLine( "x1 = {0}", p + q );
                Console.WriteLine( "x2 = {0}", p - q );
            }
            else
            {
                Console.WriteLine( "x1 = {0} + {1}i", p, q );
                Console.WriteLine( "x2 = {0} - {1}i", p, q );
            }
        }
    }
}
```

程序的运行结果如下：

```
Please intput a, b, c = 3 4 5
x1 = -0.666666666666667 + 1.10554159678513i
x2 = -0.666666666666667 - 1.10554159678513i
```

例 2-8　温度转换：输入一个华氏温度值，计算并输出对应的摄氏温度值。温度的转化公式是 $C=5\times(F-32)/9$。

```
// 温度转换
using System;

namespace CSHARP2_8
{
    class Program
```

```
    {
        static void Main ( string[] args )
        {
            Console.Write ( " 请输入一个华氏温度：" );
            double f=Convert.ToDouble ( Console.ReadLine () );
            double c=5.0d/9.0d* ( f-32d );
            Console.WriteLine ( " 对应于华氏温度 {0} 的摄氏温度为 {1}", f, c );
        }
    }
}
```

程序的运行结果如下：

请输入一个华氏温度：100

对应于华氏温度 100 的摄氏温度为 37.7777777777778

例 2-9 大小写转换：输入一个字符，判断它是否为大写字母，如是，将其转换为对应的小写字母输出；否则，不用转换直接输出。

ASCII 表中所有的大写字母从 A~Z 是连续排列的，所有的小写字母从 a~z 也是连续排列的，但大写字母和小写字母并没有排在一起。因此，如果一个字符是大写字符，就可以通过对其 ASCII 作如下运算转换为对应的小写字母的 ASCII：

小写 = 大写 -'A'+'a'

```
// 大小写转换
using System;

namespace CSHARP2_9
{
    class Program
    {
        static void Main ( string[] args )
        {
            Console.Write ( " 请输入一个字母 ：" );
            char ch=Convert.ToChar ( Console.ReadLine () );
            if ( ch>='A' && ch<='Z' )
                ch= ( char )( ch-'A'+'a' );
            Console.WriteLine ( " 将大写转换为小写后，该字母为：{0}", ch );
        }
    }
}
```

程序的运行结果如下：

请输入一个字母：Q

将大写转换为小写后，该字母为：q

例 2-10 判断一个 4 位的整数是否为回文数。回文数是指由该数各位上数字反序构成的数与原数相同，对于 4 位整数，可以简单地判断两个条件即千位和个位、百位和十位是否相等，所以先分解出各位数字。

```
using System;
using System.Collections.Generic;
using System.Linq;
using System.Text;
using System.Threading.Tasks;

namespace CSHARP2_10
{
    class Program
    {
        static void Main(string[] args)
        {
            Console.Write("请输入一个 4 位的整数：");
            int n = Convert.ToInt32(Console.ReadLine());
            //d1、d2、d3、d4 分别用来表示各位数字
            int d1 = n / 1000;              // 千位数字
            int d2 = n / 100 % 10;          // 百位数字
            int d3 = n / 10 % 10;           // 十位数字
            int d4 = n % 10;                // 个位数字
            if(d1 == d4 && d2 == d3)
                Console.WriteLine("该数是回文数");
            else
                Console.WriteLine("该数不是回文数");
        }
    }
}
```

程序的运行结果如下：

请输入一个 4 位的整数：1234

该数不是回文数

习题

1. 编写一个程序，要求如下：

（1）提示用户输入任意的 3 个小数。

（2）显示这 3 个小数。

（3）将这 3 个小数相加，并显示结果。

（4）将结果按四舍五入方法转换成整数并显示。

2. 为例 2-8 添加数据检验部分。给出三边长，检验其是否能构成一个三角形的方法是检查是否任意两边和均大于第三边。如果检验不合格，输出信息“Error Data!”。

3. 输入两个角度值 x、y，计算如下式子的值（三角函数的输入是弧度）：

$$\frac{\sin(|x|+|y|)}{\sqrt{\cos(|x+y|)}}$$

4. 从键盘输入任意 3 个整数，然后输出这 3 个数并计算平均值。

5. 编写一个程序，将字符串“Love”译成密码，译码方法采用替换加密法，其加密规则是，将原来的字母用字母表中其后面的第 3 个字母来替换，如字母 c 就用 f 来替换，字母 y 用 b 来替换。提示：分别用 4 个字符变量来存储 'L''o''v' 和 'e'，利用 ASCII 表中字母的排列关系，按照译码方法对各个变量进行运算后输出即可。

6. 输入一个总的秒数，将该秒数换算为相应的时、分、秒。如输入 3 600 秒，则输出结果为 1 小时，输入 3 610 秒，则结果为 1 小时 10 秒，通过除法和求余运算完成。

7. 编写程序，定义两个整数，用户通过键盘输入两个整数，程序计算它们的和、差、积、商并输出。

第3章

面向对象编程一

C# 语言是由微软公司发布的、运行于 .NET Framework 之上的一种完全面向对象的程序设计语言。本章将借助 C# 介绍面向对象编程的基础知识，重点介绍类及相关的概念。

3.1 面向对象编程

微视频：面向对象编程（一）

软件开发的两种最主要的方式是面向过程和面向对象，两者编程思想有本质的区别。面向过程是以过程为中心，按照逻辑顺序把问题拆解成一系列的模块，从而解决问题。面向对象按照人们认识客观世界的思维方式，将对象作为程序的基本单元并把数据和数据上的操作封装在其中。各个相互独立而又互相调用的对象完成任务。

面向对象编程最基本的 3 个特征是封装、继承和多态性。

（1）封装。封装是把一个对象的外部特征和内部实现细节分离开来，其他对象可以访问该对象的外部特征，但不能访问其内部实现细节。对象的封装是一种信息隐藏技术，其目的是隐藏细节，使代码模块化。通过关键字 private 和 public 实现。

（2）继承。继承是一种类的层次关系，涉及基类和派生类。基类作为类定义的基础可以创建派生类，派生类可以增加新的数据或功能。派生类是基类的特殊化，除了拥有基类的特性外，还可以拥有自己独有的特性。继承的过程就是从一般到特殊的过程。继承的目的是代码重用。

（3）多态性。多态性意味着一个方法或类型可以有多种实现形式。一个引用变量到底会指向哪个类的实例对象，调用哪个类中实现的方法，必须在程序的运行期间才能决定。程序不用修改代码就可以通过多态的方式实现运行时多种状态的选择。它包括编译时多态和运行时多态。比如，通过方法重载就可以实现静态多态，动态绑定可实现运行时多态。多态的作用是应用程序不必为每一个派生类编写功能调用，只需要对抽象基类进行处理即可，大大提高程序的可复用性。派生类的功能可以被基类的方法或引用变量所调用，这叫向后兼容，可以提高可扩充性和可维护性。

面向对象编程中的概念主要包括对象、类、数据抽象、继承、动态绑定、数据封装、多态性、消息传递。本书在后续的章节将对其中的概念依次展开。

3.2 类的概念

微视频：面向对象编程（二）

类是现实世界或概念上事物的抽象。类和对象是面向对象最重要和最基本的概念。两者的关系是，类是对象的模板，对象是类的实例。现实世界中的人、房子、植物、动物都可以是类。例如，人是一个类，那么你、我和他都是具体的人类的对象。再如，学校是一个类，那么清华大学、北京大学等高校就是学校类的对象。类是一个概念或模板，对象就是实体的东西。

在 C# 中，把具有一类数据和数据操作方法的数据结构封装成类。数据称为字段，操作方法称为方法，主要包括以下两种成员。

（1）字段成员。用来存储与类或对象相关的数据。

（2）方法成员。提供改变数据成员的操作。

类的成员主要包含字段、属性、方法、构造函数和析构函数。

3.2.1 类的定义

类是一种自定义数据类型，在 C# 中使用 class 关键字表示，其语法格式如下：

```
类修饰符 class 类名
{
    成员列表
}
```

其中，关键字 class、类名和 {} 是必要的，其他是可选项。

类修饰符是用于限定类声明的一种符号。按功能可分为两部分：访问修饰符和其他修饰符。

访问修饰符限定了其他类访问对应类中的字段、属性、方法的权限级别，有以下 4 种。

（1）public：公有访问，是允许的最高访问级别，无限制。

（2）private：私有访问，是允许的最低访问级别，只有在本类和其结构体中才可访问。

（3）internal：内部类型，只有在同一文件中的类型才是可访问的，是类的默认访问修饰符。

（4）protected：受保护类，该类的内部和其派生类可以访问。

其他修饰符包括 abstract、sealed、static 和 partial，它们的作用如下。

（1）abstract：用于声明虚类，指示某个类只能是其他类的基类。

（2）sealed：该类不能被继承。

（3）static：声明静态类，类型本身只含有静态成员和方法，不能被实例化。

（4）partial：声明部分类，定义部分类、结构和方法。

这些修饰符可以搭配使用，如 public abstract class。private、protected 和 protected internal 只能用于嵌套类（即在一个类中定义一个新的类）。

类的名称，根据大小写书写习惯不同，一般可分为两种常用的命名规则。一种是 Pascal 命名法：所有单词的首字母大写。另一种是 Camel 命名法：第一个单词首字母小写，其他单词首字母大写。类名的命名规则建议采用 Pascal 命名规则，如 “class TestConnection{ }”。采用此命名方法的还有方法名、属性名、接口、枚举类型、结构体名等。同时，类名最好能直接反映出类的功能，一目了然。字段名、方法参数等一般采用 Camel 命名规则，如 “int stuAge; ”。

3.2.2 类的成员

类的成员列表的内容一般包含两部分：字段成员和方法成员。字段成员又称成员变量，用于类内部存储数据。方法成员也可理解为函数，通常是一段代码，可用来读取并修改字段。

其格式如下：

```
类修饰符 class 类名
{
    …
    访问修饰符 数据成员类型 数据成员名称;      // 字段成员
    访问修饰符 返回类型 方法名(形参列表)       // 方法成员
    {
        方法体;
    }
    …
}
```

1. 类成员的修饰符

类成员修饰符分为访问修饰符和其他修饰符。访问修饰符有 5 种，如下所示：

（1）私有的（private），系统默认值是 private。

（2）公有的（public），无访问限制。

（3）保护的（protected），自身成员以及派生类成员可访问。

（4）内部的（internal），本程序集内的成员可访问。

（5）内部保护的（protected internal），仅限本程序集或其他程序集继承的派生类访问。

类成员的其他修饰符如下：

（1）abstract：该方法需要由派生类实现。

（2）const：指定域或局部变量的值不能被改动。

（3）event：声明一个事件。

（4）extern：指示方法在外部实现。

（5）override：该方法覆盖了基类的方法。

（6）readonly：该字段为只读字段。

（7）static：指示类的静态成员，为全体类的对象所共有。

（8）sealed：该方法不能被覆写。

（9）virtual：该方法是虚方法，子类可覆盖该方法。

需要注意的是，类成员在类内部的声明是无序的，即成员在声明中可引用身处其后的成员。类定义后，不能给类添加新成员。类的成员不会具有比类整体更开放的访问权限。

2. 字段的定义和初始化

字段可以是任意数据类型，用于存储数据。通常，字段应该被声明为 private，然后通过类的属性、方法等来对字段进行读取。

字段在声明时可直接赋值的初始化方式称为显示初始化。如果声明时没有进行初始化，字段就按照其类型被编译器赋默认值。数值类型字段被置零，布尔类型字段被置 false，引用类型字段被置 null。

当多个字段的数据类型相同且访问修饰符相同时，可在一条语句中声明，如“private int a, b, c;”。

3. 类的方法

方法是一段可执行代码块，也称为函数。类的方法表明了某方法属于某类，它可以从程序的很多不同地方执行，甚至从其他程序中执行。当方法被调用时，它执行自己的方法体然后返回执行的结果。

方法的访问修饰符参考类成员的访问修饰规则。

返回类型声明了方法返回值的类型。如果一个方法没有返回值，那么返回类型为 void。方法名是方法的名称。

参数列表包含在一对圆括号中。参数列表可以包含 0 个、1 个或多个参数。方法由一对大括号组成，大括号内包含执行代码。详情请参照第 6 章。

下面定义一个简单的圆类。

例 3-1　设计一个 Circle（圆）类，它的成员有圆心坐标 x 和 y、半径 r。方法 SetPoint 用于设置圆的圆心坐标和半径，方法 GetArea 计算圆的面积，Print 方法输出设置的参数和计算结果。

```
using System;
namespace CSHARP3_1
{
    class Circle
    {
        private double x;               //字段的隐式初始化
        private double y = 0;           //字段的显式初始化
        double r;                       //字段的隐式初始化
        public void SetPoint(double a, double b, double c)  //方法的定义
        {
            x = a;
```

```
12:                 y = b;
13:                 r = c;
14:             }
15:             public double GetArea()                    // 方法的定义
16:             {
17:                 return 2 * ( Math.PI ) * r * r;
18:             }
19:             public void Print()                        // 方法的定义
20:             {
21:               Console.WriteLine ( " 圆心坐标:[" + x + " , " + y + "], 半径 =" + r +",
              面积 ="+GetArea());
22:             }
23:         }
24:     }
```

程序定义了一个名为 Circle 的类。该类是用户自己定义的数据类型，是对圆的特性和行为的描述，类型名为 Circle，和 double、char 等一样为一种数据类型。用定义新数据类型 Circle 类的方法把数据和处理数据的函数封装起来。

类体从第 5 行至第 22 行。程序第 6~8 行代码定义了 3 个私有字段成员 x（圆心坐标 *x*）、y（圆心坐标 *y*）和 r（圆半径），其中半径 r 是隐式初始化的方式定义的私有字段。第 6~7 行代码等价写法是 "private double x, y=0; "。第 9~22 行定义了 3 个公有成员方法 SetPoint、GetArea 和 Print。

微视频：面向对象编程（三）

3.3 类的实例化

类是一个抽象概念，类的定义规定了对象由什么样的数据和操作组成。如果需要使用类就要将类实例化，即定义类的对象。

3.3.1 对象的定义

定义类对象的方法如下：

类名 对象名 = new 类名();

例如：

Circle p = new Circle();

等号左边是对象的定义，它声明了一个名为 p 的 Circle 类的对象。等号右边是对象的创建，使用关键字 new 为对象在堆上分配了内存空间。其等价写法如下：

微视频：面向对象编程（四）

Circle p ;

p = new Circle();

在本书 2.1 节中介绍了 C# 的两种数据类型：值类型和引用类型，两者在内存的存储位置不同。类属于引用类型，是被分配在内存的堆上的。如例 3-1 中的 Circle 类，系统在栈上开辟空间存放了一个句柄，该句柄就是某内存序号，用以记录对象成员在堆上的位置（一个整数值），然后 Circle 实例将会被存放在托管堆上，如图 3-1 所示。

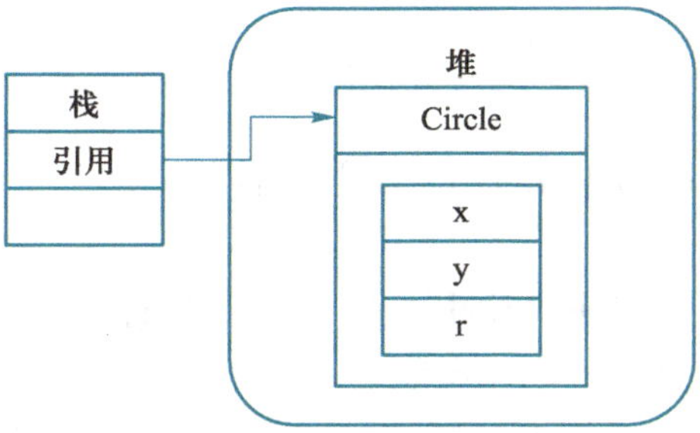

图 3-1　对象成员的存储

例 3-2　编写代码，测试例 3-1 中的 Circle 类的方法是否成功。

```
using System;
namespace CSHARP3_2
{
    class Program
    {
        static void Main(string[] args)
        {
            Circle p = new Circle();           // 创建对象 p 并初始化
            p.SetPoint(30, 50, 10);            // 对象成员的引用
            Console.Write("Circle p: ");
            p.Print();                         // 对象成员的引用
        }
    }
    class Circle
    {
        private double x;
        private double y = 0;
        double r;
        public void SetPoint(double a, double b, double c)
        {
            x = a;
```

```
22:                 y = b;
23:                 r = c;
24:             }
25:             public double GetArea()
26:             {
27:                 double pi = 3.1415;
28:                 return 2 * pi * r * r;
29:             }
30:             public void Print()    // 方法的定义
31:             {
32:                 Console.WriteLine("圆心坐标:[" + x + ", " + y + "], 半径 =" + r + ",
                    面积 =" + GetArea());
33:             }
34:         }
35:     }
```

程序的运行结果如下:

Circle p: 圆心坐标:[30, 50], 半径 =10, 面积 =628.3

代码第 14 行 ~ 第 34 行是例 3-1 中关于 Circle 类的定义。第 8 行 ~ 第 11 行是类实例化过程,包括对象的创建、初始化、对象的引用(方法的调用)过程,后两部分内容将会在接下来的章节依次展开。

3.3.2 对象的初始化

对象初始化的主要任务是给对象分配内存空间。对象只有经过初始化之后才能被使用。在 C# 中通常用构造函数进行对象初始化。

构造方法是一种特殊的类的成员方法,它在每次使用 new 关键字来创建类的对象时自动被调用。构造方法的格式如下:

```
修饰符 构造方法名()
{
  方法体
}
```

或者

```
修饰符 构造方法名(参数列表)
{
  方法体
}
```

在定义构造方法时,需要注意以下两点。

(1) 构造方法名必须和类同名,没有返回类型。

（2）构造方法在类定义时声明（因为它属于成员方法的一种），如果在类定义时没有声明构造方法，系统会生成默认的构造方法，该构造方法不带参数，方法体为空（详情请参见本书 7.3.2 节）。

因此，例 3-2 中的程序在类定义时并未声明构造函数，但是用 Circle p = new Circle() 语句能够成功创建对象 p 并完成了初始化的工作，其原因在于系统提供了默认构造函数 public Circle(){}，第 8 行语句执行完后，x、y、r 均被赋值为 0。

例 3-3 修改例 3-2 中的程序，使用构造函数初始化对象 p。

```
using System;
namespace CSHARP3_3
{
    class Program
    {
        static void Main(string[] args)
        {
            Circle p1 = new Circle();    // 使用无参构造函数初始化对象 p1
            Circle p2 = new Circle(5, 10, 20); /* 使用带参构造函数初始化对象 p2*/
            Console.Write("Circle p1: ");
            p1.Print();
            Console.Write("Circle p2: ");
            p2.Print();
        }
    }
    class Circle
    {
        private double x;          // 字段的隐式初始化
        private double y = 0;      // 字段的显式初始化
        double r;                  // 字段的隐式初始化
        public Circle()            // 构造函数 1
        {
            x = 30;
            y = 50;
            r = 10;
        }
        public Circle(double a, double b, double c)    // 构造函数 2
        {
            x = a;
```

```
30:                 y = b;
31:                 r = c;
32:             }
33:             public double GetArea()      //方法的定义
34:             {
35:                 double pi = 3.1415;
36:                 return 2 * pi * r * r;
37:             }
38:             public void Print()          //方法的定义
39:             {
40:                 Console.WriteLine(" 圆心坐标:[" + x + ", " + y + "], 半径 =" + r + ", 
                    面积 =" + GetArea());
41:             }
42:         }
43:     }
```

程序的运行结果如下：

Circle p1：圆心坐标：[30, 50], 半径 =10,面积 =628.3

Circle p2：圆心坐标：[5, 10], 半径 =20,面积 =2513.2

类的定义可有 0 个、1 个或多个构造方法，构造方法也是可以重载的。在 C# 语言中，同一个类中的方法，如果方法名相同，而参数的类型或个数不同，认为是不同的方法，这叫方法重载（详情请参见本书 6.3.3 节）。根据创建对象时 new（参数列表）关键字括号中的参数列表来匹配相应的构造函数（本书第 7 章将进一步讨论构造函数）。

3.3.3 对象的使用

类被实例化为对象，类所定义的字段和成员方法就会被具体化为对象的字段和成员方法。比如，水果类抽象了字段（颜色、品种）和成员方法（吃的方式）。那么对象苹果所对应的状态就是“红色，红富士，连皮吃”；对象香蕉所对应的状态就是“黄色，广东香蕉 1 号，剥皮吃”。对象的成员在访问权限允许的情况下都可以被调用。调用的方式如下：

对象名. 字段名

对象名. 成员方法（参数列表 | 空）

在例 3-2 中的第 9 行 p.SetPoint（30, 50, 10）和第 11 行 p.Print()语句就是成员方法的引用方式。在例 3-3 中，如果初始化了两个对象圆，把第 18~20 行的字段的访问权限改成 public，下面实例代码就是字段引用的方式：

```
Circle p3 = new Circle();
Circle p4= new Circle(6, 7, 8);
p3.x;          //x=30
```

```
p3.y;          //x=40
p4.x;          //x=6
p4.y;          //x=7
```

3.4 类的属性

类的字段(成员)必须定义为 public,才能够被类外的其他成员访问,这样做无疑增加了数据不安全的风险。比如,有一个字段表示某人的身份证号码,当设置其为公有变量时,意味着谁都可以读取甚至修改它的值。一方面,程序员可以通过编写方法来控制对此字段的读取操作,但是当有多个类似操作时,无疑给程序的编写带来了很多烦琐的工作,浪费时间且有可能遗漏。C# 的属性提供了更好的解决方式。

属性的思想是把字段和访问字段的方法关联起来,字段对外是隐藏不可见的,属性是共有的对外可见,任何读取字段的操作必须通过属性来完成。这一过程引入了 get 和 set 两个访问器,从而保护了字段不被非法操作,实现了数据的封装和隐藏。

1. 属性的定义

属性的语法格式如下:

```
访问修饰符 数据类型 属性名
{
    get
    {
        get 访问器代码块
    }
    set
    {
        set 访问器代码块
    }
}
```

在 C# 中,属性和字段关联的方法是,定义 private 的字段关联一个 public 的属性。被关联的字段又称作后备字段。通常,后备字段和属性的名字相同,前者要求采用 Camel 命名规则(首字母小写),后者要求采用 Pascal 命名规则(首字母大写)。

例如:

```
public class student
{
  private string gender;
  public string Gender
  {
```

```
        get
        {
            return gender;        // 返回私有字段的值
        }
        set
        {
            gender = value;       // 给私有字段赋值
        }
    }
…
}
```

属性包含的 get 访问器和 set 访问器分别用于获取和修改私有字段。在访问声明中,如果只有 get 访问器,表示是只读属性;如果只有 set 访问器,表示是只写属性;如果既有 get 访问器,也有 set 访问器,表示是读写属性。

get 方法以标识符 get 开头,没有参数,必须包含一条 return 语句以返回一个和属性类型相同的值。例如,通过语句“student stu1=new student();”创建 student 对象 stu1,接着使用“string hisGender=stu1.Gender;”语句,字段 hisGender 将获取对象 stu1 的私有字段 Gender 的值。

set 访问器以标识符 set 开始,方法里包含修改后备字段的操作,返回类型是 void。它有一个参数 value,与属性类型相同,作用是将数据发送至访问器中。例如,通过语句“student stu1=new student();”创建 student 对象 stu1,接着“stu1.Gender="female";”语句借助属性设置对象 stu1 的字段 Gender 的值为 female。

例 3–4 编写程序实现一个圆类 Circle,并检查输入半径。

```
using System;
namespace CSHARP3_4
{
    class Program
    {
        static void Main(string[] args)
        {
            Circle p1 = new Circle();
            p1.X = p1.Y = 3;
            p1.R = -10;
            Console.WriteLine("----------------------------------------------------");
            Console.WriteLine("圆形的实际参数是:");
            Console.WriteLine("    圆心坐标:[" + p1.X + ", " + p1.Y + "]");
```

```
            Console.WriteLine("        圆的半径: " + p1.R);
        }
    }
    class Circle
    {
        private double x = 0;
        private double y = 0;
        private double r = 0.1;
        public double X
        {
            get { return x; }
            set { x = value; }
        }
        public double Y
        {
            get { return y; }
            set { y = value; }
        }
        public double R
        {
            get { return r; }
            set
            {
                r = value;
                if(r <= 0)          // 过滤非法半径值
                {
                    r = 0.1;
                    Console.WriteLine("输入半径:" + value + "<=0,使用默认值:半径 =0.1");
                }
            }
        }
        public double GetArea()     // 方法的定义
        {
            double pi = 3.1415;
            return 2 * pi * r * r;
        }
```

```
50:            public void Print()    //方法的定义
51:            {
52:                Console.WriteLine(" 圆心坐标:[" + x + ", " + y + "], 半径 =" + r + ", 
                   面积 =" + GetArea());
53:            }
54:        }
55:    }
```

再来看一下 Circle 类的定义。程序的第 17~55 行声明了 Circle 类,第 19~44 行定义了 3 个私有字段且初始化,并提供了 3 个字段的属性方法。其中字段 r 的属性用来过滤非法的(<0)半径赋值操作。在主函数部分,第 8~10 行代码首先声明了 Circle 类的一个对象 p1,并通过属性 p1.X、p1.Y 为对象 p1 的私有字段 x、y 赋值 3。接着,通过 p1.R 设置了对象 p1 的字段 r 的值为负数,被检测出是非法操作后强制赋值为 0.1。这里需要注意的是,私有字段在类外部是访问不到的,必须通过属性。如果把第 9 行 p1.X 改为 p1.x 会被编译器告知错误,提示 x 是局部变量。

2. 自动实现属性

在例 3-5 中,R 属性的 set 访问器代码实现了较复杂的逻辑功能,而 X、Y 属性的 get 和 set 访问器代码只完成了对字段的读取功能且没有其他的功能。对于此类情况,C# 提供了自动实现属性,即在声明属性时,不需要加读取方法,也不需要声明后备字段,一切都自动实现。从而能够在编程时减少烦琐的操作,更方便地创建属性。其格式如下:

访问修饰符 数据类型 属性名 { get; set; }

例 3-5 修改例 3-4 中的类的声明部分。

```
using System;
namespace CSHARP3_5
{
    class Program
    {
        static void Main(string[] args)
        {
            Circle p1 = new Circle();
            p1.X = p1.Y = 3;
            p1.R = -10;
            Console.WriteLine("----------------------------------------------");
            Console.WriteLine(" 圆形的实际参数是: ");
            Console.WriteLine("      圆心坐标:[" + p1.X + ", " + p1.Y + "]");
            Console.WriteLine("      圆的半径: " + p1.R);
```

```
            }
        }
        class Circle
        {
            private double r = 0.1;
            public double X { get; set; }   // 自动实现属性
            public double Y { get; set; }   // 自动实现属性
            public double R
            {
                get { return r; }
                set
                {
                    r = value;
                    if( r <= 0 )            // 过滤非法半径值
                    {
                        r = 0.1;
                        Console.WriteLine( " 输入半径: " + value + "<=0,使用默认值:半径 =0.1" );
                    }
                }
            }
            public double GetArea()         // 方法的定义
            {
                double pi = 3.1415;
                return 2 * pi * r * r;
            }
            public void Print()             // 方法的定义
            {
                Console.WriteLine( " 圆心坐标:[" + X + ", " + Y + "], 半径 =" + r + ", 面积 =" + GetArea());
            }
        }
    }
```

使用自动实现属性时注意:① 不要声明后备字段,由编译器根据属性的类型自动分配存储空间;② 必须提供读、写属性,即 get 访问器和 set 访问器缺一不可。

3.5 静态成员

微视频：静态方法和静态变量

修饰符 static 在 C# 语言中翻译为“静态的”。用它修饰的字段、方法、属性、类分别称为静态字段、静态方法、静态属性和静态类，统称为静态成员。类中定义的字段不使用修饰符 static，该字段为实例字段。静态成员属于类本身，而不属于任何对象，因此，静态成员在类第一次加载时在“静态存储区”里被创建一次，只有一份，程序退出才回收。当成员需要被共享或者方法需要被反复调用时，可以把它们定义为静态的。

语法格式如下：

```
static 访问修饰符 数据类型 字段名;                                   // 静态字段
static 访问修饰符 返回类型 方法名(参数表){方法体}                      // 静态方法
static 访问修饰符 数据类型 属性名{get{方法体}set{方法体}}               // 静态属性
static 类名(){方法体}                                                // 静态构造函数
static 访问修饰符 类名{类体}                                         // 静态类
```

静态成员（除了静态构造函数）的调用方式如下：

类名.静态成员名

静态成员的特点如下。

（1）静态构造函数由系统自动调用，且不能有访问修饰符，不能带参数，不能重载，不能访问实例成员。

（2）静态属性不能访问类的实例成员。

（3）静态类只包含静态成员，不包含实例成员。C# 编译器在 CIL 代码中把它标记为 abstract 和 sealed，因此静态类不能被继承，不能被实例化。

（4）静态字段和静态方法的示例说明请参见本书 6.2 节。

例 3-6　在上述程序中定义一个静态变量，用于记录 Circle 类的实例化个数，同时定义一个静态方法，用于最终显示 Circle 类已经实例化的个数。

```
using System;
namespace CSHARP3_6
{
    class Program
    {
        static void Main(string[] args)
        {
            Circle p1 = new Circle(5, 6, 7);          // 实例化 1
            Console.Write("实例化 p1: ");
            p1.Print();
            Circle.PrintObjNum();                     // 调用静态方法 1
```

```
            Circle p2 = new Circle(6, 7, 8);            // 实例化 2
            Console.Write("实例化 p2:");
            p2.Print();
            Circle.PrintObjNum();                       // 调用静态方法
            Circle p3 = new Circle(9, 3, 12);           // 实例化 3
            Console.Write("实例化 p3:");
            p3.Print();
            Circle.PrintObjNum();                       // 调用静态方法
        }
    }
    class Circle
    {
        private static int objNum = 0;
        private double x = 0;
        private double y = 0;
        private double r = 0.1;
        public Circle(int a, int b, double c)
        {
            x = a;
            y = b;
            r = c;
            Circle.objNum += 1;
        }
        public static void PrintObjNum()
        {
            Console.WriteLine("Circle 类目前实例化个数为:" + objNum);
        }
        public double GetArea()
        {
            double pi = 3.1415;
            return 2 * pi * r * r;
        }
        public void Print()
        {
            Console.WriteLine("圆心坐标:[" + x + "," + y + "], 半径 =" + r + ", 面积 =" + GetArea());
        }
```

```
        }
    }
```

程序的运行结果如下：

实例化 p1：圆心坐标：[5，6]，半径 =7，面积 =307.867
Circle 类目前实例化个数为：1
实例化 p2：圆心坐标：[6，7]，半径 =8，面积 =402.112
Circle 类目前实例化个数为：2
实例化 p3：圆心坐标：[9，3]，半径 =12，面积 =904.752
Circle 类目前实例化个数为：3

例 3–7 将静态成员换成实例成员，观察程序运行结果。

```
using System;
namespace CSHARP3_7
{
    class Program
    {
        static void Main(string[] args)
        {
            Circle p1 = new Circle(5, 6, 7);            // 实例化 1
            Console.Write("实例化 p1：");
            p1.Print();
            p1.PrintObjNum();                           // 调用非静态方法
            Circle p2 = new Circle(6, 7, 8);            // 实例化 2
            Console.Write("实例化 p2：");
            p2.Print();
            p2.PrintObjNum();                           // 调用非静态方法
            Circle p3 = new Circle(9, 3, 12);           // 实例化 3
            Console.Write("实例化 p3：");
            p3.Print();
            p3.PrintObjNum();                           // 调用非静态方法
        }
    }
    class Circle
    {
        private int objNum = 0;
        private double x = 0;
        private double y = 0;
        private double r = 0.1;
```

```
        public Circle( int a, int b, double c )
        {
            x = a;
            y = b;
            r = c;
            objNum += 1;
        }
        public void PrintObjNum()
        {
            Console.WriteLine( "Circle 类目前实例化个数为: " + objNum );
        }
        public double GetArea()
        {
            double pi = 3.1415;
            return 2 * pi * r * r;
        }
        public void Print()
        {
            Console.WriteLine( " 圆心坐标: [" + x + ", " + y + "], 半径 =" + r + ", 面积 =" + GetArea());
        }
    }
}
```

程序的运行结果如下：

实例化 p1：圆心坐标：[5, 6]，半径 =7，面积 =307.867

Circle 类目前实例化个数为：1

实例化 p2：圆心坐标：[6, 7]，半径 =8，面积 =402.112

Circle 类目前实例化个数为：1

实例化 p3：圆心坐标：[9, 3]，半径 =12，面积 =904.752

Circle 类目前实例化个数为：1

习题

1. 定义一个 Circle（椭圆）类，其数据成员是圆外切矩形的左上角和右下角两点的坐标，定义计算面积和周长的成员方法，然后调用主程序验证。

2. 定义一个带构造方法的 Box 盒子类。要求具有以下成员：可设置盒子形状，可提供盒子体积，可提供盒子表面积。

3. 定义并实现地址类 Address，包括姓名、所居住的街道地址、城市和邮编等属性以及设置对象字段的 SetAddress 方法、显示地址信息的 Display 方法。

4. 定义并实现三维空间的 Point3D 类，包括 x、y、z 三个成员变量，一个计算空间中两个点之间的距离的成员方法，并编写合适的构造方法。

5. 定义并实现一个公民类 Citizen，该类包括的特征信息有身份证号 Id、姓名 Name、性别 Gender、年龄 Age、籍贯 Birthplace、家庭住址 Familyaddress 等属性以及构造方法、输入公民信息方法 Input 以及输出公民信息方法 Print，要求能够对该类对象进行初始化、输入和输出操作。

6. 定义并实现三角形类，其成员变量包括 3 个边长变量，成员方法包括判断是否合法，计算面积以及判断是否构成直角三角形、锐角三角形、钝角三角形等方法。

第 4 章

控制语句

程序中的语句通常按编写的先后顺序一条一条地执行，称为顺序执行。程序也可以执行不是紧邻其后的语句，或者重复执行一个语句块，来达到控制程序语句的走向和流程的目的，这称为控制执行。顺序结构、选择结构、循环结构是程序的 3 种基本控制结构。在 C# 语言中，把控制结构的实现称为控制语句。本章将介绍选择和循环控制语句的语法要点、适用场景以及如何使用控制结构来方便地解决某类问题。

4.1 程序的基本控制结构

C# 是遵循结构化程序设计原则的一种编程语言，按照这种原则和方法设计出的程序具有结构清晰、可读性好、易于修改和容易验证等优点。经多年的研究和工程实践表明：任何算法功能都可以由 3 种基本程序结构：顺序结构、选择结构、循环结构或其组合来实现。

一个程序模块包含若干条语句，如图 4–1 所示。顺序结构由多个程序模块串接构成，两个程序模块的串接如图 4–2 所示。由图 4–2 可以看出，这两个程序模块是顺序执行的，即首先执行程序模块 1，然后执行程序模块 2。每个程序模块内部的若干条语句也是自顶向下顺序执行的。

微视频：控制语句

图 4–1　程序模块

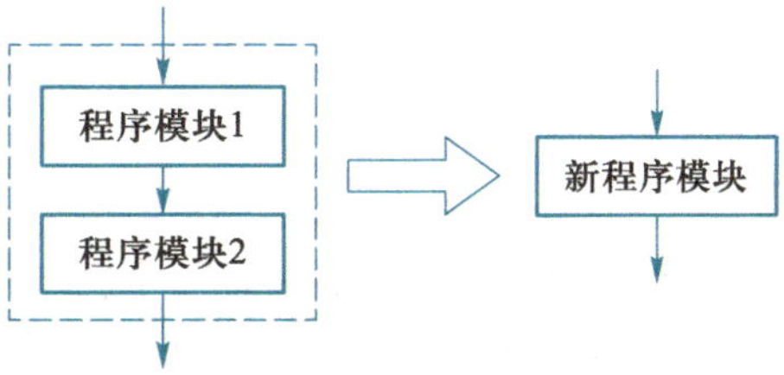

图 4–2　顺序结构

选择结构是程序根据给定的判断条件的执行结果，来决定选择某一分支继续执行。图 4–3 表示了二分支的选择结构，从图中可以看出，根据条件成立与否，分别选择执行程序模块 1 或执行程序模块 2。虽然选择结构比顺序结构稍微复杂了一点，但是仍然可以将其整个作为一个新的程序模块：一个入口（从顶部进入模块开始判断），一个出口（无论是执行了程序模块 1 还是程序模块 2，都应从选择结构框的底部出去）。当然，C# 还提供了多分支的选择结构，例如，图 4–4 所示的一种 switch 多路分支结构，是根据表达式的计算结果，选择多分支的某一分支执行。详情参见 4.2.4 节。

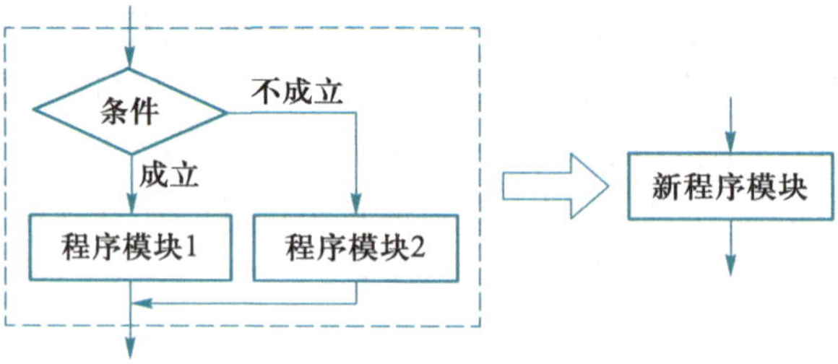

图 4–3　选择结构

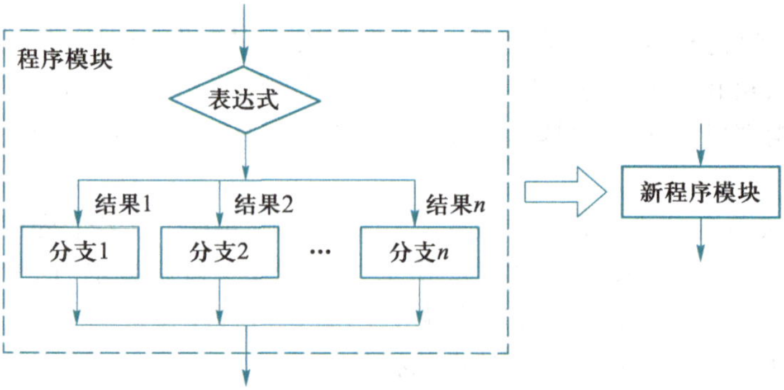

图 4–4　多分支的选择结构

循环结构是当程序中有某些语句需要重复执行多次时的一种控制结构。程序模块在循环结构里又称为循环体。按照循环体中循环条件被执行的时机，可把循环控制结构分为当型循环和直到型循环。当型循环的结构如图 4–5 所示，是当条件成立时反复执行程序模块，因此循环体可能一次也不会执行。直到型循环结构如图 4–6 所示，是当进入循环结构后首先执行程序模块，然后再判断条件是否成立，如果成立则再次执行程序模块，如此反复，直到条件不成立时退出循环结构。因此，直到型循环结构的循环体最少会执行一次。与顺序和选择结构相同，循环结构也可以抽象为一个新的模块。

任何算法功能都可以通过这 3 种基本程序结构或其组合、迭代的方式来实现。了解各种方式下各种语句的特点和适用场合对于提高程序代码的执行效率和可读性等大有裨益。

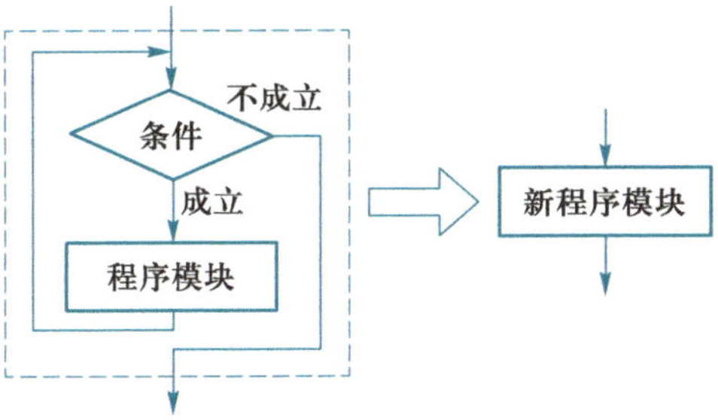

图 4-5　当型循环结构

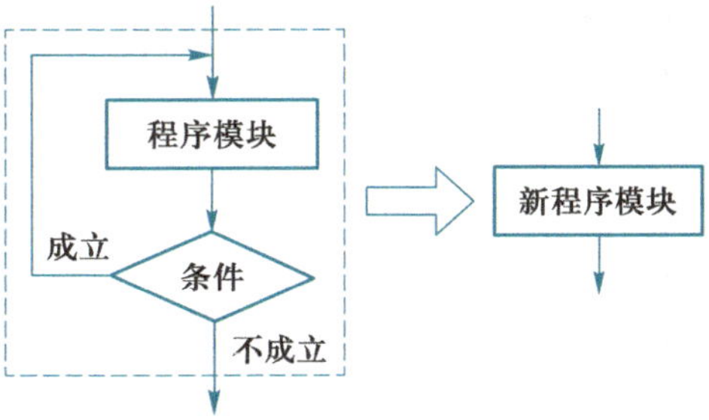

图 4-6　直到型循环结构

C# 中有多种语句可实现语句的跳转执行，各类控制结构的语句列举如下。

（1）选择结构语句（3 种）：if 语句、if…else 语句、switch 语句。

（2）循环结构语句（4 种）：while 语句、do…while 语句、for 语句、foreach 语句。

（3）跳转控制语句（5 种）：break 语句、continue 语句、return 语句、throw 语句、goto 语句。

4.2　选择语句

4.2.1　if 语句

if 语句又称为单选择语句，仅在条件表达式为真时才执行语句块。其语法如下：

微视频：选择结构

```
if(<条件表达式>)
{
    <语句块>;
}
```

条件表达式的返回值必须是 bool 型。如果条件表达式求得的值为 true，语句块被执行；否则语句块被跳过。

语句块是用一对大括号 {} 包含起来的一组语句，可以是一条语句或多条语句，甚至是空语句。语句块可以放在程序中任何单条语句能够放置的位置。它的作用有两个，一是作为定界符把需要执行的语句放在一起，可理解为把要做的事情打包到一起；二是控制变量的作用域，语句块内的变量的作用域和语句块外的变量的作用域是有所不同的。所有控制语句中的语句块，如果只包含单条语句，是可以省略一对大括号 {} 的。但是，从良好代码风格形成和程序的易读性的角度，建议使用 {}。

下面是一段 if 语句的代码示例，功能是对输入的无效的考试成绩（负数）做置零处理，并统计通过考试的人数。

```
int passed=0;
```

```
int x=int.Parse(Console.ReadLine());   // 表示考试成绩
if(x<0)
{
    x=0;                 // 语句块 1
}
if(x>60)
{                        // 语句块 2
    passed++;
    Console.WriteLine("考试成绩优异");
}
```

当上述代码运行后输入 –78，对第一个 if 条件表达式计算结果为 true，执行语句块 1 将 x 置零。对第二个 if 条件表达式计算结果为 false，不执行语句块 2。

4.2.2 if…else 语句

if…else 语句称为双选择语句。在条件表达式为真或为假时都要执行不同的语句块。其语法如下：

```
if(<条件表达式>)
{
    <语句块 1>;
}
else
{
    <语句块 2>;
}
```

当条件表达式的结果为 true 则执行语句块 1，且不执行 else 的语句块 2。这就是双选择语句的本质——"二选其一"，反之亦然。

对于双选择结构 if…else，C# 提供了等价的问号表达式（又称为条件表达式、三元表达式）来简化程序，详情请参见 2.3.6 节的内容。以上的语法结构用问号表达式的格式如下：

```
<条件表达式>?<语句块 1>:<语句块 2>
```

对于 if 选择结构，列出几个常见的错误：

```
if(x)              // 错，表达式的结果只能是 bool 型，而不是 int 型
{
    …
};                 // 错，大括号结束无分号
if(x>60)           // 错，多条语句必须使用大括号 {}，否则第二条语句总会被执行
    passed++;
```

```
        Console.WriteLine ( " 考试成绩优异 " ) ;
    if( x<10 );             // 错，条件表达式后无分号
    {
        …
    }
    if( x=10 )              // 错，比较运算符 == 和 = 的区别
    {                       //C# 会报错，C++ 不会
        …
    }else ( x==0 )          // 错，else 后不跟条件表达式
    {
        …
    }
```

4.2.3 if 嵌套

如果在程序中用一个双选择语句或者一个单选择语句不能完成复杂的判断时，就需要用到 if 嵌套。if 嵌套结构可以实现多路分支的选择。其语法如下：

```
    if( <条件表达式 1> )
    {
        <语句块 1>;
    }
    else if( <条件表达式 2> )
    {
        <语句块 2>;
    }
    …
    else if( <条件表达式 n> )
    {
        <语句块 n>;
    }
    else
    {
        <语句块 final>;
    }
```

当条件表达式 1 值为 true 时，只执行语句块 1 且后续的 else if、else 都不执行，跳出 if 选择结构。同理，当条件表达式 1 值为 false，条件表达式 2 值为 true 时，执行语句块 2 且后续的 else if、else 都不执行，跳出 if 选择结构。依此类推，如果所有的条件表达式值都为 false，则执行 else 后的语句块 final，跳出 if 选择结构。执行过程如图 4–7 所示。

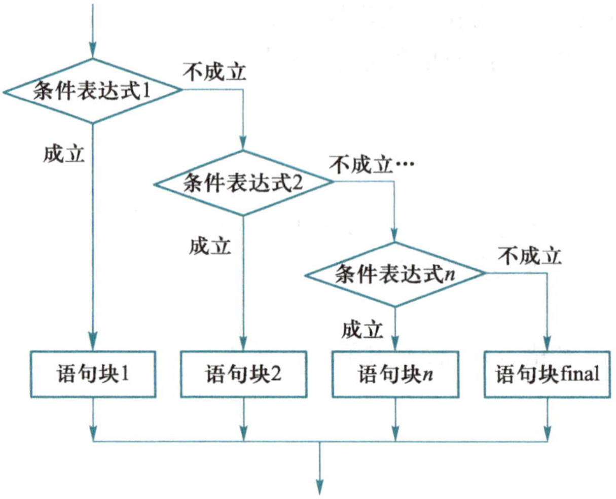

图 4-7　if 嵌套多分支选择结构

无论是单选择结构、双选择结构、嵌套 if 选择结构都统称为 if 选择结构。例 4-1 就是利用 if 选择结构实现的分段函数的计算。

例 4-1　编程实现一元二次方程的求解。

```
using System;
namespace CSHARP4_1
{
    class Program
    {
        static void Main ( string[] args )
        {
            Console.WriteLine ( " 一元二次方程形如：aX^2 + bX + c = 0" );
            Console.WriteLine ( " 请输入 a，b，c：" );
            var a = int.Parse ( Console.ReadLine () );
            var b = int.Parse ( Console.ReadLine () );
            var c = int.Parse ( Console.ReadLine () );
            if ( a == 0 && b != 0 )
            {
                double x = ( double )( -c ) / b;
                Console.WriteLine ( " 有一个实根 {0}", x );
            }
            else if ( a == 0 && b == 0 )
            {
                Console.WriteLine ( "a，b 均为零，无解 " );
```

```
            }
            else
            {
                double de = b * b - 4 * a * c;
                if( de == 0 )
                {
                    double x = ( double )( -b ) / ( 2 * a );
                    Console.WriteLine( " 有两个相等的实根, x1=x2={0}", x );
                }
                else if( de< 0 )
                {
                    Console.WriteLine( " 此方程无实数根 " );
                }
                else
                {
                    double x1 = ( double )( ( -b ) + Math.Sqrt( de ) ) / ( 2 * a );
                    double x2 = ( double )( ( -b ) - Math.Sqrt( de ) ) / ( 2 * a );
                    Console.WriteLine( " 有两个实根, x1={0}, x2={1}", x1, x2 );
                }
            }
        }
    }
}
```

程序的运行结果如下：

```
一元二次方程形如：aX^2 + bX + c = 0
请输入 a, b, c:
2
5
1
有两个实根, x1=-0.219223593595585, x2=-2.28077640640442
```

4.2.4 switch 语句

switch 语句用于实现多重分支选择。其思想是将表达式（关键字 switch 后）的值和若干个分支（关键字 case 后）的值进行比较，选择匹配成功的 case 后的语句块去执行。其语法如下：

```
switch ( < 表达式 > )
{
```

```
    case < 常量表达式 1>:
        ... ;
        break;
    case < 常量表达式 2>:
        ... ;
        break;
    case < 常量表达式 3>:
        ... ;
        break;
    default:
        ... ;
        break;
}
```

switch 语句中有几点需要注意：一是表达式的计算结果是一个常量整型或常量字符串，包括 bool、int、uint、long、ulong、char、byte、sbyte、short、ushort、enum、string。二是 case 关键字。在同一个 switch 语句中，不允许有两个及以上的 case 后的常量的值相同；否则编译错误。三是关键字 break，它的作用是跳出 switch 结构。当 case 块中包含 break 语句，执行到 break 语句时，跳出整个 switch 语句，break 后续的语句（在 switch 结构内）将不会被执行。一般说来，每个 case 块或者 default 必须有一个 break 语句，除非 case 块内无任何语句；否则不允许从一个 case 块贯穿到下一个 case 块。四是关键字 default。它的作用是当所有 case 的值和表达式的值匹配失败时，执行其后的操作。default 是可选项，但一个 switch 语句里最多只能有一个 default 语句。最后，switch 语句中的多个 case 语句、default 语句的出现次序不是固定的，即它们的位置不会对执行结果产生任何影响。

switch 的多路分支结构和 if 嵌套实现的多路分支的区别是，前者是基于一个表达式计算的常量结果来执行不同的分支操作，而后者是基于多个嵌套的条件表达式的布尔型结果来执行不同的分支。这一点可以很容易地从图 4–4 和图 4–7 的比较中看出。

例 4–2 编写一个程序，将百分制的学生成绩转换为优秀、良好、中等、及格和不及格的 5 级制成绩。标准如下：

优秀：100~90 分

良好：80~89 分

中等：70~79 分

及格：60~69 分

不及格：60 分以下

使用 switch 语句构成的多选择结构编写这个程序，其思路是把百分制的成绩通过一个整型表达式 old_grade/10 换成 11 种不同的整数值，再配合 switch 语句的 case 模块、break 语句、default 语句的灵活应用，即可编写出所需的转换程序。

```
01:    using System;
```

```
namespace CSHARP4_2
{
    class Program
    {
        static void Main ( string[] args )
        {
            int old_grade;
            string new_grade;
            Console.Write ( " 请输入学生成绩: " );
            old_grade = Convert.ToInt32 ( Console.ReadLine () );
            switch ( old_grade / 10 )
            {
                case 10:
                case 9:
                    new_grade = " 优秀 "; break;
                case 8:
                    new_grade = " 良好 "; break;
                case 7:
                    new_grade = " 中等 "; break;
                case 6:
                    new_grade = " 及格 "; break;
                default:
                    new_grade = " 不及格 "; break;
            }
            Console.WriteLine ( " 转换前成绩是 {0}, 转换后成绩是 {1}", old_grade, new_grade );
        }
    }
}
```

程序的运行结果如下：

请输入学生成绩：75

转换前成绩是 75，转换后成绩是中等

该程序将用户输入的百分制的分数值（0~100）转换为 5 级制成绩：优秀、良好、中等、及格和不及格。当输入 75 时，表达式 old_grade / 10 的计算结果是 7，直接匹配“case 7:”后的语句，给 new_grade 赋值“中等”，跳出 switch 循环。需要注意以下几点。

（1）利用 default 语句的特点即当整型表达式的值不能和所有的 case 值匹配时执行。因此，将不及格的 6 种值（0~5）的情况统归为不及格类。

（2）case 10 和 case 9 拥有共同的执行体“new_grade = " 优秀 "; break; ”。在 C# 中，当多种分支执行的操作一致时，可以只给一个 case 分支编写执行体，其他分支省略（包括 break）。因此当输入成绩在 90~100 时，都会返回为优秀类。

（3）break 语句必须出现在每个分支中，不可省略（除了第（2）种多分支拥有共同执行体的情况）。

4.3 循环语句

4.3.1 while 语句

微视频：循环结构

while 语句的结构包含两部分：表达式和循环体。其格式如下：

```
while（<表达式>）
 {
        <循环体>        //循环体就是一个语句块
 }
```

while 语句的执行过程如图 4–5 所示，是一种当型循环结构的循环语句。while 语句中的表达式是布尔表达式。当表达式的结果为 true 时反复执行循环体，直到表达式的值为 false 时跳出循环且不执行循环体，继续执行 while 语句后的语句。

while 语句的使用需要注意避免“死循环”的发生。如果在循环体内没有改变表达式的值的语句，则循环条件永远成立，从而导致 while 循环不会结束。

例 4–3 计算 *N* 的阶乘。

定义两个工作变量 res、n，分别用于存放已计算出的当前结果和当前的 n 值。

```
while（n>1）   //循环条件
{
    res *= n;          //结果值累乘当前 n 值
    n--;               //当前 n 值减 1
}
```

```
using System;
namespace CSHARP4_3
{
    class Program
    {
        static void Main（string[] args）
        {
            Console.WriteLine（" 计算 N 的阶乘，请输入 N="）;
            int n_inp = int.Parse（Console.ReadLine（））;
```

```
                int n = n_inp;
                int res = 1;
                while ( n>1 )
                {
                    res *= n--;
                }
                Console.WriteLine ( "{0}!={1}", n_inp, res );
            }
        }
    }
```

程序的运行结果如下：

```
计算 N 的阶乘,请输入 N=5
5! = 120
```

4.3.2 do…while 语句

do…while 语句的执行过程如图 4-6 所示，属于直到型循环结构。do 标志着循环体的开始，while 后跟的是布尔型表达式。其格式如下：

```
do
{
    < 循环体 >;
}while ( < 表达式 > );
```

和 while 语句类似，但 do…while 的循环体在前，表达式在后。首先执行一次循环体，然后再判断表达式的值，若为 true 重复执行循环体；若为 false 跳出循环，执行 do…while 循环后的语句。do…while 语句也需要注意，在循环体加入改变表达式值的语句来避免“死循环”的发生。两者的区别是，do…while 至少会执行一次循环体。

例 4-4　使用 do…while 结构重新编写例 4-3 的程序。

```
using System;
namespace CSHARP4_4
{
    class Program
    {
        static void Main ( string[] args )
        {
            Console.WriteLine ( " 计算 N 的阶乘,请输入 N=" );
            int n_inp = int.Parse ( Console.ReadLine () );
            int n = n_inp;
            int res = 1;
```

```
                do
                {
                    res *= n--;
                } while ( n > 1 );
                Console.WriteLine ( "{0}!={1}", n_inp, res );
            }
        }
    }
```

do…while 的一种典型应用是反复从键盘接收用户的输入，直到输入指定字符后停止接收。这种情况下，先接收字符再判断是否是停止字符，用 do…while 循环就很自然。

4.3.3 for 语句

C# 还提供了另一种实现循环功能的语句——for 语句。其控制流程如图 4–8 所示，格式如下：

```
for ( < 初始值 >; < 循环条件 >; < 控制增量 > )
{
    < 循环体 >;
}
```

初始值为控制循环的变量进行初始化，整个 for 循环中只执行一次。循环条件是布尔型表达式，当返回结果为 true 时才执行本次循环体；否则跳出 for 循环。控制增量是在每次循环体执行完成后，修改控制循环的变量的值（一般是增加或减小），从而为跳出循环做准备，也避免了死循环的发生。执行过程如图 4–8 所示。

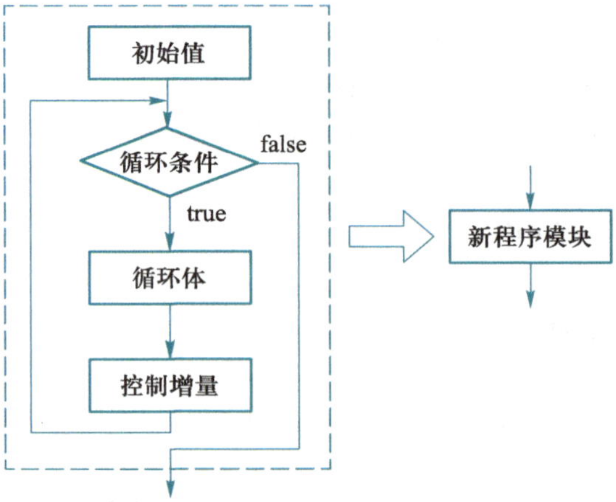

图 4–8　for 循环结构

for 循环常用于循环次数已知的情况。典型的用法就是计数器，如控制 100 次循环的表示方法如下：

```
for( int i=0; i<100; i++ )   // for( ; ; )中的分号不能省略
{
    …
}
```

for 循环的初始值、循环条件、控制增量都是可选的。在上例中，如果控制变量 i 已经在 for 循环前初始化过，则初始值可省略，只是 i 的作用域发生了改变。循环条件如果省略则表示循环条件总是 true，就会陷入无限循环。控制增量可省略，但必须把修改控制变量的语句放在循环体内；否则也会导致死循环，因此不建议这么做。最后，如果初始值和控制增量中有多个表达式，用逗号“,”分隔开，如“for(int i=0, j=8; i<j; i++, j--)”。

例 4-5　求水仙花数。如果一个 3 位数的个位数、十位数和百位数的立方和等于该数自身，则称该数为水仙花数。编程求出所有的水仙花数。在程序中利用 C# 的整数除法和求余运算从一个 3 位数中分离出其个位、十位和百位数。

```
using System;
namespace CSHARP4_5
{
    class Program
    {
        static void Main( string[] args )
        {
            int n, i, j, k;
            for( n = 100; n <= 999; n++ )
            {
                i = n / 100;            // 取出 n 的百位数
                j =( n / 10 )% 10;     // 取数 n 的十位数
                k = n % 10;             // 取出 n 的个位数
                if( n == i * i * i + j * j * j + k * k * k )
                    Console.WriteLine( "{0} = {1}^3 + {2}^3 + {3}^3", n, i, j, k );
            }
        }
    }
}
```

程序的运行结果如下：

```
153 = 1^3 + 5^3 + 3^3
370 = 3^3 + 7^3 + 0^3
371 = 3^3 + 7^3 + 1^3
407 = 4^3 + 0^3 + 7^3
```

for 循环和 while 循环的功能类似，可以用 while 循环实现。但两者适用场景有所区别：

while 更适合不确定循环次数的情况，而如果事先知道循环次数，用 for 循环更简洁。

foreach 语句是一种专门用于数组和集合中元素遍历的循环语句。它的语法结构更简单。具体请参见本书 5.2 节的内容。

▶ 4.3.4 循环的嵌套

当循环语句中的循环体又包含另一个循环语句时，就构成了嵌套循环。本章介绍的 4 种循环语句可以相互组合嵌套，但需要注意，内层循环体必须完全包含于外层循环的循环体内。嵌套层次在语法上没有限制，但一般不超过 3 层；否则将影响可读性。

例 4–6 编写程序实现百钱买百鸡。我国古代《算经》中出了一道“百钱买百鸡”的问题，题意是这样的：5 文钱可以买一只公鸡，3 文钱可以买一只母鸡，1 文钱可以买 3 只小鸡，现在用 100 文钱买 100 只鸡，那么各有公鸡、母鸡、小鸡多少只？请编写程序实现。

```
using System;
namespace CSHARP4_6
{
    class Program
    {
        static void Main(string[] args)
        {
            for(int i = 0; i <= 20; i++)
            {
                for(int j = 0; j <= 33; j++)
                {
                    for(int k = 0; k <= 300; k++)
                    {
                     if(5 * i + 3 * j + k / 3 == 100 && i + j + k == 100 && k%3==0)
                     {
                     Console.WriteLine("公鸡:"+i+",母鸡:"+j+",小鸡"+k);
                     }
                    }
                }
            }
        }
    }
}
```

程序的运行结果如下：

公鸡：0，母鸡：25，小鸡 75

公鸡：4，母鸡：18，小鸡 78

公鸡：8，母鸡：11，小鸡 81

公鸡：12，母鸡：4，小鸡 84

上述题目是一个典型的循环嵌套实现的数学问题。设公鸡、母鸡、小鸡的数量分别是 i、j、k 只，它们必须满足的条件是第 14 行代码。同时，各类鸡的数量是有一定的范围限制的，这样就确定了每层循环的次数，分别是第 08 行、第 10 行、第 12 行代码。通过全遍历加三层 for 循环即可以求解。

当然，从算法复杂度的角度来看，3 层循环并不是最优的解法。本例旨在说明 for 循环嵌套的使用方式。请读者思考如何使用两层循环或一层循环来实现上述问题。

4.4 跳转语句

C# 提供的跳转语句改变控制流。跳转语句是把控制流从一个代码片段改变到另一个代码片段中的指定语句，可以看作是循环语句或某些选择语句的一部分，通过跳转语句跳出循环或跳出选择语句（switch），来实现一些复杂的控制操作。

微视频：其他控制结构

4.4.1 break 语句

break 语句只能用于循环结构的 while、do…while、for、foreach 语句和 switch 选择语句中。其格式如下：

break；

在 switch 语句中，break 的作用是立刻跳出整个 switch 选择结构，继续执行 switch 语句后的下一条语句，如例 4-2 所示。

如果将 break 用于循环语句，它的作用是立即跳出包含该 break 语句的循环，接着执行该循环体外的下一条语句。在嵌套循环结构中，break 语句跳出的是最近一层循环。在循环结构中使用 break，常常与 if 条件配合使用，如例 4-7 所示。

例 4-7 给定一个正整数，判定其是否为素数。

```
using System;
namespace CSHARP4_7
{
    class Program
    {
        static void Main ( string[] args )
        {
            int n = Convert.ToInt32 ( Console.ReadLine () );
            bool markFind= false;
            for ( int i = 2; i <= n - 1; i++ )
```

```
                {
                    if( n % i == 0 )
                    {
                        markFind = true;
                        break;    // 能被整除就不是素数,立刻跳出循环
                    }
                }
                if( !markFind )
                {
                    Console.WriteLine( "{0} 是素数 ", n );
                }
                else
                {
                    Console.WriteLine( "{0} 不是素数 ", n );
                }
            }
        }
    }
```

程序的运行结果如下:

7

7 是素数

上述题目是 for 循环和 if…else 的嵌套使用。思路是查找 2 到 n-1 范围内所有的数去除 n,关键在于,如果能够整除,则表明这个数不是素数,用 break 跳出循环不再检查剩余的被除数。

4.4.2 continue 语句

continue 语句的作用是跳出本次循环,即跳过循环体中下面尚未执行的语句,接着进行下一次是否执行循环的判断,可用于 while、do…while 和 for 语句中。其格式如下:

continue;

continue 语句的用法和 break 语句相似,在循环语句中应和 if 语句配合使用。以 while 语句为例,其语法格式如下:

```
while (<条件 1>)
    {
        …
        if (<条件 2>
            break;
```

```
while (<条件 1>)
    {
        …
        if (<条件 2>
            continue;
```

```
    …                                        …
}                                        }
```

在循环中使用 break 语句和 continue 语句的区别是，break 语句是结束整个循环的执行，不再进行条件判断，如图 4-9 所示。而 continue 语句则只结束本次循环，而不终止整个循环过程，如图 4-10 所示。

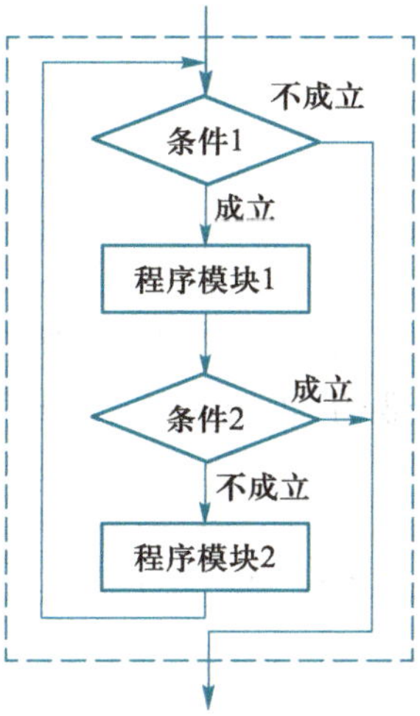

图 4-9　使用 break 语句的循环结构

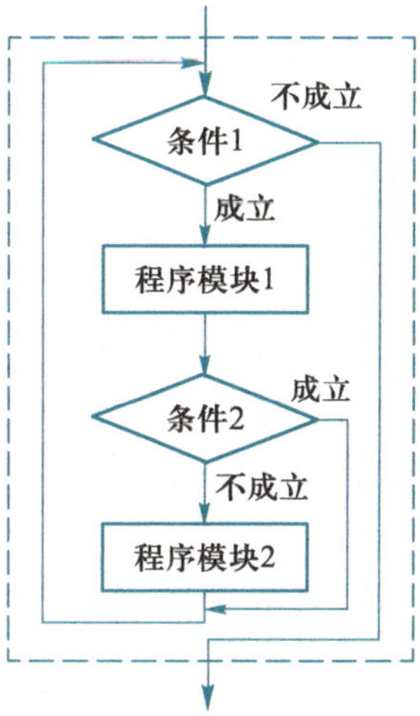

图 4-10　使用 continue 语句的循环结构

例 4-8　统计并输出 10 以内不能被 2 整除的整数的个数。

```
using System;
namespace CSHARP4_8
{
    class Program
    {
        static void Main ( string[] args )
        {
            int count = 0;
            for ( int i=1; i<10; i++ )
            {
                if ( i % 2 == 0 )
                {
                    continue;   // 遇到 2 的倍数就跳出循环，进行下一次循环
                }
                count++;        // 凡是满足能被 2 整除的值都没有被记录
            }
```

```
                Console.WriteLine("10 以内不能被 2 整除的整数有:");
                Console.WriteLine("{0} 个", count);
            }
        }
    }
```

程序的运行结果如下:

10 以内不能被 2 整除的整数有:

5 个

4.4.3 其他语句

1. return 语句

return 语句用于将方法执行完时的结果返回给调用方。当 return 后跟有常量或表达式时,将其值返回,此时方法的返回类型和 return 的类型是一致的;如果 return 后什么也没有,表示无需返回值,方法的返回类型是 void。

2. goto 语句

goto 语句可以实现程序的无条件直接跳转,要配合标签使用。在 C# 中不建议使用 goto,因此不在这里展开。

3. throw 语句

在异常处理中主动抛出异常。请参考本书 10.4 节内容。

4. checked 和 unchecked 语句

C# 专用于进行算术运算和转换的溢出检查。checked 关键字用于对整型类型算术运算和转换显式启用溢出检查。默认情况下,如果表达式仅包含常量值,且产生的值在目标类型范围之外,则会导致编译器错误。 如果表达式包含一个或多个非常量值,则编译器不检测溢出。例如:

```
int x1, x2, x3, x4;
int ten = 10;
checked
{
    x1 = int.MaxValue + 10;     // 编译不通过
    x2= int.MaxValue + ten;     //checked 关键字修饰,检查
}
x3 = int.MaxValue + 10;         // 编译不通过
x4= int.MaxValue + ten;         // 编译器不检查
```

因此,x4 的值在计算过程中,无论是否标记关键字 checked,它的值都是 –2 147 483 639。计算 x2 的值将会引发异常:System.OverflowException 算术运算导致溢出。

unchecked 关键字用于取消整型类型的算术运算和转换的溢出检查。在未经检查的上下文中,如果表达式生成的值超出目标类型的范围,则不会标记溢出。当上述 4 个整数 x1、 x2、x3、x4 在包含 unchecked 的块中时，情况如下：

```
int x1, x2, x3, x4;
int ten = 10;
unchecked
{
    x1 = int.MaxValue + 10;    // 编译通过
    x2 = int.MaxValue + ten;   //unchecked 关键字修饰，不检查
}
x3 = int.MaxValue + 10;       // 编译不通过
x4 = int.MaxValue + ten;      // 编译器不检查，输出 -2 147 483 639
```

由于 x1 和 x2 的计算在 unchecked 块或表达式中执行，因此将忽略计算结果对于整数而言过大的事实，并赋值 -2 147 483 639。

4.5 程序设计实例

例 4–9 找出 2~10 000 的所有完全数。所谓完全数是该数各个真因子之和等于它本身的自然数，又称完美数或完备数（perfect number）。例如，第一个完全数是 6，它有约数 1、2、3、6，除去它本身 6 外，其余 3 个数相加，1+2+3=6。第二个完全数是 28，它有约数 1、2、4、7、14、28，除去它本身 28 外，其余 5 个数相加，1+2+4+7+14=28。后面的完全数还有 496、8 128 等。

程序首先计算整数的真因子之和。整数 1 肯定是因子，不需要判断，直接赋给因子之和 sum。计算整数 i 的真因子之和的算法如下。

```
sum=1;
for(j=2; j<=i/2; j++)
{
    如果 j 是 i 的因子，将 j 加入因子之和 sum 中
}
```

然后根据整数 i 是否等于真因子之和 sum 来判断 i 是否是完全数。

```
01:  using System;
02:  namespace CSHARP4_9
03:  {
04:      class Program
05:      {
06:          static void Main(string[] args)
07:          {
08:              int i, j, sum;
```

```
                for( i = 2; i < 10000; i++ )
                {
                    sum = 1;
                    for( j = 2; j <= i / 2; j++ )
                    {
                        if( i % j == 0 )
                            sum = sum + j;
                    }
                    if( sum == i )
                    {
                        Console.Write( "{0} = 1", i );
                        for( j = 2; j <= i / 2; j++ )
                        {
                            if( i % j == 0 )
                                Console.Write( "+ {0}", j );
                        }
                        Console.WriteLine();
                    }
                }
            }
        }
    }
```

程序的运行结果如下：

```
6=1+2+3
28=1+2+4+7+14
496=1+2+4+8+16+31+62+124+248
8128=1+2+4+8+16+32+64+127+254+508+1016+2032+4064
```

例 4–10 对于任意给定的一个正整数 n，统计其阶乘 n！的末尾中 0 的个数。

```
using System;
namespace CSHARP4_10
{
    class Program
    {
        static void Main( string[] args )
        {
            int n, i, k, sum = 0;
            Console.Write( " 请输入一个正整数：" );
```

```
                n = Convert.ToInt32(Console.ReadLine());
                for(i = 5; i <= n; i = i + 5)
                {
                    int m = i;
                    for(k = 0; m % 5 == 0; k++)
                        m = m / 5;
                    sum = sum + k;
                }
                Console.WriteLine("{0}! 中包含 0 的个数是: {1}", n, sum);
            }
        }
    }
```

程序的运行结果如下：

请输入一个正整数: 30

30！ 中包含 0 的个数是: 7

习题

1. 输入 $n(n<13)$，计算 $1!+2!+3!+4!+\cdots+n!$。

2. 编写程序求斐波那契数列的第 n 项和前 n 项之和。斐波那契数列的形式如下：

0，1，1，2，3，5，8，13，…

其通项如下：

$F_0=0$

$F_1=1$

$F_n=F_{n-1}+F_{n-2}$

3. 编程求 $\sin x\approx x-\frac{x^3}{3!}+\frac{x^5}{5!}-\cdots+\frac{(-1)^n x^{2n+1}}{(2n+1)!}$，其中 $|x|<1$。

4. 当通项 $|u|<\varepsilon$（10 的 −7 次方）时，输出运行结果，已知多项式的递推公式如下：

$$u_n=\frac{(2n-1)^2x^2}{2n(2n+1)}u_{n-1}。$$

5. 求 π 的近似值。将 arctan(x) 在 $x=0$ 展开，得

$$\arctan(x)=x-\frac{x^3}{3}+\frac{x^5}{5}-\frac{x^7}{7}+\cdots=\lim_{i=1}(-1)^{i+1}\frac{x^{(2i-1)}}{2i-1}$$

当 $x=1$ 时，arctan(x)=π/4，从而这个级数既可以计算 arctan(x) 的近似值，又可以计算 π 的近似值：

$$\pi=4\left(1-\frac{1}{3}+\frac{1}{5}-\frac{1}{7}+\cdots\right)$$

利用上式编程计算 π 的近似值。

6. 求解猴子吃桃问题。猴子在第一天摘下若干个桃子，当即就吃了一半，又感觉不过瘾，于是就多吃了一个。以后每天如此，到第 10 天时，就只剩下了一个桃子。请编程计算第一天猴子摘的桃子个数。

7. 求 $a+aa+aaa+aaaa+\cdots+aa\cdots a$（第 n 项，n 个 a），其中 a 是 1~9 的整数。例如，$a=1$，$n=3$ 时，式子为 1+11+111；当 $a=5$，$n=5$ 时，式子为 5+55+555+5555+55555。

第 5 章

数组

与 C/C++ 语言一样，在 C# 中数组（array）也是广泛使用的一种数据结构。数组是按顺序排列的一组相同类型的相关数据项集合。每个数组用一个数组名标识，数组中每个变量可通过数组名及该变量的下标引用。数组中的变量称为数组元素，变量的下标又称为索引号或位置序号。访问数组元素可以通过数组访问表达式表示，也就是数组名加上方括号中该元素的索引号，数组中第一个元素的下标为 0（零），其后元素的下标依次加 1。这样，具有 n 个元素的数组 s 中的元素就是 s[0]，s[1]，…，s[n–1]。数组用于存放多个相同类型的数据，这些数据元素的类型可以是任何值类型（如简单类型、枚举、结构），也可以是引用类型（如 string、数组、类）。

5.1 数组概述

在 C# 中，数组是引用类型，它继承 .NET 类库中名为 System.Array 的公共基类，这样可直接使用该基类中定义的各种属性和方法。例如，使用该类的 Length 属性可以获得数组中元素的总数；使用 Rank 属性可以获得数组的维数；使用 GetLength 方法可以获得数组中某个维的长度。数组也遵从先定义后使用的原则，根据需要可定义一维数组、多维数组或交错数组。

5.1.1 声明和创建一维数组

格式 1：先声明数组，后创建数组，并使用系统默认的初始化值。

数组类型 [] 数组名；

数组名 =new 数组类型 [数组长度]；

微视频：一维数组

例如：

```
int[] arrayName;
arrayName = new int[5];
```

上例声明了含有 5 个元素的一维整型数组 arrayName。该数组的 5 个元素分别为 arrayName[0]、arrayName[1]、arrayName[2]、arrayName[3]、arrayName[4]，各元素的初值默认为 0。

说明：声明数组时，系统仅定义一个数组变量（即引用数组的变量），并不需要给出数组的长度。声明中的方括号([])必须跟在数组类型的后面,而不是在数组名的后面。new 关键字用于创建数组,因此必须给出数组的长度(初始化时可以省略数组长度),数组长度允许使用常量或变量表达式。系统按照数组元素类型和数组长度在堆中为数组分配存储空间,并使用声明的数组变量引用该数组。

在创建数组时,数组中的每一个元素都会接收系统初始的默认值,数值型简单类型默认元素为 0,布尔元素默认为 false,引用默认为 null。当然,在创建数组时提供特定的非默认初始值。

格式 2:声明并创建数组。

数组类型 [] 数组名 = new 数组类型 [数组长度];

例如:

```
int[] arrayName = new int[5];    // 创建含有 5 个元素的一维整型数组 arrayName
```

格式 3:创建数组并对数组初始化(由用户提供初始值)。

数组类型 [] 数组名 = new 数组类型 [数组长度]{ 初始值列表 };

其中,初始值列表为用逗号(,)分隔的各初始元素值。

例如,创建一维整型数组 array1,含有 5 个元素,初始化值依次为 1、2、3、4、5。

以下表示格式都是正确的。

```
int[] array1;
array1 = new int[5]{1, 2, 3, 4, 5};
```

或

```
int[] array1= new int[5]{1, 2, 3, 4, 5};
```

或

```
int[] array1= new int[]{1, 2, 3, 4, 5}; // 提供初始值列表后,可以省略数组长度
```

或更简洁的方式:

```
int[] array1={1, 2, 3, 4, 5};
```

格式 4:创建数组长度为变量表达式的数组。

例如,创建 n 个元素的一维字符串数组 str。

```
// 从键盘输入 n
int n=Convert.ToInt32(Console.ReadLine());
// 创建 n 个元素的一维字符串数组 str
string[] str=new string[n];
```

其中,str 数组元素为引用变量(每个元素可引用一个字符串),系统提供的默认初值为 null。

5.1.2 数组元素的访问

1. 一维数组元素的引用

引用形式如下:

数组名 [下标]

其中，下标必须是非负整数，允许是整型常数、整型变量或整数表达式。

例如：

```
int[] array1= new int[]{1, 2, 3, 4, 5};
int a=1, b=2;
array1[a+b]+=2;          // 将数组元素 array1[3] 加 2，即 array1[3]=6;
```

2. 使用循环语句访问数组元素

例如，反序输出数组元素值。

```
int [] array1=new int[]{1, 2, 3, 4, 5};
for ( int i=array1.Length-1; i>=0; i-- )
    Console.Write ( "{0}", array1[i] );
Console.WriteLine ();
```

输出结果：

```
5 4 3 2 1
```

在访问数组元素时，应防止数组元素下标值越界。例如：

```
for ( int i=array1.Length; i>=0; i-- )
    Console.Write ( "{0}", array1[i] );
```

执行时将产生访问数组越界的错误。因为 array1.Length 表示数组 array1 中总的元素个数，该数组中最后一个元素的下标应为总的元素个数 -1。

5.1.3 数组使用举例

微视频：随机填充一维数组

例 5-1 数组元素求和。

假设一维数组元素如下：87、65、78、100、90、57、81、74、97 和 89。

```
// 数组元素求和
using System;
namespace CSHARP5_1
{
    class Program
    {
        static void Main ( string[] args )
        {
            int[] a = new int[] { 87, 65, 78, 100, 90, 57, 81, 74, 97, 89 };
            int total =0;
            for ( int i = 0; i < a.Length; i++ )
                total+=a[i];
            Console.WriteLine ( "Total of array elements is {0}", total );
        }
    }
```

```
    }
```

程序的运行结果如下：

Total of array elements is 818

例 5-2 使用一维数组来求斐波那契数列的第 n 项和前 n 项之和（注：n 从键盘输入，$n \geqslant 0$）。斐波那契数列是这样一个数列：

0，1，1，2，3，5，8，13，…

其通项如下：

$F_0 = 0$

$F_1 = 1$

$F_n = F_{n-1}+F_{n-2}\ (n \geqslant 2)$

```
    //求斐波那契数列的第 n 项和前 n 项之和
    using System;
    namespace CSHARP5_2
    {
        class Program
        {
            static void Main( string[] args )
            {
                int n, sum = 0;
                Console.Write( " 请输入 n: " );
                n = Convert.ToInt32( Console.ReadLine() );
                if( n < 0 )
                    Console.WriteLine( " 输入错误，n 应为大于等于 0 的整数！ " );
                else
                {
                    int[] fib = new int[n + 1];
                    for( int i = 0; i <= n; i++ )
                    {
                        fib[i] = Fn( i );
                        sum += fib[i];
                    }
                    Console.WriteLine( " 第 {0} 项是 {1}，和值是 {2}", n, fib[n], sum );
                }
            }
            /// <summary>
            /// 获取第 n 项的值
            /// </summary>
```

```
28:             /// <param name="n"> 第 n 项（大于或等于 0 的正整数）</param>
29:             /// <returns> 第 n 项的值 </returns>
30:             static int Fn( int n )
31:             {
32:                 if( n == 0 )
33:                     return 0;
34:                 int a = 1;
35:                 int b = 1;
36:                 int c = 1;
37:                 for( int i = 3; i <= n; i++ )
38:                 {
39:                     c = a + b;
40:                     a = b;
41:                     b = c;
42:                 }
43:                 return c;
44:             }
45:         }
46:     }
```

程序的运行结果如下：

请输入 n：11

第 11 项是 89，和值是 232

程序代码说明：

第 16 行语句“int[] fib=new int[n+1]; ”创建一维数组 fib，数组长度为 n+1。第 25~46 行计算数列第 n 项的值，第 19 行将第 n 项值依次存放在 fib 数组中，第 20 行将前 n 项累加求和。

5.1.4 案例研究：模拟洗牌与发牌

例 5–3 开发一个洗牌和发牌的模拟程序，它是编写某种玩牌游戏程序的基础。

微视频：洗牌与发牌（一）

设计思想：声明一个扑克牌类 Card，包含一个一维数组 deck（模拟一副牌，有 52 个元素），一个构造方法（提供 deck 数组的初始信息），洗牌方法 shuffle 和发牌方法 deal，并在主方法类中实现对 Card 类的应用处理。

一副牌有 52 张，每张牌包含花色和面值两个数据项。花色分为“红桃”“方块”“梅花”和“黑桃”共 4 种；面值包括“A”“2”“3”“4”“5”“6”“7”“8”“9”“10”“J”“Q”和“K”共 13 种。每张牌的信息使用结构类型 CardNode 定义。

在 Card 类的构造方法中，完成对模拟牌的数组 deck 初始化。其方法为，将 52 张牌分成 4 组，每组花色相同，面值依次为 “A” “2”~“10” “J” “Q” “K”。初始化完成后，数组 deck 中每张牌的排列顺序如图 5-1 所示。

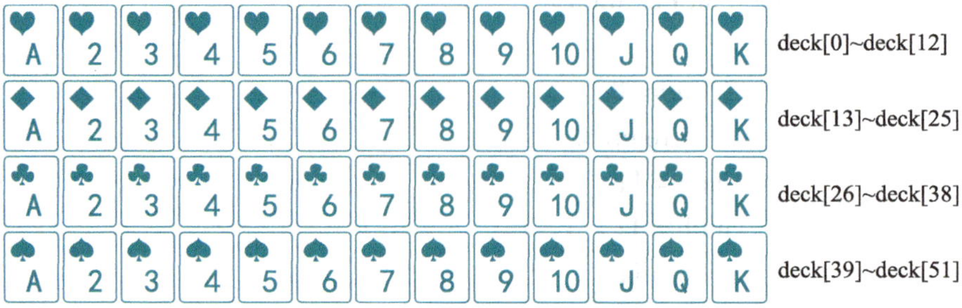

图 5-1　deck 数组中牌的初始顺序

洗牌操作算法描述：对于数组 deck 的每一张牌 deck[i]（i 从 0 到 51 变化），每次随机摘取 0~51 中的一个数 j，然后，对换 deck[i] 与 deck[j] 元素。经过 52 次对换，整个数组便完成了一遍对调，这样数组中的牌便洗好了。洗牌之后，数组 deck 中每张牌的排列顺序如图 5-2 所示。

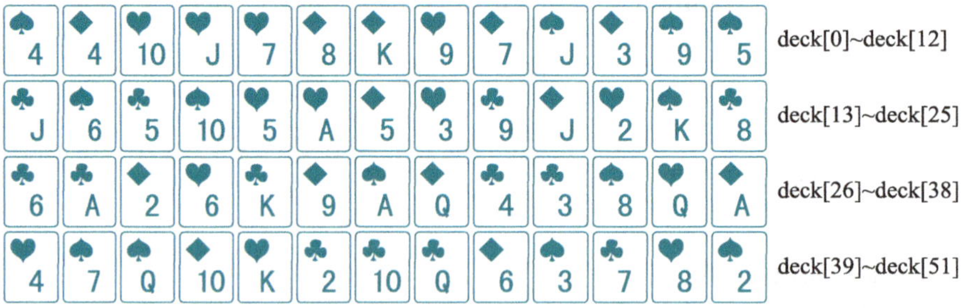

图 5-2　洗牌后 deck 中牌的顺序

在洗牌过程中，使用类 Random 的方法 next 产生随机数。算法描述如下：

```
选取系统当前时间作为随机种子;
for( i = 0; i< 牌的张数; i++ )
{
    生成下一个随机数给 j 变量( j 值不会超过牌的张数 );
    将 i 号牌与 j 号牌对调;
}
```

微视频：洗牌与发牌（二）

发牌操作算法描述：假设有甲、乙、丙和丁 4 人玩牌，将洗好的 52 张牌从 deck[0] 到 deck[51] 依次轮流发送给甲、乙、丙和丁 4 人，如将 deck[0] 发给甲，deck[1] 发给乙，deck[2] 发给丙，deck[3] 发给丁，deck[4] 发给甲，deck[5] 发给乙，deck[6] 发给丙，deck[7] 发给丁……重复进行下去，最终每人将得到 13 张牌。图 5-3 是为甲、乙、丙和丁 4 人所分发的牌。

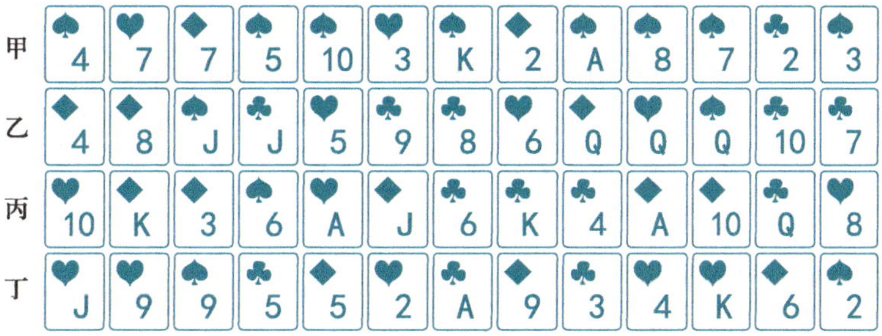

图 5-3　甲、乙、丙、丁 4 人所分发的 13 张牌

程序代码：

```
// 洗牌和发牌模拟
using System;
namespace CSHARP5_3
{
    /// <summary>
    /// 扑克牌的信息结构
    /// </summary>
    struct CardNode
    {
        public string suit;  // 花色
        public string face;  // 面值
    }
    /// <summary>
    /// 扑克类
    /// </summary>
    class Card
    {
     enum Number {CARD_NUMBER = 52, SUIT_NUMBER = 4, FACE_NUMBER = 13};
        // 三个枚举常量定义
        private CardNode[] deck = new CardNode[(int)Number.CARD_NUMBER];
        // 一副扑克牌
        public Card()  // 构造方法
        {
            string[] suit = {" 红桃 "," 方块 "," 梅花 "," 黑桃 "};
            string[] face = {"A", "2", "3", "4", "5", "6", "7", "8", "9","10",
                             "J", "Q", "K"};
```

```
            for ( int i = 0; i < ( int ) Number.CARD_NUMBER; i++ )
            {
                deck[i].face = face[i % ( int ) Number.FACE_NUMBER];
                deck[i].suit = suit[i / ( int ) Number.FACE_NUMBER];
            }
        }
        /// <summary>
        /// 洗牌方法
        /// </summary>
        public void shuffle ()
        {
            int j;
            CardNode temp;
            Random r = new Random (); // 系统自动选取当前时间作为随机种子
            for ( int i = 0; i < ( int ) Number.CARD_NUMBER; i++ )
            {
                j = r.Next () % ( int ) Number.CARD_NUMBER;
                temp = deck[i];
                deck[i] = deck[j];
                deck[j] = temp;
            }
        }
        /// <summary>
        /// 发牌方法
        /// </summary>
        public void deal ()
        {
            Console.Write ( "========================" );
            Console.Write ( "52 张牌发牌次序 " );
            Console.WriteLine ( "========================" );
            Console.WriteLine ( "     甲       乙        丙       丁 " );
            for ( int i = 0; i < ( int ) Number.CARD_NUMBER; i++ )
            {
                Console.Write ( " 第 {0, 2} 张: {1}{2}\t", ( i + 4 ) /4, deck[i].suit,
                                deck[i].face );
                if( ( i + 1 ) % 4 == 0 )
                {
```

```
60:                          Console.WriteLine();
61:                     }
62:                 }
63:                 Console.WriteLine();
64:             }
65:         }
66:         class Program
67:         {
68:             static void Main(string[] args)
69:             {
70:                 Card myCards = new Card();      // 创建一副扑克牌
71:                 myCards.shuffle();              // 洗牌
72:                 myCards.deal();                 // 发牌
73:                 Console.ReadKey();
74:             }
75:         }
76:     }
```

程序的运行结果如图 5-4 所示。

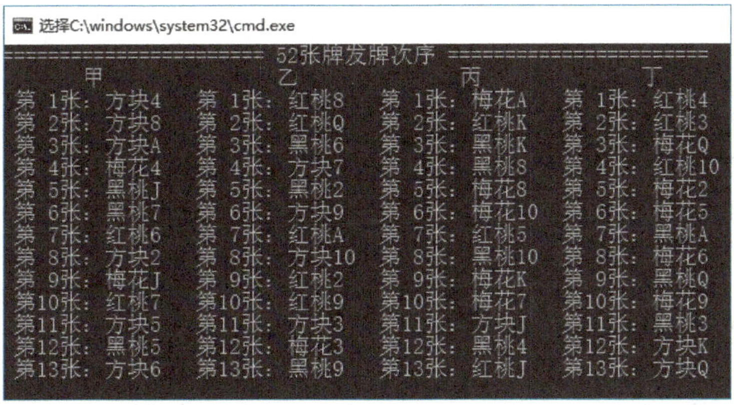

图 5-4　洗牌和发牌模拟结果

微视频：洗牌与发牌（三）

程序说明：

一副扑克有 52 张牌，每张牌包含花色和面值两项信息。程序的第 8~12 行定义一张扑克牌的信息结构，类型名为 CardNode。

第 16~65 行定义扑克牌类 Card。其中，第 18 行的 Number 为枚举类型，含有 3 个枚举常数。CARD_NUMBER 表示整数 52，代表 52 张牌；SUIT_NUMBER 表示整数 4，代表有 4 种花色；FACE_NUMBER 表示整数 13，代表一副扑克牌有 13 种面值。

第 19 行创建一维数组 deck，用于模拟一副 52 张的扑克牌。该数组元素个数为 52，使用枚举常量 CARD_NUMBER 表示，元素类型为 CardNode。

第 20~29 行为构造方法，完成扑克牌数组 deck 的初始化。其中，第 22 行定义花色数组 suit，第 23 行定义扑克牌的面值数组 face，其初值为“"A", "2", "3", "4", "5", "6", "7", "8", "9", "10", "J", "Q", "K"”共 13 个字符串数据。

第 33~45 行为洗牌方法。其中，第 37 行定义了产生随机数的对象变量 r，并采用系统时间值作为随机数发生器函数的种子。第 40 行为 j 变量产生 0~51 的一个随机整数，而 r.Next() 可以产生 0~2 147 483 647 的一个整数。

第 49~64 行为发牌方法。其中，第 57 行中的占位符 {0, 2} 的意义为输出项值占 2 位宽度，不足 2 位左边添 1 个空格；(i+4)/4 表示每一次发牌甲、乙、丙、丁的序号。

5.2 foreach 语句

foreach 是 C# 语言新增的一个循环语句，用于列举数组和集合中的所有元素。该语句结构简洁，执行效率更高。

foreach 语句中的表达式由关键字 in 隔开的两个项组成。in 右边的项是集合名，in 左边的项是变量名，用来存放该集合中的每个元素。其格式如下：

```
foreach ( type objName in collection/Array )
{
    循环体
}
```

其中，type 为循环变量的类型，通常情况下，该类型与被访问的数组或集合元素类型相同（也可使用 var 声明通用型的循环变量）。

在 foreach 循环中，会逐一检查数组 / 列表中存储的变量值，并且一一将其取出。首先，让循环变量获取数组或集合中的第一个元素值，执行循环体后，该变量将顺序获取下一个元素值，继续执行循环体……直到数组或集合中的所有元素被访问。当最后一个元素被访问后，控制将传递给 foreach 语句块之后的下一条语句继续执行程序。

与 for、while 等循环语句一样，在 foreach 语句中也可以使用 break 语句跳出整个循环，或使用 continue 进入下一次循环。

例 5-4 使用 foreach 显示整型数组的内容。

```
using System;
namespace CSHARP5_4
{
    class Program
    {
        // 使用 foreach 显示整型数组
```

```
            static void Main(string[] args)
            {
                int[] n = new int[10]; /* n 是一个带有 10 个整数的数组 */
                /* 初始化数组 n 中的元素 */
                for(int i = 0; i < 10; i++)
                {
                    n[i] = i + 10;
                }
                /* 输出每个数组元素的值,也可使用 var 声明通用型的循环变量 */
                foreach(int j in n)
                {
                    int i = j - 10;
                    Console.WriteLine("Element[{0}] = {1}", i, j);
                }
            }
        }
    }
```

程序的运行结果如下:

```
Element[0] = 10
Element[1] = 11
Element[2] = 12
Element[3] = 13
Element[4] = 14
Element[5] = 15
Element[6] = 16
Element[7] = 17
Element[8] = 18
Element[9] = 19
```

如果只是去访问数组里的元素,而不用访问当前数组的索引值,就可以用 foreach 语句替换 for 循环语句。例如,数组求和,就可以使用 foreach 语句。但是如果程序中需要用到计数器而不是循环遍历数组,就需要使用 for 语句。

foreach 语句只能遍历访问数组里的元素,而不能修改元素的值,否则会导致编译错误。

5.3 案例研究

例 5–5 学生考试成绩管理(供教师管理学生考试成绩的成绩簿)由成绩簿类

(StuGrades)和主方法类(Program)构成。

StuGrades 类包含字段成员，如学生人数(STUDENTS)，课程名(courseName)和引用一门课程成绩的数组变量(grades)以及多个操作方法，如课程名的属性 CourseName，初始化 StuGrades 类对象的构造方法，显示课程名的方法以及各种用于数据管理的方法，例如，① 获取最低成绩，② 获取最高成绩，③ 计算平均成绩，④ 打印统计图表(以五角星个数形式输出)，⑤ 打印成绩表，⑥ 处理成绩汇总。StuGrades 类结构描述如下：

```
class StuGrades
{
  字段成员：
  学生人数(STUDENTS)
  成绩数组(int [] grades)
  成员方法：
  课程名的属性——CourseName
  构造方法——StuGrades(string name, int[] gradeArray)
  显示课程名——displayMessage()
  最低成绩——getMinimum()
  最高成绩——getMaximum()
  平均成绩——getAverage()
  打印条形统计图表——outputBarChart()
  打印成绩表——outputGrades()
  成绩汇总——processGrades()
}
```

定义主方法类(Program)，并在主方法中创建 StuGrades 对象，通过该对象实现对某门课程考试成绩的管理。主方法类描述如下：

```
class Program
{
    static void Main(string[] args)
    {
        定义课程名变量并赋初值；
        定义一维数组并初始化为学生成绩数据；
        创建 StuGrades 对象并进行初始化(利用带参数的构造方法)；
        通过对象访问“成绩汇总”方法；
    }
}
```

程序代码：

```
001:    //CSHARP5-5 学生成绩汇总
002:    using System;
```

```
    namespace CSHARP5_5
    {
        class StuGrades  // 成绩簿类
        {
            private readonly int STUDENTS; // 学生人数,只读
            public string CourseName { get; set; } // 课程名称,使用自实现属性
            public int[] Grades { get; set; } // 成绩数组,使用自实现属性
            /// <summary>
            /// 初始化成绩簿对象
            /// </summary>
            /// <param name="name"> 课程名称 </param>
            /// <param name="gradeArray"> 成绩数组 </param>
            public StuGrades( string name, int[] gradeArray )
            {
                STUDENTS = gradeArray.Length; // 初始化只读变量
                CourseName = name;
                Grades = gradeArray; //grades 将引用实际数组
            }
            public void displayMessage()
            {
                Console.WriteLine( "《{0}》成绩汇总 ", CourseName );
            }
            public int getMinimum()// 寻找最低成绩
            {
                int lowGrade = 100; // 假设最低成绩是 100
                for( int i = 0; i < Grades.Length; i++ )
                    if( Grades[i] < lowGrade )
                        lowGrade = Grades[i];
                return lowGrade;
            }
            public int getMaximum()// 寻找最高成绩
            {
                int highGrade = 0; // 假设最高成绩是 0
                for( int i = 0; i < Grades.Length; i++ )
                    if( Grades[i] > highGrade )
                        highGrade = Grades[i];
                return highGrade;
```

```
        }
        public double getAverage()// 计算平均成绩
        {
            int total = 0;
            foreach( int x in Grades )
                total += x;
            return( double )total / Grades.Length;
        }
        public void outputBarChart()// 打印条形统计图表
        {
            Console.WriteLine( "\n 成绩分布表: " );
            int[] frequency = new int[STUDENTS + 1];
            for( int i = 0; i < STUDENTS; i++ )
                frequency[Grades[i] / 10]++;
            for( int i = 0; i < frequency.Length; i++ )
            {
                if( i == 0 )
                    Console.Write( "  0–9: " );
                else if( i == 10 )
                    Console.Write( "  100: " );
                else
                    Console.Write( i * 10 + "–" +( i * 10 + 9 )+ ": " );
                for( int j = 0; j < frequency[i]; j++ )
                {
                    if( i < 6 )// 不及格输出空心五角星
                    {
                        Console.Write( " ☆ " );
                    }
                    else
                    {
                        Console.Write( " ★ " );
                    }
                }
                Console.WriteLine();
            }
        }
        public void outputGrades()// 打印成绩表
```

```
077:            {
078:                Console.WriteLine( "\n 成绩是:\n" );
079:                for( int i = 0; i < STUDENTS; i++ )
080:                    Console.WriteLine( " 学生 {0,2}:{1,3}", i + 1, Grades[i] );
081:                Console.WriteLine();
082:            }
083:            public void processGrades()// 处理成绩汇总情况
084:            {
085:                outputGrades(); // 调用输出成绩表
086:                Console.WriteLine( " 课程平均值是 {0:f2}", getAverage() );
                      // 调用输出课程平均值
087:                Console.WriteLine( " 最低成绩是 {0}\n 最高成绩是 {1}",
                                    getMinimum(), getMaximum() );
                      // 调用输出最低和最高成绩
088:                outputBarChart(); // 调用输出条形统计图
089:            }
090:        }
091:        class Program
092:        {
093:            static void Main( string[] args )
094:            {
095:                string courseName = "C# 程序设计 "; // 定义课程名
096:                int[] gradesArray = new int[] {66, 79, 90, 86, 83, 88, 55, 91, 100, 51};
                  // 定义数组并初始化
097:                StuGrades myStuGrades = new StuGrades( courseName, gradesArray );
098:                myStuGrades.displayMessage(); // 显示课程信息
099:                myStuGrades.processGrades(); // 调用处理成绩汇总情况
100:            }
101:        }
102:    }
```

程序代码说明:

在 StuGrades 类(5~90 行)中,第 7 行声明一个只读(readonly)变量 STUDENTS,表示学生人数,其初值可由构造函数提供(不同对象可以有不同的初值),之后该变量值保持不变(相当于一个常量);而如果定义为 const 常量,则在编译阶段完成,所有对象具有相同的常量值。第 9 行通过自实现属性定义一维数组的变量 Grades。10~20 行为构造函数,其中第 2 个参数为引用一维数组的引用变量。21~24 行定义方法 displayMessage,显示课程名。25~32 行定义方法 getMinimum,计算最低成绩。33~40 行定义方法 getMaximum,计算最高成绩。41~47 行定义方法 getAverage，计算平均成绩。48~75 行定义方法 outputBarChart，打印条形统计图表。76~82 行定义方法 outputGrades，打印成绩表。83~89 行定义方法 processGrades，处理成绩汇总。91~101 行为主方法，完成对课程名为“C# 程序设计”的一组成绩进行汇总。其中第 95 行定义课程名变量 courseName，并初始化“C# 程序设计”，第 96 行定义一维数组 gradesArray 并初始化为一组成绩数据（成绩个数任意，本例提供 10 个），第 97 行创建类 StuGrades 的对象 myStuGrades，成功创建后，myStuGrades.CourseName 将引用实参 courseName，myStuGrades.Grades 将引用实参数组 gradesArray，而 myStuGrades.STUDENTS 的初始值为 gradesArray.Length 的当前值（本例中值为 10）。第 95 行将显示对象 myStuGrades 的课程信息，第 96 行调用对象 myStuGrades 的方法 processGrades 实现成绩汇总。

程序的运行结果如下：

```
《C# 程序设计》成绩汇总
成绩是：

学生  1： 66
学生  2： 79
学生  3： 90
学生  4： 86
学生  5： 83
学生  6： 88
学生  7： 55
学生  8： 91
学生  9：100
学生 10： 51

课程平均值是 78.90
最低成绩是 51
最高成绩是 100

成绩分布表：
0-9：
10-19：
20-29：
30-39：
40-49：
50-59：☆☆
60-69：★
```

70–79：★

80–89：★★★

90–99：★★

100：★

5.4 多维数组

一维数组相当于简单的值列表，C# 支持多维数组（二维及以上维数）。

数组类型的维数也称为数组类型的秩，它是数组类型的方括号之间逗号个数加上 1。

交错数组是元素为数组的数组，交错数组元素的长度可以不同。利用交错数组可以更有效地使用内存空间。

5.4.1 多维数组的使用

微视频：二维数组

1. 多维数组的声明、初始化与访问

二维数组即数组的维数为 2，可以用来表示矩阵，第一维表示行，第二维表示列。其声明和初始化有两种表现形式。

格式 1：声明并创建二维数组，初始化为系统的默认值。

数组类型 [,] 数组名；

数组名 =new 数组类型 [m, n];

或

数组类型 [,] 数组名 =new 数组类型 [m, n];

其中，m、n 可以是常量或变量表达式。

注意：和 C/C++ 不同的是，C# 中二维数组类型的标志是“数组类型 [,]”，不是“数组名 [][]”。

例如，声明并创建一个 4 行 2 列的二维数组：

```
int[ , ] array2;
array2= new int[4, 2];
```

或

```
int[ , ] array2 = new int[4, 2];
```

其中，array2 数组包含 4 × 2 共 8 个元素，元素的初始值默认为 0。

格式 2：创建二维数组，并提供初始化值。

数组类型 [,] 数组名 =new 数组类型 [,]{{…}, {…}, …, {…}};

或

数组类型 [,] 数组名 =[,]{{…}, {…}, …, {…}};

例如，创建成绩二维数组 score，并初始化下列元素值：

86 92 78 99 87

```
78 87 88 90 77
79 80 87 67 89
int [, ] score=new int[3, 5]{{86, 92, 78, 99, 87}, {78, 87, 88, 90, 77}, {79, 80, 87, 67, 89}};
```

或

```
int [, ] score=new int[, ]{{86, 92, 78, 99, 87}, {78, 87, 88, 90, 77}, {79, 80, 87, 67, 89}};
```

或

```
int [, ] score={{86, 92, 78, 99, 87}, {78, 87, 88, 90, 77}, {79, 80, 87, 67, 89}};
```

访问二维数组需提供两个索引值来指定目标元素的“单元格”，也就是行和列的交汇处。例如：

```
score[2, 3]=90; // 将单元格（2, 3）的元素设为 90
score[2, 2]= score[2, 3]; // 将单元格（2, 3）的元素复制到单元格（2, 2）
score[2, 3]++; // 递增单元格（2, 3）的整数值
```

微视频：多维数组

数组的维数没有限制。以下代码声明并创建一个三维数组 array3：

```
int[, , ] array3 = new int[5, 5, 5];
```

array3 是一个三维数组，包含 5×5×5 共 125 个元素。

访问三维数组的元素需指定 3 个索引。例如：

```
array3[1, 1, 2]=100;
```

使用超过三维的数组需特别注意，数组可能要消耗大量的内存，如上例中 array3 数组需包含 125 个空间。使用多维数组时，一般需准备好去捕捉处理 OutOfMemoryException 异常（后面章节会讲到异常的使用）。

2. 交错数组（数组的数组）

如前所述，多维数组的使用可能会消耗大量的内存空间，如果在实际的使用过程中只使用到了每一列的部分数据，而为未使用的元素分配内存空间会产生大量的浪费。如果使用交错数组（也就是数组的数组），可以为每一列设置不同的长度。

微视频：交错数组

交错数组的声明及初始化方法如下：

```
数组类型 [][] 数组名;
数组名 =new 数组类型 [m][n];
```

例如，声明并创建一个由 3 个元素组成的一维数组，其中每个元素都是一个一维整数数组，且第一个数组元素有 5 个元素，第二个数组元素有 4 个元素，第三个数组元素有 2 个元素。

```
int[][] jagArray = new int[3][]; // 交错数组声明
jagArray[0] = new int[5];
jagArray[1] = new int[4];
jagArray[2] = new int[2];
```

说明如下：

（1）jagArray 是一个交错数组，包含 3 个元素 jagArray[0]、jagArray[1] 和 jagArray[2]，其

中 jagArray[i] 是一个整型数组变量，属于引用型变量，默认的初值是 null。

（2）jagArray[i] 代表第 i 个一维整型数组。

例如：jagArray[0] 数组包含 5 个元素，分别是 jagArray[0][0]、jagArray[0][1]、jagArray[0][2]、jagArray[0][3]、jagArray[0][4]。

该整型数组元素默认的初值为 0。jagArray[1] 数组和 jagArray[2] 数组元素形式类似。

也可对交错数组初始化操作，这时可省略数组的长度。例如：

```
int[][] jagArray = new int[3][]; // 交错数组声明
jagArray[0] = new int[] {1, 3, 5, 7, 9};
jagArray[1] = new int[] {0, 2, 4, 6};
jagArray[2] = new int[] {11, 22};
```

3. 多维数组的使用

例 5-6　编写一个程序，实现矩阵加法运算。

$$\begin{bmatrix} 1 & 2 & 3 & 4 \\ 5 & 6 & 7 & 8 \\ 9 & 10 & 11 & 12 \end{bmatrix} + \begin{bmatrix} 1 & 4 & 7 & 10 \\ 2 & 5 & 8 & 11 \\ 3 & 6 & 9 & 12 \end{bmatrix}$$

矩阵加法原理：设有 M 行 N 列矩阵 a 和 b，则由线性代数得知，其和为 M 行 N 列的矩阵 c。

$$c_{M\times N}=a_{M\times N}+b_{M\times N}$$

算法：用两重循环实现求和

```
for ( i=0; i<M; i++ )
for ( j=0; j<N; j++ )
   c[i, j]=a[i, j]+b[i, j];
```

程序代码：

```
//CSHARP5_6 矩阵加法
using System;
namespace CSHARP5_6
{
    class Program
    {
        const int M = 3, N = 4;
        static void Main ( string[] args )
        {
            int[, ] a = new int[, ] { { 1, 2, 3, 4 }, { 5, 6, 7, 8 }, { 9, 10, 11, 12 } };
            int[, ] b = new int[, ] { { 1, 4, 7, 10 }, { 2, 5, 8, 11 }, { 3, 6, 9, 12 } };
            int[, ] c = new int[M, N];
            // 矩阵求和
```

```
14:                  for( int i = 0; i < M; i++ )
15:                      for( int j = 0; j < N; j++ )
16:                          c[i, j] = a[i, j] + b[i, j];
17:                  // 按 M 行 N 列输出矩阵 c，每个数据占 4 位宽度
18:                  Console.WriteLine( " 结果矩阵是：" );
19:                    /*Array.GetLength 方法，获取一个 32 位整数，该整数表示 Array
的指定维中的元素数。如 c.GetLength( 0 )表示第一个维度中的元素个数 */
20:                  for( int i = 0; i < c.GetLength( 0 ); i++ )
21:                  {
22:                      for( int j = 0; j < c.GetLength( 1 ); j++ )
23:                          Console.Write( "{0, 4}", c[i, j] );
24:                      Console.WriteLine();
25:                  }
26:                  Console.WriteLine();
27:              }
28:          }
29:      }
```

程序代码说明：

在代码中的 14~16 行通过两层循环对矩阵求和，20~25 行通过 Array.GetLength 方法获取某个维度中的元素个数，再输出矩阵求和的结果。也可通过 foreach 语句实现输出，如下所示：

```
int count = 1;
foreach( var i in c )
{
    Console.Write( "{0, 4}", i );
    if( count % 4 == 0 )
    {
        Console.WriteLine();
    }
    count++;
}
```

程序的运行结果如下：

```
结果矩阵是：
2   6   10  14
7   11  15  19
12  16  20  24
```

例 5-7　利用交错数组生成如下杨辉三角（又称 Pascal 三角）

```
                    1
                 1     1
              1     2     1
           1     3     3     1
        1     4     6     4     1
     1     5    10    10     5     1
  1     6    15    20    15     6     1
1    7    21    35    35    21    7    1
1    8    28    56    70    56    28    8    1
1    9    36    84    126    126    84    36    9    1
```

微视频：利用交错数组生成杨辉三角

编程描述：

（1）声明一个交错数组 yh，它是由 10 个元素组成的一维数组，其中每个元素又是由不等长的一维整型数组组成（第 i 行有 i+1 个数据）。

```
int [][] yh=new int[10][]; // 声明并创建 10 个元素的交错数组
for ( int i=0; i<10; i++ )
    yh[i]=new int[i+1];
// 分别创建 10 个一维数组，其中 yh[i] 为具有 i+1 个元素的一维整型数组
```

（2）第 i 行各项值的变化规律（i 从 1 开始）。

```
yh[i][0]=1; // 第 0 列元素为 1
yh[i][i]=1; // 最后一列元素为 1
for ( j=1; j<i; j++ )
    yh[i][j]=yh[i-1][j-1]+yh[i-1][j]; // 其余各列元素的值
```

程序代码：

```
//CSHARP5_7 计算杨辉三角
using System;
namespace CSHARP5_7
{
    class Program
    {
        static void Main ( string[] args )
        {
            const int NUM = 10; // 定义杨辉三角行数为 const
            int[][] yh = new int[NUM][]; // 声明交错数组
            for ( int i = 0; i < NUM; i++ )
                yh[i] = new int[i + 1];
            yh[0][0] = 1;
            // 第 i 行各项值的变化规律
```

```
                for( int i = 1; i < NUM; i++ )
                {
                    yh[i][0] = 1; // 第 0 列元素为 1
                    yh[i][i] = 1; // 最后一列元素为 1
                    for( int j = 1; j < i; j++ )
                        yh[i][j] = yh[i - 1][j - 1] + yh[i - 1][j]; // 其余各列元素值
                }
                // 输出杨辉三角
                Console.WriteLine( " 杨辉三角输出结果: " );
                for( int i = 0; i < NUM; i++ )
                {
                    for( int k = NUM; k > i; k-- )
                    {
                        Console.Write( "{0, 3}", " " );
                    }
                    for( int j = 0; j <= i; j++ )
                        Console.Write( "{0, 6}", yh[i][j] );
                    Console.WriteLine();
                }
            }
        }
    }
```

程序的运行结果如下:

```
杨辉三角输出结果:
                           1
                        1     1
                     1     2     1
                  1     3     3     1
               1     4     6     4     1
            1     5    10    10     5     1
         1     6    15    20    15     6     1
      1     7    21    35    35    21     7     1
   1     8    28    56    70    56    28     8     1
1     9    36    84   126   126    84    36     9     1
```

5.4.2 案例研究:使用矩形数组的 StuGrades

在 5.3 节例子中,使用一个一维数组存储学生在一次考试中所得的成绩。然而在一个学期中,学生很可能参加多次考试,教师也希望分析一个学生或整个班级在整个学期所得的成绩,那么可以对 5.3 节例题进行改动。在 StuGrades 类中使用矩形数组 grades 存储多名学生在多次考试中获得的考试成绩。该数组的每一行表示一个学生参加的一门课的多次考试成绩,每一列表示参加某次考试的所有学生的成绩。

例 5-8 假设有 10 名学生参加了一门课程的 3 次考试,所有成绩使用 10×3 的二维数组存储,则 StuGrades 类改动如下:

```
class StuGrades
{
  字段成员:
  学生人数(STUDENTS)
  测试次数(TESTS)
  成绩数组(int [,] grades)// 二维矩形数组
  成员方法:
  课程名的属性——CourseName
  构造方法——StuGrades(string name, int[,] gradeArray)
  显示课程名——displayMessage()
  最低成绩——getMinimum()
  最高成绩——getMaximum()
  平均成绩——getAverage(int)
  打印条形统计图表——outputBarChart()
  打印成绩表——outputGrades()
  成绩汇总——processGrades()
}
```

程序代码:

```
using System;
namespace CSHARP5_8
{
    class StuGrades // 成绩簿类
    {
        private readonly int STUDENTS; // 只读变量,学生人数
        private readonly int TESTS; // 只读变量,测试次数
        public string CourseName { get; set; }// 课程名称
        public int[,] Grades { get; set; }// 定义对二维数组(矩阵数组)的引用变量
        /// <summary>
        /// 构造方法
        /// </summary>
        /// <param name="name"> 课程名称 </param>
```

```
        /// <param name="gradeArray"> 二维数组（矩阵数组）</param>
        public StuGrades(string name, int[,] gradeArray)
        {
            STUDENTS = gradeArray.GetLength(0);
            TESTS = gradeArray.GetLength(1);
            CourseName = name;
            Grades = gradeArray;
        }
        public void displayMessage()
        {
            Console.WriteLine("《{0}》成绩汇总", CourseName);
        }
        public int getMinimum()// 最低成绩
        {
            int lowGrade = 100; // 假设最低成绩是 100
            foreach(int grade in Grades)
            {
                if(grade < lowGrade)
                    lowGrade = grade;
            }
            return lowGrade;
        }
        public int getMaximum()// 最高成绩
        {
            int highGrade = 0; // 假设最高成绩是 0
            foreach(int grade in Grades)
            {
                if(grade > highGrade)
                    highGrade = grade;
            }
            return highGrade;
        }
        public double getAverage(int i)// 计算第 i 个学生的平均成绩
        {
            int total = 0;
            for(int j = 0; j < TESTS; j++)
                total += Grades[i, j];
```

```
            return ( double ) total / TESTS;
        }
        public void outputBarChart () // 打印条形统计图表
        {
            Console.WriteLine ( "\n 成绩分布表: " );
            int[] frequency = new int[11];
            foreach ( int grade in Grades )
                frequency[grade / 10]++;
            for ( int i = 0; i < frequency.Length; i++ )
            {
                if ( i == 0 )
                    Console.Write ( " 0-9: " );
                else if ( i == 10 )
                    Console.Write ( " 100: " );
                else
                    Console.Write ( i * 10 + "-" + ( i * 10 + 9 ) + ": " );
                for ( int j = 0; j < frequency[i]; j++ )
                {
                    if ( i < 6 ) // 不及格输出空心五角星
                    {
                        Console.Write ( " ☆ " );
                    }
                    else
                    {
                        Console.Write ( " ★ " );
                    }
                }

                Console.WriteLine ();
            }
        }
        public void outputGrades () // 打印成绩表以及学生的平均分
        {
            Console.WriteLine ( "\n 成绩是: \n" );
            Console.Write ( "\t" );
            for ( int i = 0; i < TESTS; i++ )
                Console.Write ( " 测试 {0}\t", i + 1 );
```

```
                Console.WriteLine( "{0}\t", " 平均成绩 " );
                for( int i = 0; i < STUDENTS; i++ )
                {
                    Console.Write( " 学生 {0, 2}\t", i + 1 );
                    for( int j = 0; j < TESTS; j++ )
                        Console.Write( "{0}\t", Grades[i, j] );
                    Console.WriteLine( "{0: f2}", getAverage( i ));
                }
                Console.WriteLine();
            }
            public void processGrades()// 成绩汇总
            {
                outputGrades(); // 输出成绩表
                Console.WriteLine( " 最低成绩是 {0}\n 最高成绩是 {1}",
                getMinimum(), getMaximum()); // 输出最低和最高成绩
                outputBarChart(); // 输出条形统计图
            }
        }
        class Program
        {
            static void Main( string[] args )
            {
                int[, ] gradeArray = new int[, ]{
                    {97, 76, 80},
                    {98, 87, 60},
                    {94, 100, 90},
                    {55, 71, 82},
                    {93, 75, 85},
                    {100, 87, 95},
                    {95, 75, 83},
                    {51, 64, 60},
                    {56, 72, 54},
                    {97, 63, 83}}; // 定义并初始化二维数组( 矩形数组 )
                StuGrades myStuGrades= new StuGrades( "C# 程序设计 ", gradeArray );
                // 创建成绩簿对象
                myStuGrades.displayMessage(); // 显示学生信息
                myStuGrades.processGrades(); // 调用成绩汇总
```

```
123:            }
124:        }
125:    }
```

在 StuGrades 类（4~104 行）中，第 6 行和第 7 行分别声明两个只读（readonly）变量 STUDENTS 和 TESTS，表示学生人数和测试次数，其初值可由构造函数提供（不同对象可以有不同的初值），之后该变量值保持不变（相当于一个常量）；第 9 行声明的是引用二维数组的变量 Grades。15~21 行为构造函数，其中第 2 个参数为引用二维数组的引用变量。22~25 行定义方法 displayMessage，显示课程名。26~35 行定义方法 getMinimum，计算最低成绩。36~45 行定义方法 getMaximum，计算最高成绩。46~52 行定义方法 getAverage，计算第 i 个学生的平均成绩。53~81 行定义方法 outputBarChart，打印条形统计图表。82~97 行定义方法 outputGrades，打印成绩表以及学生的平均分。98~103 行定义方法 processGrades，处理成绩汇总。105~124 行为主方法，完成对课程名为“C# 程序设计”的 3 次测试成绩进行汇总。其中 109~119 行定义二维数组 gradesArray 并初始化为 10 行 3 列的成绩数据（表示 10 个学生，每个学生有 3 次测试成绩），第 120 行创建类 StuGrades 的对象 myStuGrades，成功创建后，myStuGrades.courseName 的值为“C# 程序设计”，myStuGrades.grades 将引用实参数组 gradesArray，myStuGrades.STUDENTS 的初始值为 gradeArray.GetLength（0）的当前值（即二维数组的行数），myStuGrades.TESTS 的初始值为 gradeArray.GetLength（1）的当前值（即二维数组的列数）。第 121 行将显示对象 myStuGrades 的课程信息，第 122 行调用对象 myStuGrades 的方法 processGrades 实现成绩汇总。

程序的运行结果如下：

《C# 程序设计》成绩汇总

成绩是：

	测试 1	测试 2	测试 3	平均成绩
学生 1	97	76	80	84.33
学生 2	98	87	60	81.67
学生 3	94	100	90	94.67
学生 4	55	71	82	69.33
学生 5	93	75	85	84.33
学生 6	100	87	95	94.00
学生 7	95	75	83	84.33
学生 8	51	64	60	58.33
学生 9	56	72	54	60.67
学生 10	97	63	83	81.00

最低成绩是 51

最高成绩是 100

成绩分布表：
0–9：
10–19：
20–29：
30–39：
40–49：
50–59：☆☆☆☆
60–69：★★★★
70–79：★★★★★
80–89：★★★★★★★
90–99：★★★★★★★★
100：★★

5.5 使用命令行实参

和 C/C++ 类似，在 C# 中 Main 方法也能接受命令行实参（即由命令行提供的参数）。这时，Main 方法须带有 string[] 类型的形参（即字符串数组），用于存放命令行提供的各个实际参数，各实参之间须用空格分隔（不是逗号分隔）。

与 C/C++ 不同的是，C# 并不将执行的程序名称（即命令名）视为命令行的第一个实参。

例 5–9 访问来自命令行的实参。

```
using System;
namespace CSHARP5_9
{
    class Program
    {
        static void Main(string[] args)
        {
            Console.WriteLine("参数个数:{0}", args.Length);
            for(int i = 0; i < args.Length; i++)
            {
                Console.WriteLine("Arg[{0}] = [{1}]", i, args[i]);
            }
        }
    }
}
```

通过命令行提供实参的命令格式如下：

命令名　参数 1　参数 2　参数 3 …

其中，命令名为某个可执行的应用程序名（如 exe 结尾的文件），各参数之间用空格分隔。

下面是对可执行文件 CSHARP5_9.exe 的命令行调用：

CSHARP5_9 one two three

程序的运行结果如图 5-5 所示。

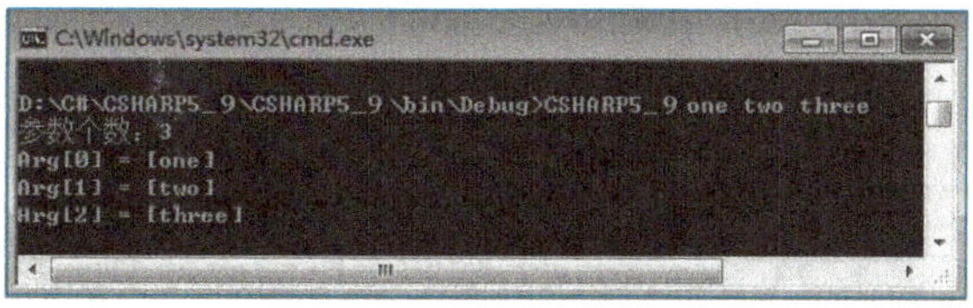

图 5-5　使用命令行实参

说明：如果在 Visual Studio 环境中运行应用程序，可以在项目设计器的“调试”选项卡中指定命令行参数。具体操作方法是打开“项目”菜单，打开“属性”选项卡，选择“调试”选项卡，在“命令行参数”文本框中输入参数，参数间用空格分隔，如输入 3 个参数：one two three，如图 5-6 所示。

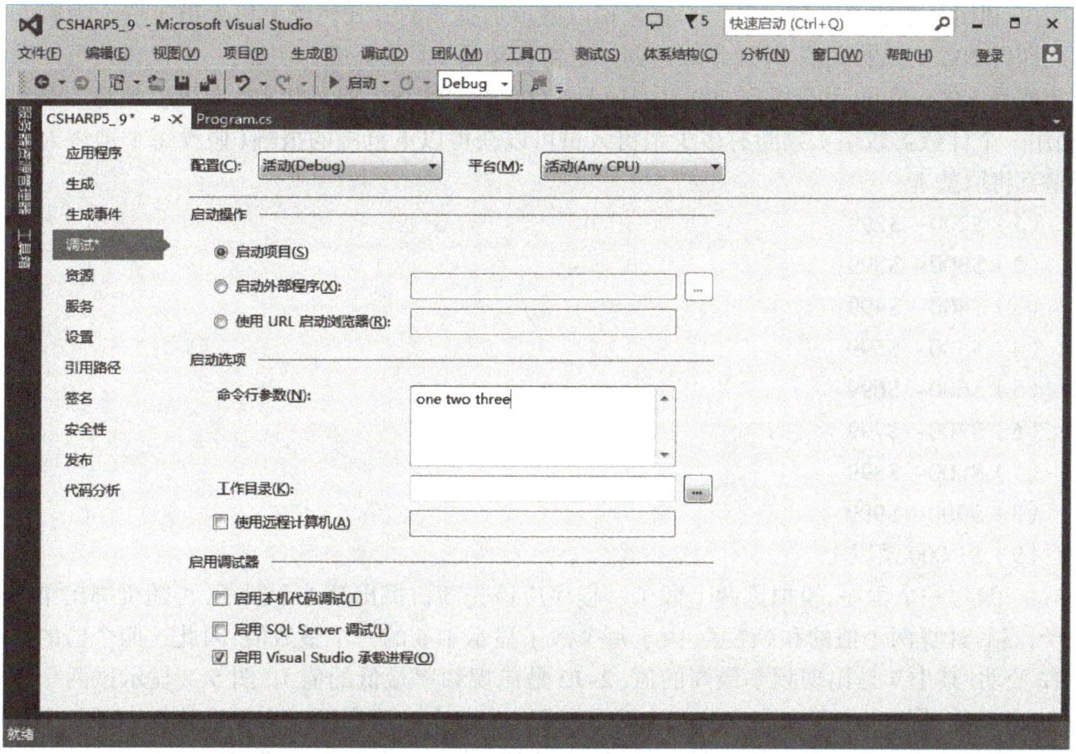

图 5-6　输入参数

执行程序,运行结果如图 5-7 所示。

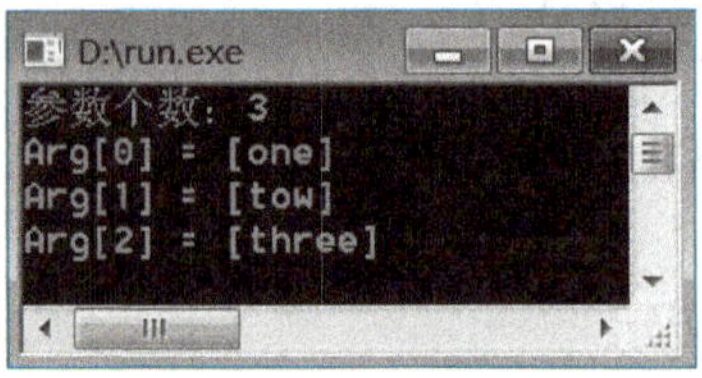

图 5-7　运行结果

习题

1. 对于数列:5,8,4,2,1,23,344,12,87,编写程序完成以下功能。

(1)输出数列,每个数据占 5 位宽度。

(2)求数列的和及平均值(保留两位小数)。

(3)找数:任意输入一个数,如果该数出现在数列中,则输出“该数找到,其下标为 XX。”;否则输出“该数未找到!”。

2. 在 99 个元素的整型数组 arr 中找出最大值和最小值,并输出最大值和最小值以及对应的下标值(数组值随机产生)。

3. 利用一维数组求解问题。一家公司以底薪加提成的方式付给销售人员工资。销售人员每周获得 200 美元的底薪,外加本周达到一定销售额的 9% 的提成。例如,一个销售人员一周的销售额是 5 000 美元,就会得到 200 美元加上 5 000 美元的 9%,即总共 650 美元。编写一个程序(利用一个计数器数组),判断有多少销售人员可以获得以下范围的报酬(假设每个销售人员的报酬都将取整)。

(1)$200~ $299

(2)$300~ $399

(3)$400~ $499

(4)$500~ $599

(5)$600~ $699

(6)$700~ $799

(7)$800~ $899

(8)$900~ $999

(9)$1 000 及以上

4. 编写一个程序,模拟掷两个骰子。程序应该先随机掷出第 1 个骰子,再随机掷出第 2 个骰子,然后计算两个值的和(注意:由于每个骰子显示 1~6 的一个整数值,因此这两个值的和在 2~12 变动,其中 7 是出现频率最高的值,2~12 是出现频率最低的值)。图 5-8 显示这两个骰子值 36 种可能的组合。程序应该掷出这两个骰子 3 600 次。请利用一个一维数组记录每个可能的和出现的次数。以表格的形式打印结果,并判定两个数字和是否合理(例如,有 6 种方式可以掷到 7,因此,所有掷出的和值大约有 1/6 是 7)。

	1	2	3	4	5	6
1	2	3	4	5	6	7
2	3	4	5	6	7	8
3	4	5	6	7	8	9
4	5	6	7	8	9	10
5	6	7	8	9	10	11
6	7	8	9	10	11	12

图 5-8　两个骰子值的组合

5. 利用一维数组求解问题。读入 20 个数，每个数在 10~100，包括 10 和 100。在读入每个数时，确认这个数的有效性，并且若它和之前读入的数不一样，就把它存储到数组中。读完所有数之后，仅显示用户输入的不同的数值。

6. 利用二维数组求解问题。一家公司有 4 名售货员（编号为 1~4），卖 5 种不同的产品（编号为 1~5）。每天，对每种不同产品的销售情况，每位售货员都要递交一张相应的纸条。

每张纸条包含以下内容：

（1）售货员编号

（2）产品编号

（3）该产品当天的销售总额

因此，每位售货员每天会上交 0~5 张销售纸条。假设现在有上个月所有纸条信息，请编写一个程序，读入上个月的销售信息，统计每位售货员每种产品的销售总额。所有的总额应存储在一个二维数组 sales 中。处理完上个月的信息后，以表格形式打印出结果，每列表示一位售货员，每行表示一种产品。统计每行求出上个月每种产品的销售总额；统计每列求出上个月每位售货员的销售总额。打印输出的表格应该在相应行的右边和相应列的下面显示这些统计结果。

第 6 章

方法

方法[1]是类中重要的成员。方法用于实现由对象或类执行的计算或操作。类中的方法是包含一系列语句的代码块，类似于 C/C++ 语言中的函数。在 C# 程序设计中，方法几乎无处不在。如在前面各章的例题中，多次用到 .NET Framework 类库中 Console 类的 WriteLine 方法、ReadLine 方法。熟练使用类库中定义的方法将会使编写程序更加快捷、迅速。除此之外，还必须掌握用户自定义类以及方法的编写过程。本章将介绍 C# 中方法的声明与使用方法。

6.1 C# 的代码包装

在 C# 中，代码包装通常采用 3 种途径实现，分别是方法、类和名字空间。

使用方法可将程序按模块化设计。其目的一是“分治”，可以从小的、简单的功能块构造程序，使程序开发更易管理。二是实现软件的复用，即利用现成的方法作为“积木块”，构建新程序。第三个目的是避免重复代码，重复代码是程序员最忌讳的。

使用类可以组合用户自定义的类、方法、属性和 .NET Framework 类库（FCL）以及其他类库中预定义的类、方法与属性。其中 FCL 标准类库提供丰富的函数，可以进行常用数据计算、字符串操作、字符操作、输入输出操作、错误检查、Web 程序开发等。

在 C# 中，将多个相关类组合成名字空间。FCL 中每个类都属于一个名字空间，如 Console 类对应的名字空间是 System。

6.2 静态方法和静态变量

在类中，使用 static 修饰符声明的成员称为静态成员。静态成员属于类所有，不需预先创建类的实例就能访问。静态成员的访问形式为“类名 . 静态成员”，而不是“对象名 . 静态成员”，即静态成员是直接从类级访问，而不是从实例级访问（这里 C# 与 C++ 不同）。

使用 static 声明的成员（域、字段）变量称为静态变量。如果类的所有对象要共享某个成员变量，那么可将该变量定义为类的静态变量。与实例成员变量不同，类的静态变量仅占

① 方法在 C++ 中又称为类的成员函数。

有一块内存空间，且该空间是不能被撤销的。

使用 static 声明的方法称为静态方法。静态方法是一种特殊的方法，在静态方法中只允许访问类的静态成员，而不允许访问其实例成员（即非静态成员）。但在实例方法（即非静态方法）中，可以访问类中的任何成员（包括静态和非静态成员）。

例 6-1 静态方法和静态变量（分析成员访问的正确与错误）。

微视频：静态方法和静态变量例

```
using System;
namespace CSHARP6_1
{
    class Program
    {
        static void Main ( string[] args )
        {
            Sample s = new Sample ();
            Sample s1 = new Sample ();
            s.SampleMethod ();  // 错误
            Sample.SampleMethod (); // 正确
            Console.WriteLine ( Sample.count ); // 正确
            Console.WriteLine ( Sample.a ); // 错误
            Console.WriteLine ( s.a ); // 正确
        }
    }
    class Sample
    {
        public static int count = 0; // 静态变量
        public int a = 0; // 非静态变量
        public static void SampleMethod () // 静态方法
        {
            a = 5; // 错误
        }
        public Sample ()
        {
            count++;
        }
    }
}
```

程序运行结果如图 6-1。

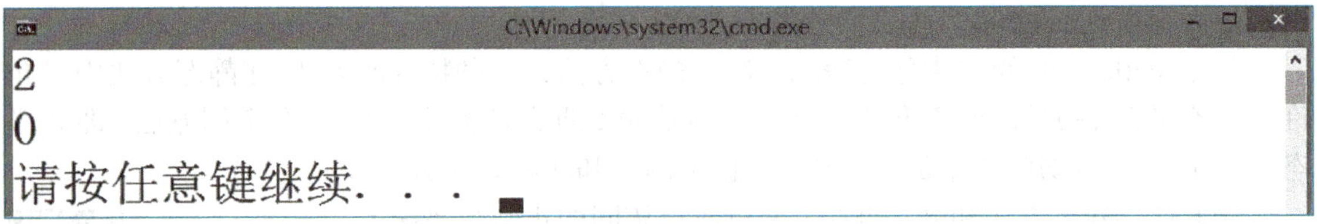

图 6–1　例 6–1 运行结果

代码分析：

06~15 行为主方法 Main()，主方法也是静态方法。

17~29 行定义了一个名为 Sample 的类，其中：

- 19 行声明了一个静态成员变量 count，初始值为 0。
- 20 行声明了一个非静态成员变量 a，初始值为 0。

21~24 行为静态方法 SampleMethod()，其中：

- 23 行 “a=5;” 错误，因为静态方法不能访问非静态变量 a，静态方法能访问静态变量。

25~28 行为 Sample 类的构造方法，其中：

- 27 行 “count++;” 当创建一个 Sample 类的实例时，调用构造方法，count 的值加 1。

08~09 行在主方法中创建了两个 Sample 的实例 s 和 s1。

10 行错误，不能使用实例 s 访问静态方法。实例 s 可以访问非静态变量或方法。

11 行正确，静态方法直接用“类名 . 方法名”的方式访问，非静态方法或变量则不可用此方式。

12 行正确，输出 Sample 类实例的个数。由于 count 是静态方法，所以直接用“类名 . 变量名”访问。

13 行错误，由于 a 是非静态变量，因此不能用“类名 . 变量名”访问。

14 行正确，实例可以访问非静态变量。

微视频：方法的声明与使用

6.3　关于方法声明与使用

方法在类或结构中声明，声明时需要指定访问级别（即访问修饰符）、返回值、方法名、方法参数以及方法体。方法参数应放在一对圆括号中，空括号表示方法无需参数。

方法声明的一般格式如下：

```
访问修饰符　返回值类型　方法名(方法参数)
{
  语句序列
}
```

其中：

（1）方法的访问修饰符常用 public，以保证在类定义外部能够调用该方法。如果省略访问修饰符,方法的默认访问修饰符为 private。

(2) 方法的返回值类型用于指定由该方法计算并返回的值的类型,可以是任何值类型或引用类型。如果方法不返回一个值,则返回值类型为 void。

(3) 方法名是合法的 C# 标识符。

(4) 方法参数应放在一对圆括号中,方法参数必须指定参数的类型和参数名称,如果有多个参数,各参数之间需用逗号分隔。如果方法没有参数,那么圆括号内为空。

(5) 大括号({})括起来的语句序列称为方法体,实现方法特定的功能。如果方法有返回值,则方法体中必须包含一个 return 语句,以指定返回值,其类型与方法的返回值类型相同。如果方法无返回值,在方法体中可以不包含 return 语句,或包含一个不指定任何值的 rcturn 语句。

例如:代码段

```
public int Max(int x, int y)
{
   return x>y?x: y;
}
```

声明一个公有的、带两个整型参数 x 和 y 以及返回整型值的方法 Max,其功能是找出 x 和 y 中的大数并返回大数。

例如:代码段

```
public static void SayHello()
{
   Console.WriteLine("Hello, World!");
}
```

声明一个公有的、无参数、无返回值的静态方法 SayHello,其功能是在屏幕显示字符串 “Hello, World!”。

方法的使用是通过对方法的调用来实现的。按照方法有无返回值,方法调用采用如下调用形式。

(1) 无返回值——方法调用以独立语句的形式出现。

对象名 . 方法名(实参列表); // 非静态方法调用

或

类名 . 方法名(实参列表); // 静态方法调用

例如:无返回值的 Console 类的静态方法 WriteLine 的调用格式如下。

Console.WriteLine(…);

(2) 有返回值——方法调用仅作为表达式的形式出现。

例如:调用 Math 类的静态方法 Sqrt。

y=Math.Sqrt(x); // 求 x 的平方根,并将结果赋给变量 y

注意:调用带参数的方法时,方法名后的圆括号内应提供实参。如果有多个实参,实参之间需用英文逗号分隔。通常情况下,调用方法时实参的个数及类型应与方法声明中形参的个数、类型对应一致。

例 6-2 阅读程序代码，分析完成的功能。

```
using System;
namespace CSHARP6_2
{
    class Program
    {
        static void Main ( string[] args )
        {
            MaxNum a = new MaxNum ( 25, 30 );
            int z = a.Max ();
            Console.WriteLine ( "Max={0}", z );
        }
    }
    class MaxNum
    {
        public int x;
        public int y;
        public MaxNum ( int a, int b )
        {
            x = a;
            y = b;
        }
        public int Max ()
        {
            return x > y ? x : y;
        }
    }
}
```

程序运行结果如图 6-2。

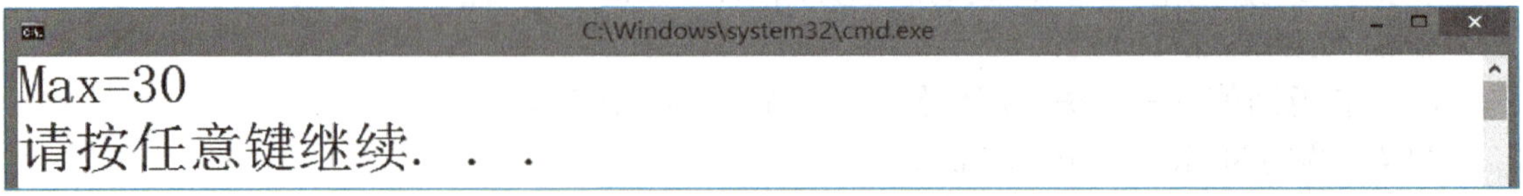

图 6-2 例 6-2 运行结果

思考：

（1）程序完成的功能是什么？

（2）如果将 Max 声明为静态方法，例如：

```
public static int Max(int a, int b)
{
    return a > b ? a : b;
}
```

那么主调方法应如何修改？

6.3.1 方法参数修饰符

方法中经常涉及“方法参数”。一般情况下，主调方法通过参数向被调方法传递数据，被调方法会返回一个结果值供主调方法使用。除此之外，如需在被调方法中更改实参的值，或向主调方法传回更多的数据值，那么可以借助方法参数修饰符（如 ref、out）来完成。参数修饰符用于控制参数的传递方式，不同的修饰符具有不同的传递方式。C# 中方法参数共有 4 种修饰符，分别为无任何修饰符、ref、out 和 params。下面分别介绍 4 种参数的不同传递方式。

1. 值参数

值参数，即不使用任何修饰符标记的参数。值参数采用值方式传递（简称值传递或默认传递）。值方式传递是指在进行方法调用时，系统将实参的值复制给形参变量（即形参是实参值的一个副本），这时，方法中可使用或修改形参变量的值，但不会影响或改变实参的值。因此，值方式传递是一种安全的传递方式。

微视频：方法的参数传递（一）

微视频：值参数应用（一）

例 6–3 值参数的应用。

```
using System;
namespace CSHARP6_3
{
    class Program
    {
        static void Main(string[] args)
        {
            int a = 10;
            int b = 99;
            Swap(a, b); // 实参为值参数
            Console.WriteLine("Main 方法中：a={0} && b={1}", a, b);
        }
        static void Swap(int a, int b)// 形参为值参数
        {
```

```
15:                 int temp = a;
16:                 a = b;
17:                 b = temp;
18:                 Console.WriteLine( "Swap 方法中: a={0} && b={1}", a, b );
19:             }
20:       }
21: }
```

程序分析:

第 13 行方法定义中的形参属于“值参数”(无任何参数修饰符修饰),因此第 10 行的方法参数将采用“值方式传递”。调用时,系统将实参 a 和 b 的值(第 10 行代码)传递给对应的形参变量 a 和 b(第 13 行代码),方法中交换形参 a 和 b 的值,而实参 a 和 b 的值将保持不变,这就是“值传递”。虽然实参和形参变量名一样,但是所占地址空间不同。为了防止混淆,建议编写程序时,实参和形参避免使用相同的变量名。

微视频:值参数应用(二)

程序运行结果如图 6-3。

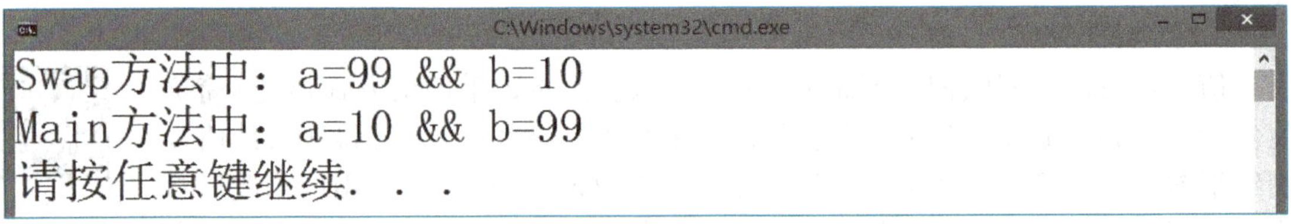

图 6-3 例 6-3 运行结果

可以看出,采用“值传递”,形参获取的是实参值的“副本”,方法中只对“副本”操作,而对应的原值不变。那么,如何通过交换 Swap 中的形参 a 和 b,就能达到实参 a 和 b 值的交换?这里需引入参数的另一种传递方式,即“引用传递”。

2. 引用参数(使用 ref 修饰符标记的参数)

引用参数采用引用传递。引用传递是指实参传递给形参时,不是将实参变量的值复制给形参,而是将实参的引用(即实参变量的地址)复制给形参,这时,形参作为实参的别名与实参共享同一内存单元。因此,方法中使用形参就如同使用实参一样,形参的值变了,实参值也就变了。引用传递需在参数声明中使用关键字 ref。

微视频:方法的参数传递(二)

例 6-4 引用参数的应用(改写例 6-3)。

```
01: using System;
02: namespace CSHARP6_4
03: {
04:       class Program
05:       {
```

```
06:            static void Main ( string[] args )
07:            {
08:                int a = 10;
09:                int b = 99;
10:                Swap ( ref a, ref b );
11:                Console.WriteLine ( "Main 方法中: a={0} && b={1}", a, b );
12:            }
13:            static void Swap ( ref int a, ref int b )// 形参为值参数
14:            {
15:                int temp = a;
16:                a = b;
17:                b = temp;
18:                Console.WriteLine ( "Swap 方法中: a={0} && b={1}", a, b );
19:            }
20:        }
21: }
```

程序分析：

第 13 行方法中的两个形参都是“引用参数”（由 ref 修饰），因此，执行第 10 行的方法调用时，其中两个参数将采用“引用方式传递”，即调用时，系统将实参 a 和 b 的“引用”（即 a 和 b 的“地址”）传递给对应的形参变量 a 和 b，这时，使用形参 a 可以引用实参 a，使用形参 b 可以引用实参 b。因此，方法中看似交换形参 a 和 b，实际上在交换实参变量 a 和 b。这就是“引用传递”。

程序运行结果如图 6-4。

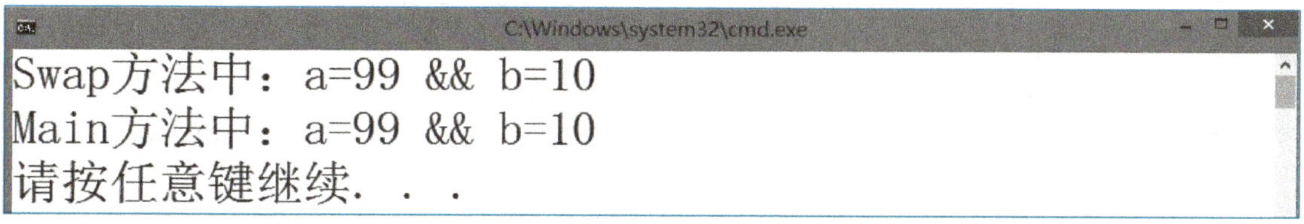

图 6-4　例 6-4 运行结果

可以看出，采用“引用传递”，可以通过形参来改变实参的值。

特别提醒：

（1）对于引用参数，无论是方法声明还是方法调用，必须使用 ref 修饰符显式标记参数。

（2）用作实参的引用参数必须显式初始化。

3. 输出参数（使用 out 修饰符标记的参数）

输出参数与引用参数类似，也是采用“引用传递”。在 C# 中，通过设置输出参数，可从

方法中传回更多的数据值。在参数前面加上关键字 out,可以创建一个输出参数。需要注意的是,输出参数在方法调用前不必显式初始化,这点与引用参数不同。

微视频：输出(out参数)

特别提醒:

（1）对于输出参数,无论是方法声明还是方法调用,必须使用 out 修饰符显式标记参数。

（2）输出参数在方法调用前不必显式初始化,但在方法中必须为该参数提供数据值（作为该参数的返回值）。

例 6–5 输出参数的应用。

有一个算术运算方法 Cal(),使用输出参数,返回两个整数的和、差、积和商。

```
01: using System;
02: namespace CSHARP6_5
03: {
04:     class Program
05:     {
06:         static void Main ( string[] args )
07:         {
08:             int a = 9, b = 3;
09:             int sum, sub, mul, div;
10:             Cal ( a, b, out sum, out sub, out mul, out div );
11:             Console.WriteLine ( "{0}+{1}={2}", a, b, sum );
12:             Console.WriteLine ( "{0}–{1}={2}", a, b, sub );
13:             Console.WriteLine ( "{0}*{1}={2}", a, b, mul );
14:             Console.WriteLine ( "{0}/{1}={2}", a, b, div );
15:         }
16:         // 方法 Cal () 中可设置 4 个输出参数
17:         static void Cal ( int x, int y, out int add, out int sub, out int mul, out int div )
18:         {
19:             add = x + y;
20:             sub = x – y;
21:             mul = x * y;
22:             div = x / y;
23:         }
24:     }
25: }
```

程序说明:

17 行说明方法 Cal 带有 6 个参数,其中有两个值参数（无参数修饰符）,用于接收实参的值，4 个输出参数（由 out 修饰），将通过引用 4 个实参输出参数带回方法中的 4 个计算结果。19~22 行分别为 4 个输出参数提供结果数据，即 x 与 y 的加、减、乘、除算术四则运算的结果。在主方法 Main 中，第 08 行定义变量 a 和 b，作为方法调用时的实参（为值参数），并已初始化。第 09 行定义 4 个变量 sum、sub、mul 和 div，用作方法调用时的输出参数，因此，该变量不必初始化。第 10 行调用方法 Cal。11~14 行分别输出算术运算的结果。在这里，两个值参数采用“值传递”，而 4 个输出参数采用“引用传递”。

程序运行结果如图 6-5。

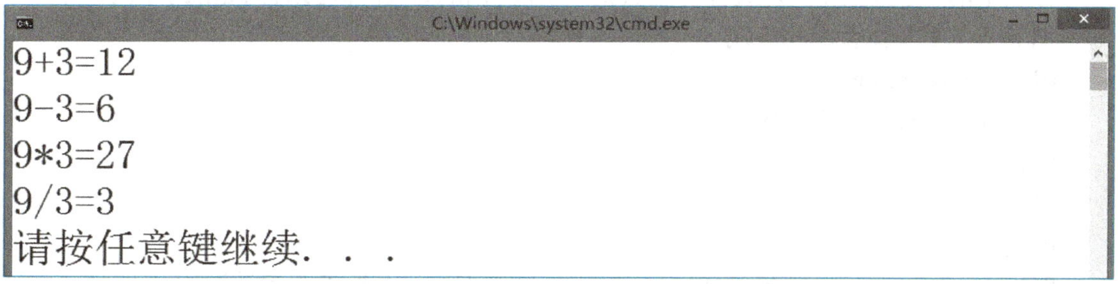

图 6-5　例 6-5 运行结果

4. 参数数组（使用 params 修饰符标记的参数）

在方法参数表中，用关键字 params 修饰的数组称为“参数数组”。参数数组对应的实参可使用“变长实参表”。参数数组允许将数量可变的实参传递给方法，即一个参数数组可接收一个实参（如一个数组名），也可以接收任意多个实参（同类型的数据）。

例如，下面这段“求数组最大值”的代码中，数组参数被声明为参数数组：

```
class ParamsClass
{
    public static int getMax(params int[] arr)// 形参为参数数组
    {
        // 求数组最大值的代码
    }
}
```

此时，params 关键字对 getMax 方法产生如下影响：调用 getMax 方法时，实参可以是任意数量的整型参数，而不用担心创建数组的问题。例如，如果要求两个整数的最大值，可以这样写：

```
int max= ParamsClass. getMax(a, b);
```

编译器会自动将上述调用转换成下面代码：

```
int[] array=new array[2];
array[0]=a;
array[1]=b;
```

int max= ParamsClass. getMax (array);

如果判断 3 个整数哪个最大，则会被编译器转换成相应使用了数组的等价代码：

int max= ParamsClass. getMax (a, b, c);

特别提醒：

params 修饰符只能是方法的最后一个参数，也就是说每个方法只能有一个参数数组。如下面示例所示，会在编译过程出错：

public static int getMax (params int[] arr , int i) // 编译时出错

方法中的“参数数组”只适合一维数组（如 arr[] 和 arr[][] 都可以，而 arr[,] 不可以）。

例 6–6 变长实参表的应用。

```
using System;
namespace CSHARP6_6
{
    class Program
    {
        static double getAverage ( params int[] arr ) // 形参为参数数组
        {
            int arrLength = arr.GetLength ( 0 );
            double answer = 0.0;
            foreach ( var item in arr )
                answer += item;
            return answer / arrLength;
        }
        public static void Main ()
        {
            int[] a = { 60, 72, 83, 76, 97 };
            Console.WriteLine ( " 平均数为 : {0}", getAverage ( a ));
            /* 数组 a 作实参 */
            Console.WriteLine ( " 平均数为 : {0}", getAverage ( 90, 82, 74 ));
            /*3 个整数作实参 */
            Console.WriteLine ( " 平均数为 : {0}", getAverage ( 71, 61, 83, 65, 79 ));
            /*5 个整数作实参 */
            Console.WriteLine ( " 平均数为 : {0}", getAverage ( a[0], a[1], a[2], a[3],
            a[4], 80 ));
            //6 个整数表达式作实参
        }
    }
}
```

程序说明：

代码 06~13 行用于计算“变长实参表”提供的若干数据的平均值。其中第 6 行的方法参数为参数数组，可以接收“变长实参表”。如 17 行的方法调用，实参为数组名 a；而在 18、19 和 20 行的方法调用中，对应的实参个数分别为 3 个、5 个和 6 个。

程序运行结果如下：

平均数为：77.6

平均数为：82

平均数为：71.8

平均数为：78

6.3.2 参数传递的隐式转换与强制转换

在方法调用中，若实参类型与形参类型不同，默认情况下系统会依照“类型转换规则”隐式地将实参转换成形参类型传递给形参。例如，Math 类的方法 Sqrt，参数声明为 double 型，但可以使用整型参数调用。下列语句

```
Console.WriteLine(Math.Sqrt(9));
```

能正确求值 Math.Sqrt(9)，输出值为 3.0。方法声明的参数表使 C# 将 int 型数值 9 转换成 9.0，然后传入 Sqrt 方法。想进行这类转换时，如果不满足 C# 类型转换规则，则会产生编译错误。隐式转换规则指定允许哪些转换，即进行哪些转换不会丢失数据。在上述 Sqrt 例子中，int 型转换成 double 型不会丢失数据。但将 double 型转换成 int 型会使 double 型的小数部分截尾，使部分数值丢失。另外，double 型可以存放比 int 型变量更大（和更小）的值，因此，将 double 型赋予 int 型可能因 double 型数值无法放进 int 型中而丢失。将较大的整数类型转换为较小的整数类型（如 long 型变成 int 型）也可能改变数据值。

类型转换规则适合于包含两个或多个简单类型构成的表达式或作为方法参数传递的简单类型值。每个值转换为表达式中的适当类型。表 6–1 按字母顺序列出一个简单类型即可转换的类型。注意，在 C# 中所有简单类型都可以隐式转换为 object 类型。

默认情况下，如果形参类型不能表示实参类型，则 C# 不允许它们之间进行隐式转换（如 int 型数值 2000000 就不能用 short 型表示，任何有小数的浮点数不能用 long、int 型或 short 型的整数表示）。因此，为了防止编译错误，避免简单类型隐式转换造成信息丢失，编译器要求用类型转换运算符显式强制转换，这样就可以“控制”编译器。假设生成 Square 方法，计算整数的平方，因此要求用 int 型参数。调用 Square 时，如果使用 double 型参数 doubleValue，则要将方法调用写成 Square((int)doubleValue)。这个方法调用显式地将 doubleValue 值转换成 int 型后，在 Square 中使用。这样，如果 doubleValue 值为 4.5，则方法取 4，返回 16，而不是 20.25（造成信息丢失）。

表 6-1　简单类型的隐式转换规则

类型	转换类型
bool	不能隐式转换成其他简单类型
byte	ushort、short、uint、int、ulong、long、decimal、float 或 double
char	ushort、uint、int
decimal	不能隐式转换成其他简单类型
double	不能隐式转换成其他简单类型
float	double
int	long、decimal、float 或 double
long	decimal、float 或 double
sbyte	short、int、long、decimal、float 或 double
short	int、long、decimal、float 或 double
uint	ulong、long、decimal、float 或 double
ulong	decimal、float 或 double
ushort	uint、int、ulong、long、decimal、float 或 double

6.3.3　方法重载

方法重载是面向对象对结构化编程特性的一个重要扩充，利用方法重载完成类似的任务可以使程序易于阅读和理解。方法重载允许一个类中有两个或两个以上的方法（包括隐藏继承而来的方法）取相同的名字，这些方法可以完成不同的功能。编译器根据实参和形参的个数、类型和顺序合理选择一个方法进行调用。构成重载的方法具有以下特点。

微视频：方法重载

（1）方法名相同。

（2）方法参数列表不同，即满足如下三点之一即可：

① 方法参数数目不同。

② 方法拥有相同数目的参数，但参数的类型不一样。

③ 方法拥有相同数目的参数和参数类型，但是参数类型出现的先后顺序不一样。

特别提醒：构成重载的方法与方法的返回值类型无关。

例 6-7　重载方法 TriangleArea，分别根据 3 边长、底和高、两边和夹角 3 种方式求三角形面积。

```
using System;
namespace CSHARP6_7
{
    class Program
```

```
05:     {
06:         static void Main ( string[] args )
07:         {
08:             double area = TriangleArea ( 3d, 4d, 5d );
09:             Console.WriteLine ( area );
10:         }
11:         static double TriangleArea ( double a, double b, double c )
12:         {
13:             Console.WriteLine ( " 根据 3 边长求面积 " );
14:             double s = ( a + b + c ) / 2;
15:             return Math.Sqrt ( s* ( s-a ) * ( s-b ) * ( s-c ) );
16:         }
17:         static double TriangleArea ( double a, double h )
18:         {
19:             Console.WriteLine ( " 根据底和高求面积 " );
20:             return ( a * h ) / 2;
21:         }
22:         static double TriangleArea ( int a, int b, double theta )
23:         {
24:             Console.WriteLine ( " 根据两条边和夹角求面积 " );
25:             return ( a * b * Math.Sin ( theta ) ) / 2;
26:         }
27:     }
28: }
```

程序说明：

11~16 行、17~21 行和 22~26 行为 TriangleArea 重载方法。第 08 行中 “TriangleArea (3d, 4d, 5d) ; ” (3d 为 double 常数) 将调用参数类型为 double, double, double 的 TriangleArea 方法 (第 11 行代码)。如果把第 08 行代码改为 “double area = TriangleArea (3d, 4d) ; ”, 则调用 TriangleArea (double a, double h) 方法 (第 17 行代码)。

程序运行结果如图 6-6。

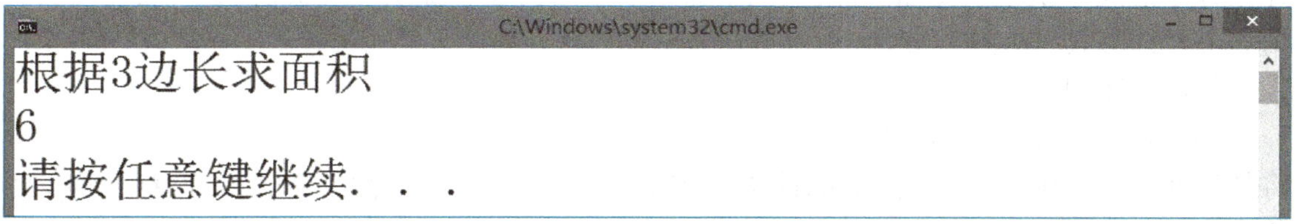

图 6-6　例 6-7 运行结果

6.3.4 可选参数和命名参数

可选参数是指在声明方法时给方法的某些特定参数(即特定形参)指定默认初值,这样在调用方法时可省略这些参数对应的实参。

微视频:可选参数和命名参数

例如,带有可选参数的方法:

```
public  static int Days(int day, int month, int year=2015)
{
   …
}
```

其中,形参 year 为可选参数,默认初值是 2015。

所以,以下调用形式均合法。

形式一:

```
Days(18,2)
```

其中,18 传递给形参 day,2 传递给形参 month,而形参 year 将使用其默认初值 2015。

形式二:

```
Days(18,2,2016)
```

其中,18 传递给形参 day,2 传递给形参 month,2016 传递给形参 year(原默认初值失效)。

特别提醒:

(1)可选参数必须位于所有必选参数之后,即可选参数出现在参数列表的右端。

(2)如果调用时为多个可选形参中的任意一个提供实参,则必须为前面的所有可选形参提供实参。

例如,下面的方法调用将导致编译错误。

微视频:变长参数表

方法声明如下:

```
public static double fun(double a, double b=20.0, double c=15.0)
{
   …
}
```

方法参数中 a 为必选参数,b 和 c 为可选参数。

方法调用:

```
Console.WriteLine(fun(5.0, , 12.3));
```

存在编译错误,其原因是,fun 方法调用中为第 3 个可选参数提供了实参值 12.3,而它前面的第 2 个可选参数没有提供实参。

若将上述调用修改为

```
Console.WriteLine(fun(5.0, c: 12.3));
```

将是正确的。其中方法调用 fun 的第 2 个实参形式为"c: 12.3",称为命名参数,意为将 12.3 传递给形参 c。

命名参数是指在方法调用时,使用形参名为实参命名,其形式为"形参名:实参",意为实参将传递给指定的形参。使用命名参数可实现参数之间按名传递，这样参数结合时与参数位置次序无关。

例如，使用命名参数调用 Days 方法。

调用一：

Days（month：2，day：18）

其中，命名参数 month：2 意为将 2 传递给形参 month；命名参数 day：18 意为将 18 传递给形参 day；而形参 year 使用默认初值 2015。

调用二：

Days（year：2016，month：2，day：18）

其中，命名参数 year：2016 意为将 2016 传递给参数 year；命名参数 month：2 意为将 2 传递给形参 month；命名参数 day：18 意为将 18 传递给形参 day。

例 6-8 可选参数和命名参数。

```
01: using System;
02: namespace CSHARP6_8
03: {
04:     class Program
05:     {
06:         static void Main( string[] args )
07:         {
08:             Console.WriteLine( Add( 1 ));
09:             Console.WriteLine( Add( 1, 3 ));
10:             // 使用命名参数调用 Add，实参顺序和形参顺序可以不同
11:             Console.WriteLine( Add( b: 6, a: 1 ));
12:         }
13:         // 方法 Add 带有可选参数
14:         static int Add( int a, int b = 2 )
15:         {
16:             return a + b;
17:         }
18:     }
19: }
```

程序说明：

方法 Add（第 14~17 行）中形参 a 为必选参数，而 b 为可选参数，默认值为 2。第 08 行 Add（1）是将 1 传递给形参变量 a，b 将使用默认值 2。第 09 行 Add（1，3）是将 1 传递给形参变量 a，3 传递给形参变量 b（原默认值 2 失效）。第 11 行 Add（b：6，a：1）使用命名参数，很明显，将 6 传递给 b，将 1 传递给 a。使用命名参数调用 Add，实参顺序和形参顺序可以不同。

程序运行结果如图 6-7。

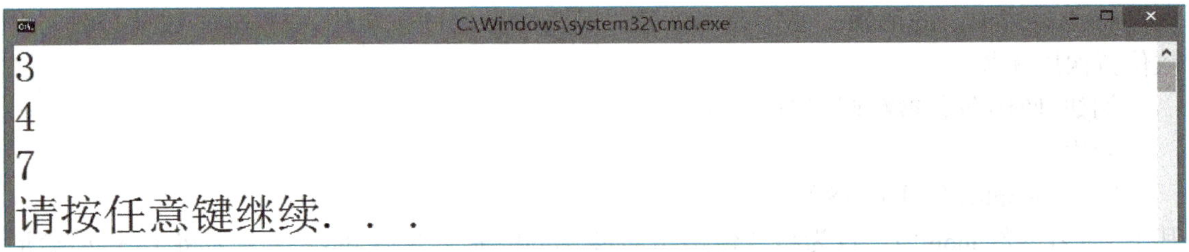

图 6-7　例 6-8 运行结果

6.3.5　按值传递与按引用传递

我们知道，C# 中的数据类型分为值类型和引用类型两大类。值类型直接存储数据值，其值保存在内存的栈（stack）空间中。引用类型存储的是对数据值的引用，即存储数据所在的存储单元地址。引用类型涉及数据和存储数据的内存单元地址两个概念，在 C# 中系统使用栈和堆（heap）协同处理引用类型数据，并约定，堆空间保存实际数据（值），而栈空间保存数据的内存单元地址。所以，访问引用类型数据时，总是先从栈中找到"数据存放的地址"，再通过"地址"存取堆中的数据。在实际编程中，用户只是通过分配在栈中的变量存取数据。对于引用类型变量，系统会根据变量的当前值间接访问堆中的数据。

C# 预定义的简单类型，像 int、float、double、bool 和 char 等类型都是值类型。另外，像 enum（枚举）、struct（结构）也是值类型；像 string（字符串）、数组、类等都是引用类型。

例如：值类型和引用类型的内存分配。

有如下定义：

```
int a=8;
int[] b=new int[5]{80,98,65,78,90};
```

其中，a 是整型变量，属于值类型。a 的值分配在栈中，程序中直接使用 a 变量访问。b 是整型数组，属于引用类型，因此 b 是一个引用整型数组的变量。该数组值存放在堆中一块连续的存储单元中，而 b 变量分配在栈中，其值为存放在堆中数组的首地址。程序中使用栈中的 b 变量间接访问堆中数组的元素。其内存分配如图 6-8 所示。

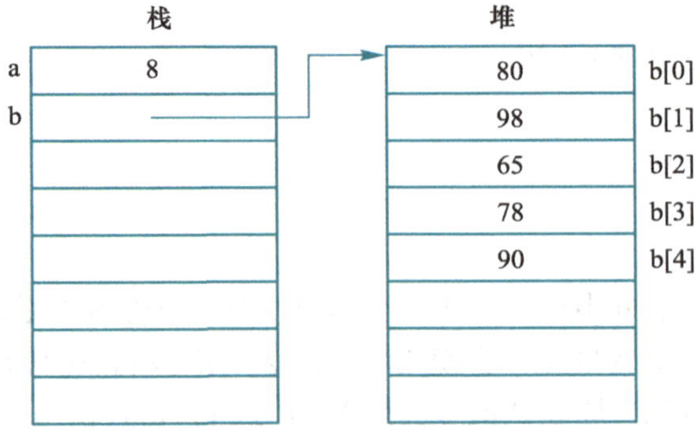

图 6-8　变量与数组的内存分配示意图

在 C# 中，参数的传递方式分为按值传递和按引用传递两种，并规定，不使用任何参数修饰符标记的方法参数将采用“按值传递”，这是系统默认的传递方式。若使用 ref 或 out 修饰符标记方法参数，则采用“按引用传递”。

特别提醒：值类型参数并不都是按值方式传递，同样引用类型参数也并非都是按引用方式传递。如在方法 void Test1 (int a) 中，参数 a 属于值类型，而在方法 void Test2 (int [] array) 中，参数 array 属于引用类型，但它们的传递方式是相同的，都是采用“按值传递”。

1. 按值传递

在调用方法时，将实参值的副本传递给方法参数（形参），这时，形参具有与实参等值的、相互独立的存储空间。

（1）当实参为值类型参数时，方法中对形参进行的任何操作都不会影响和改变对应实参的值。

例 6–9 值类型作为方法参数。

```
01: using System;
02: namespace CSHARP6_9
03: {
04:     class Program
05:     {
06:         static void Main ( string[] args )
07:         {
08:             int a = 1;
09:             Console.WriteLine ( " 调用前 a={0}", a );
10:             fun ( a );
11:             Console.WriteLine ( " 调用后 a={0}", a );
12:         }
13:         static void fun ( int a )
14:         {
15:             int b = 5;
16:             a++;
17:             b += a;
18:             Console.WriteLine ( " 方法中 a={0}, b={1}", a, b );
19:         }
20:     }
21: }
```

代码分析：

主方法 Main（第 06~12 行）中的第 10 行的实参 a 为值参数，而方法 fun（第 13~19 行）中第 13 行的形参 a 同样为值参数，实参 a 与形参 a 分别有各自的存储单元，形参 a 接收实参 a 的值，其初值均为 1。之后，执行方法中的 15~18 行，这时方法中 a 的值改变为 2，而主方法中 a 的值保持不变，方法调用后主函数中 a 的值仍为 1。

程序运行结果如图 6-9。

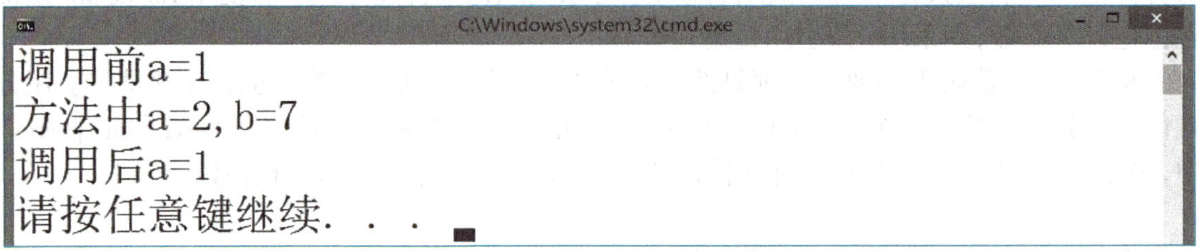

图 6-9　例 6-9 运行结果

数组中的元素如果作为实参传入的是该元素值的“副本”，方法中对“副本”进行操作，而“副本”值的任何修改都不会改变实参元素的值。

例 6-10　阅读程序，分析程序执行的结果（注：该程序不能实现对一维数组的逆置操作）。

```
using System;
namespace CSHARP6_10
{
    class Program
    {
        static void Swap(int x, int y)// 方法 Swap 互换 x 与 y
        {
            int temp;
            temp = x;
            x = y;
            y = temp;
        }
        static void PrintArr(int[] arr)
        {
            foreach(int x in arr)
                Console.Write("{0} ", x);
            Console.WriteLine();
        }
        static void Main(string[] args)
        {
            int[] a = {1, 2, 3, 4, 5};
            Console.WriteLine("数组的初值:");
            PrintArr(a); // 数组 a 作为实参
            Swap(a[0], a[4]); // 数组元素作为参数，互换 a[0] 和 a[4] 元素的值
```

```
25:                 Swap(a[1], a[3]); // 数组元素作为参数，互换 a[1] 和 a[3] 元素的值
26:                 Console.WriteLine("互换 a[0] 和 a[4], a[1] 和 a[3] 后，a 数组值：");
27:                 PrintArr(a); // 数组 a 作实参
28:             }
29:         }
30: }
```

代码分析：

主类 Program 包括 3 个方法，除主方法 Main（第 19~28 行）外，方法 Swap（第 6~12 行）用于互换两个形参变量的值，而方法 PrintArr（第 13~18 行）用于显示数组。

程序运行结果如下：

数组的初值：

1 2 3 4 5

互换 a[0] 和 a[4], a[1] 和 a[3] 后，a 数组值：

1 2 3 4 5

从运行结果看，主方法在调用 Swap 前后的第 23 行和第 27 行两次输出 a 数组，其输出结果完全相同。为什么在执行 24 和 25 行后 a 数组值没有得到交换?

在 C# 中，值类型变量或数组元素作实参，传递给方法的是该值的副本（这时，实参与形参具有相互独立的存储单元，并且只能在各自声明的方法中使用），方法中使用和修改的是副本的值，而对应实参的原变量值是不会改变的，这一点 C# 与 C/C++ 语言的处理是相同的。

执行主方法中第 24 行的方法调用时，系统将实参 a[0] 和 a[4] 数组元素的值传递给 Swap 方法的形参 x 和 y（这时，x 和 y 在栈中分配有独立的存储单元），方法中完成 x 与 y 的互换，而实参 a[0] 与 a[4] 值保持不变。同样，执行第 25 行后，实参 a[1] 与 a[3] 的值也不会改变。因此，数组元素作为参数，方法中不会改变实参的值。

（2）当实参为引用类型参数时，方法中使用形参可以间接访问实参所引用的堆空间中的数据。但方法中如果重新为形参分配空间不会影响实参变量的值。

例 6-11 引用类型作为方法参数。

```
using System;
namespace CSHARP6_11
{
    class Program
    {
        static void Main(string[] args)
        {
            other a = new other(); // 创建对象 a
            Console.WriteLine("主方法调用 fun 之前 a.x 的值：{0}", a.x);
            fun(a); // 引用型变量作实参，并按值传递
```

```
11:             Console.WriteLine(" 主方法调用 fun 之后 a.x 的值:{0}", a.x);
12:         }
13:         static void fun(other b)// 引用类型变量作形参
14:         {
15:             Console.WriteLine("   在方法 fun 中:");
16:             Console.WriteLine("      b.x 的初值:{0}", b.x);
17:             b.x += 2;
18:             Console.WriteLine("      b.x 增 2 后的值:{0}", b.x);
19:             b = new other(); // 更改形参 b 的值
20:             b.x++;
21:             Console.WriteLine("      更改形参 b,b.x 增 1 后的值为:{0}", b.x);
22:         }
23:     }
24:     class other
25:     {
26:         public int x = 1;
27:     }
28: }
```

程序分析:

第 24~27 行声明类 other。该类中有一个成员变量 x,且初值为 1。第 04~23 行为主类 Program,包含主方法 Main(第 06~12 行)和 fun 方法(第 13~22 行)。主方法 Main 中创建 other 对象 a(第 08 行)。第 10 行调用方法 fun,由于实参 a 的类型是类,为引用型变量,并"按值传递"将 a 的值传递给 b(第 13 行),这时内存分配如下:

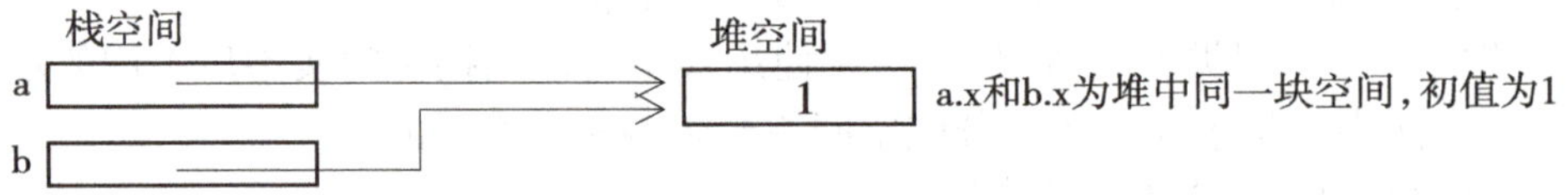

执行 fun 方法中 b = new other();(第 19 行)后,b 的值发生变化,这时内存分配如下:

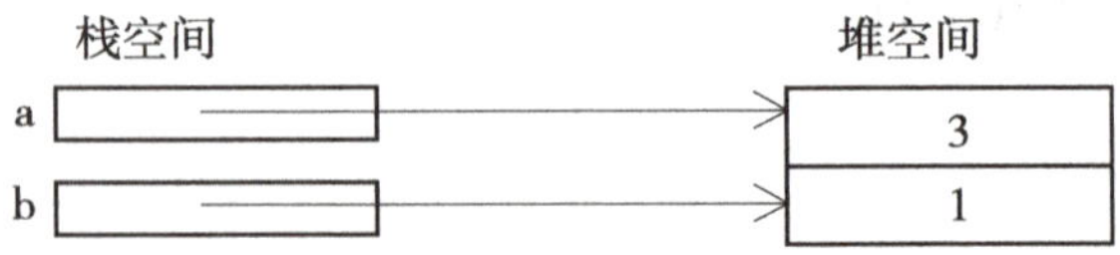

回到主方法 Main 后,内存状况如下:

程序运行结果如图 6-10。

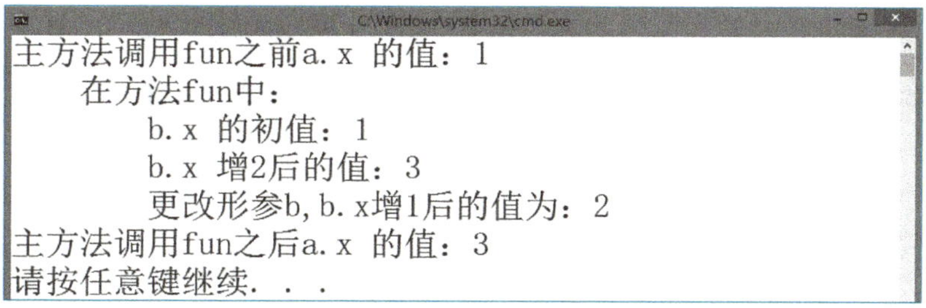

图 6-10　例 6-11 运行结果

我们知道，数组可以作为方法参数进行传递。当“按值传递”数组时，向方法传递的是数组的引用（即数组在堆中的首地址）；而方法可以通过接收该引用的形参间接使用或改变实参数组元素的值，但不可以通过改变形参变量的值来改变引用实参数组变量的值。

例 6-12　采用“值传递”传递数组。

```
01: using System;
02: namespace CSHARP6_12
03: {
04:     class Program
05:     {
06:         static void Main( string[] args )
07:         {
08:             int[] a = new int[] { 1, 2, 3, 4, 5 };
09:             valArr( a );
10:             foreach ( var k in a )
11:                 Console.WriteLine( k );
12:         }
13:         static void valArr( int[] y )//y 是引用类型，但 y 以值方式传递
14:         {
15:             y[0] = 6;
16:             y[1] = 7;
17:             y = new int[] { 60, 70, 80, 90 }; // 改变 y 的值，使 y 引用一个新创建的数组
18:         }
19:     }
20: }
```

程序分析：

在主方法 Main（第 06~12 行）中，创建一维整型数组 a（第 08 行）。其实，a 为引用数组的变量，其值为在堆中分配给数组的首地址。数组 a 的内存分配状况如图 6-11 所示。

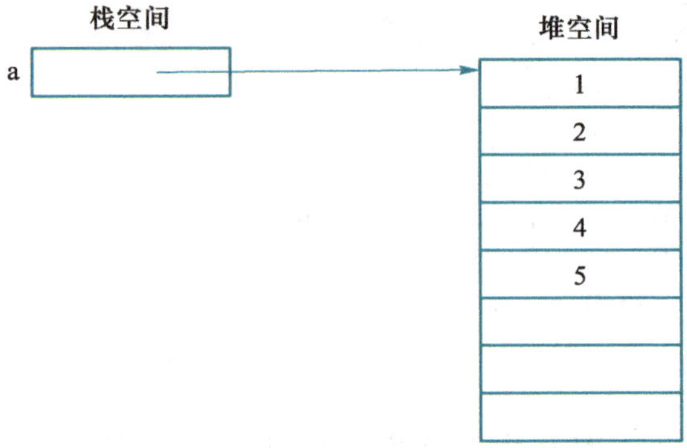

图 6-11　a 数组的内存状况

第 09 行调用方法 valArr。因方法参数无任何参数修饰符，所以实参 a 与形参 y 按“值传递”进行。这时，y 的值就是 a 的值，即 y 也指向堆中的数组，方法中可通过 y 访问堆中数组元素值。值传递后的内存分配状况如图 6-12 所示。

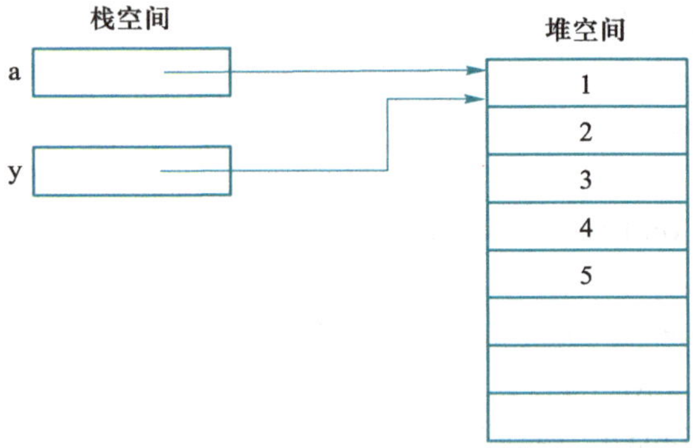

图 6-12　当前内存状况

在方法 valArr（第 13~18 行）中，第 15 行和第 16 行用于改变 y[0] 和 y[1] 的值，即改变堆中数组元素值。这时的内存状况如图 6-13 所示。

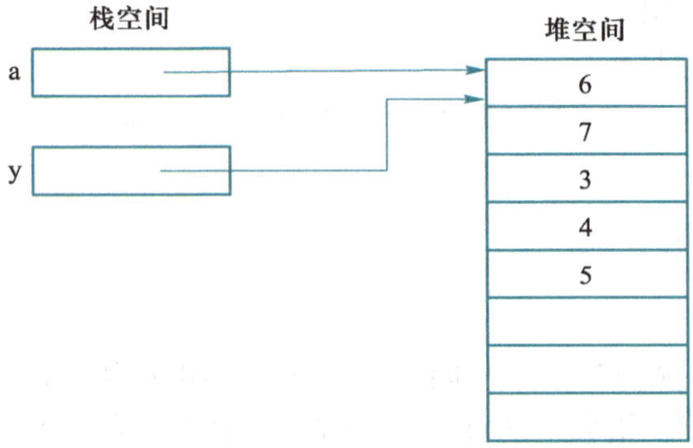

图 6-13　数组的变化

而第 17 行 y = new int[] { 60, 70, 80, 90 }; 执行后，y 的值发生改变，即 y 不再指向堆中原数组，而指向新分配的数组。但 a 的值保持不变，a 仍指向原数组。这时的内存分配状况如图 6-14 所示。

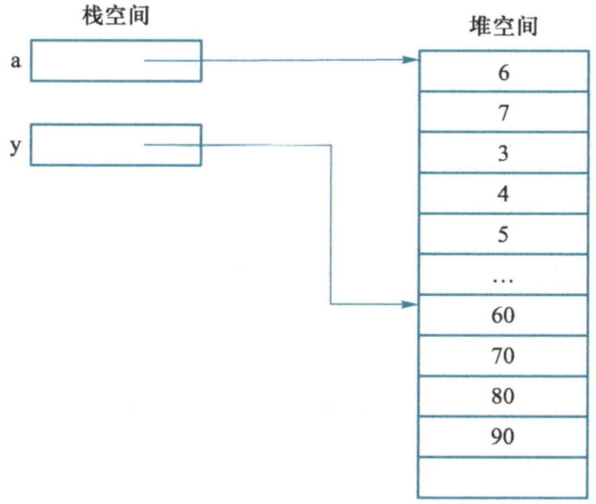

图 6-14　内存分配的状况

第 10~11 行输出 a 数组，注意 a 仍指向原数组，所以输出结果为 6 7 3 4 5。

程序运行结果如图 6-15。

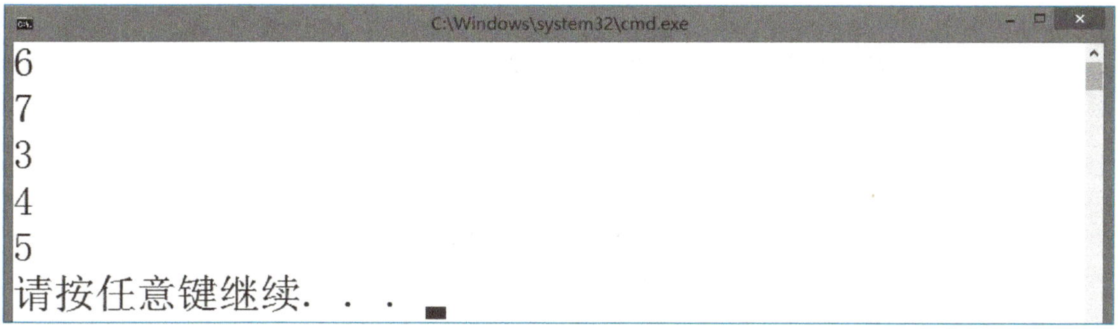

图 6-15　例 6-12 运行结果

结论：当按"值传递"传递引用类型数据时，方法中若改变形参的值（即更新作为形参的引用变量值），则对应实参的值保持不变。

数组作为实参，仅提供不带方括号的数组名，而形参必须声明为同类型的数组。调用时，向方法传递数组的引用（此时，形参作为数组引用的"副本"），方法通过形参间接访问实参数组。因而，方法中改变形参数组的值也就同时改变了实参数组的值。

例如，判断作为参数传递的一组值的最大值，其方法的首部如下：

```
int MaxArray(int[] paramList)
```

而要调用 MaxArray 方法时，可以不带方括号，如下所示：

```
int array1=new int[10]; // 数组声明
int maxNum= MaxArray( array1 ); // 调用 MaxArray 方法
```

例 6-13 使用一维数组作为方法的参数，对数组进行逆置处理。

```
using System;
namespace CSHARP6_13
{
    class Program
    {
        // 逆置数组，改变实参数组元素值
        static void Revers( int[] arr )
        {
            for( int i = 0; i < arr.Length / 2; i++ )
            {
                int temp;
                temp = arr[i];
                arr[i] = arr[arr.Length – i – 1];
                arr[arr.Length – i – 1] = temp;
            }
        }
        /* 输出数组，不改变实参数组值 */
        static void PrintArr( int[] arr )
        {
            for( int i = 0; i < arr.Length; i++ )
                Console.Write( "{0} ", arr[i] );
            Console.WriteLine();
        }
        static void Main( string[] args )
        {
            int[] a = { 1, 2, 3, 4, 5 };
            Console.WriteLine( " 数组的初值: " );
            PrintArr( a );
            Revers( a ); // 数组 a 作为实参，调用 Revers 方法逆置数组 a 的值
            Console.WriteLine( " 逆置后的数组值: " );
            PrintArr( a );
        }
```

```
33:         }
34:     }
```

程序分析：

主类 Program 包括 3 个方法，除主方法 Main 外，方法 Revers（7~16 行）实现数组的逆置，而方法 PrintArr（18~23 行）通过 for 语句实现了数组的显示。

在主方法中，第 29 行调用 Revers 时的实参为数组名 a，而 Revers 方法中形参 arr 接受的是 a 数组的引用（即 a 数组的内存首地址）。从表面上看，Revers 方法中访问 arr 数组，其实际是通过 arr 间接访问对应的实参 a 数组。这样，在 Revers 方法中对 arr 数组逆置操作后，主方法中实参数组 a 的值也就被逆置了。

程序运行结果如下：

数组的初值：

1 2 3 4 5

逆置后的数组值：

5 4 3 2 1

2. 按引用传递（使用参数修饰符 ref 和 out）

在调用方法时，将实参的引用（即实参变量的地址）传递给形参。这时，方法通过形参可以间接访问实参，改变形参的值也就改变了实参的值。

例 6–14 修改例 6–10，按照“引用传递”的方法传递数组。

利用数组的“引用传递”，不仅可以通过形参改变实参数组元素的值，也可以改变引用实参数组变量的值。

```
using System;
namespace CSHARP6_14
{
    class Program
    {
        static void Main ( string[] args )
        {
            int[] a = new int[] { 1, 2, 3, 4, 5 };
            valArr ( ref a );
            foreach ( var k in a )
                Console.WriteLine ( k );
        }
        static void valArr ( ref int[] y ) //y 是引用类型, y 以引用方式传递
        {
            y[0] = 6;
            y[1] = 7;
            y = new int[] { 60, 70, 80, 90 }; // 改变 y 的值,使 y 引用一个新创建的数组
```

```
18:             }
19:         }
20: }
```

程序分析:

第 13~18 行为方法 valArr 的代码,其中第 13 行方法参数 y 为引用参数。第 06~12 行为主方法 Main 代码,其中第 08 行创建数组 a(又称 a 为引用数组的变量)。第 09 行调用方法 valArr,因实参 a 为引用传递(用 ref 修饰),它与值传递不同,这时,形参 y 接收实参 a 变量的地址。采用引用传递后,其内存分配状况如图 6–16 所示。方法 valArr 中通过 y 间接访问 a,通过 y[i] 间接访问 a[i]。这时,在第 15 行中 y[0] 与 a[0] 等价,而在第 16 行中 y[1] 与 a[1] 等价。执行后,堆中的数组值变化如图 6–17 所示。第 17 行通过创建新的数组来改变 y 的值,其实也同时改变 a 的值,即 a 不再引用原数组。这时内存分配状况如图 6–18 所示。第 10~11 行执行后,输出 a 数组,结果为 60 70 80 90。

程序运行结果如图 6–19。

结论:当按“引用传递”传递引用类型数据时,方法中改变形参的值,同时也在改变实参的值。

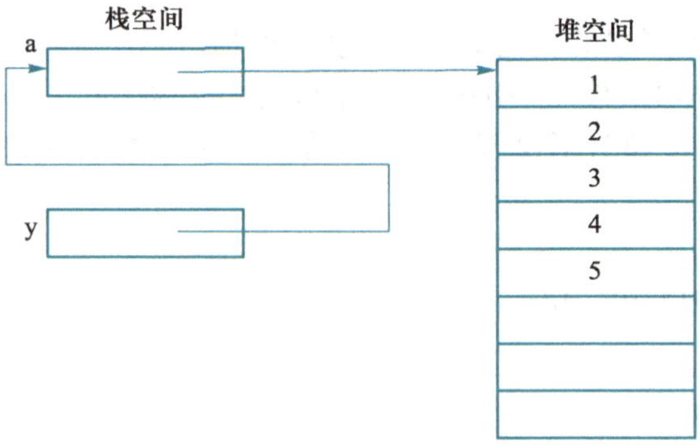

图 6–16　内存分配状况

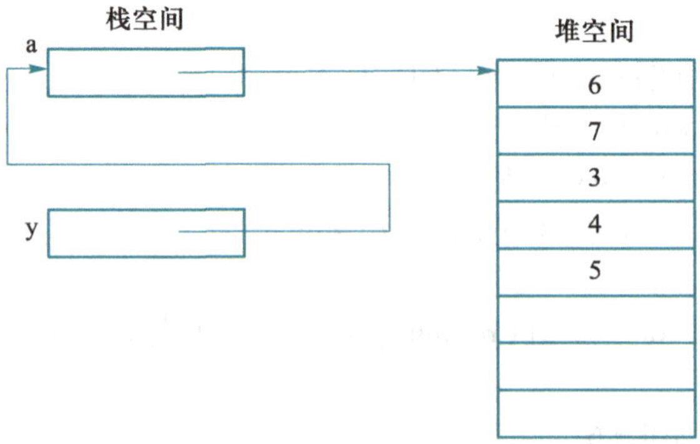

图 6–17　堆中数组值变化

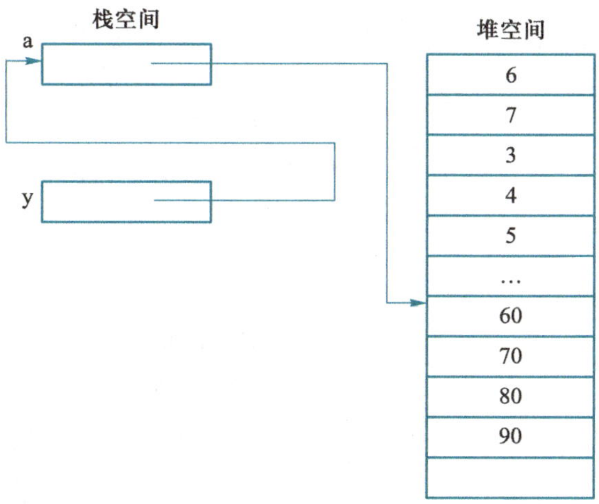

图 6-18　内存分配状况

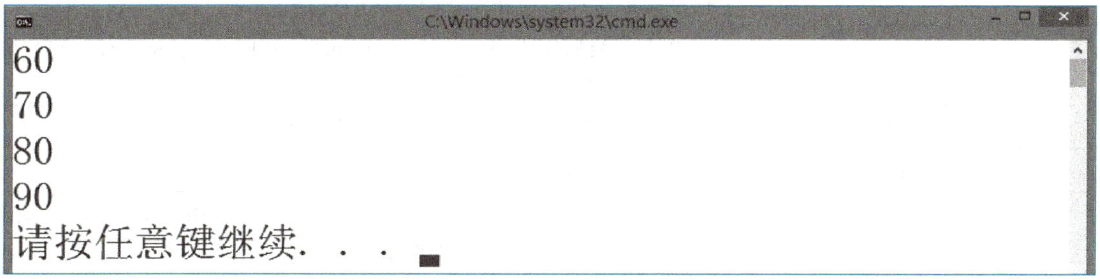

图 6-19　例 6-14 运行结果

▶▶ 6.4　.NET Framework 类库

.NET Framework 类库（即 FCL）是生成 .NET 应用程序、组件和控件的基础。.NET Framework 类库由多个预定义的名字空间构成，而每一个名字空间又是由预定义的多个相关的类组成。名字空间中类型使用点语法命名方案，全名的第一部分（最右边的点之前的内容）是名字空间名。全名的最后一部分是类型名。例如，System.Console 表示 Console 类型，该类型属于 System 名字空间。当使用 using 指令使用 FCL 中的库类时，可不必指定名字空间名。例如，程序中使用如下指令：

```
using System;
```

程序使用 System 名字空间中类（如 Console）时，可省略该名字空间名，而直接使用类名。例如，Console.Writeline(); 与 System.Console.Writeline(); 等价。

由于 FCL 的名字空间中有许多类，因此在学习 C# 时，应多花点时间浏览 .NET 文档中的名字空间和类，可以提高编程的效率和质量。

常用的 .NET 框架类库中的名字空间如表 6-2 所示。

表 6–2　常用的 .NET 框架类库中的名字空间

名字空间	描述
System	其中的类型是为所有应用程序使用的一些基本类型
System.Collections	其中的类型用于管理对象集合，包括常用的集合类型，如堆栈、队列、散列表等
System.Data System. Data.Linq	其中的类型用于操纵数据库数据
System.Diagnostics	其中的类型用于帮助诊断和调试应用程序
System.Drawing	其中的类型用于操作二维图形。它们典型地用于 Windows 窗体应用程序以及创建 Web 窗体页面中显示的图像
System.EnterpriseServices	其中的类型用于管理事务、队列组件、对象池、JIT 激活（这里的 JIT 不同于 .NET 框架中所言的 JIT 编译，它特指 COM+ 组件服务，即 .NET 内的企业服务中对象的即时激活技术）、安全以及其他一些提高服务器程序中托管代码效能的特性
System.Globalization	其中的类型用于多国语言支持（national language support，NLS），例如，字符串比较、格式化以及日历功能
System.IO	其中的类型用于 I/O 流、遍历目录和文件
System.Ling	其中的类型支持 LINQ（语言集成查询）
System.Management	其中的类型通过 Windows 管理设备（Windows management instrumentation，WMI）来管理企业中的计算机
System.Net	其中的类型用于网络通信
System.Reflection	其中的类型用于查看元数据以及延迟绑定类型和它们的成员
System.Resurces	其中的类型用于操作外部数据资源
System.Runtime.InteropServices	其中的类型允许托管代码访问非托管操作系统平台中的一些功能，如 COM 组件和 Win32 DLL 内的函数
System.Runtime.Remoting	其中的类型用于从远程机器上访问类型
System.Runtime.Serialization	其中的类型用于持久化（persist）对象实例以及从一个流（stream）中重新产生对象实例
System.Security	其中的类型用于操作数据和资源
System.Text	其中的类型用于以不同的编码方式（如 ASCII 或者 Unicode）来操作文本
System.Threading	其中的类型用于异步操作以及同步访问资源
System.Xml	其中的类型用于处理 XML 模式（schema）和数据
System.Web.Services	基中的类型用于创建 XML Web 服务
System.Web.UI	其中的类型用于创建 Web 窗体
System.Windows.Forms	其中的类型用于创建 Windows GUI 应用程序
System.ServiceProcess	其中的类型用于创建由 SCM 控制的 Windows 服务

6.5 声明的作用域

一个 C# 程序，根据需要可以声明不同类型的实体，如类、方法、属性、变量以及参数等，每个实体都拥有一个实体名称（标识符），使用实体名可以引用这些实体。声明作用域是指使用实体名可直接访问程序代码的范围。下面给出 C# 中几个重要的实体作用域规则。

（1）方法参数声明的作用域是参数声明所在的整个方法体。

（2）局部变量的声明的作用域从声明点开始，到声明所在块结束为止。

（3）for 语句首部初始化部分出现的局部变量声明的作用域，是 for 语句体和首部的其他表达式。

（4）类中成员（如方法、属性、字段）的作用域是整个类体。因此类的非静态方法与属性可以使用类中的任何成员，而静态方法与属性可以使用类中的任何静态成员。

另外，在类的声明中，如果方法中的局部变量或参数与方法所在类中的字段名同名，则在方法中将隐藏该字段。但可通过 this. 字段名的形式使用实例中的字段。

例如，在循环中声明的变量，离开循环后就不起作用了。

```
for(int i=1;i<=10;i++)
{
    int n=i;
    ...
}
Console.WriteLine("i={0}, n={1}", i, n);
```

以上代码，在 for 循环之后输出循环中声明的变量 i 和 n 将是错误的。因为 for 中声明的变量是 for 循环的局部变量，该变量只能在 for 中使用。循环结束后，局部变量 i 和 n 就被撤销了。

例 6–15 字段与局部变量的作用域。

```
using System;
namespace CSHARP6_15
{
    class Program
    {
        static void Main(string[] args)
        {
            A t = new A();
            t.f();
            t.print();
```

```
        }
    }
    public class A
    {
        private int x ; // 字段变量
        public A()// 构造方法
        {
            x = 1;
        }
        public void f()
        {
            int x = 5; // 局部变量
            Console.WriteLine(" 方法 f 的局部变量 x,其值为:{0}", x);
            g();
            h();
            g();
            h();
        }
        public void g()
        {
            int x = 8; // 局部变量
            Console.WriteLine(" 方法 g 的局部变量 x,其值为:{0}", x);
            ++x;
        }
        public void h()
        {
            x += 10;
            Console.WriteLine(" 方法 h 使用字段变量 x,其值为:{0}", x);
            ++x;
        }
        public void print()
        {
            Console.WriteLine("x={0}", x);
        }
    }
}
```

程序分析：

程序开始执行时，主方法 Main（第 06~11 行）创建 A 类对象 t（第 08 行），并调用该对象的 f 方法（第 09 行）。

在 A 类中（第 13~45 行），第 15 行声明实例变量 x，并在构造方法（第 16~19 行）中将 x 赋值为 1。需要注意，该实例变量对任何声明局部变量 x 的块（或方法）隐藏。方法 f（20~28 行）声明局部变量 x 并将其初始化为 5。这个局部变量隐藏了实例变量 x（其值为 1）。因此第 23 行输出的 x 值应是局部变量 x 的值 5。随后调用方法 g（第 29~34 行），方法 g 声明局部变量 x 并将其初始化为 8，同样隐藏了实例变量 x，两次调用（第 24 行和第 26 行）输出值都是 8。方法 h（第 35~40 行）中使用实例变量 x，第一次调用（第 25 行），x 的初值为 1，执行第 37 行，x 更新为 11，输出 11，第 39 行再次更新 x 为 12。第二次调用（第 27 行），x 的初值为 12，执行 37 行，x 更新为 22，输出 22，第 39 行再次更新 x 为 23。因此，主方法回到第 10 行，调用对象 t 的 print 方法，输出 x 为 23。

程序运行结果如图 6-20。

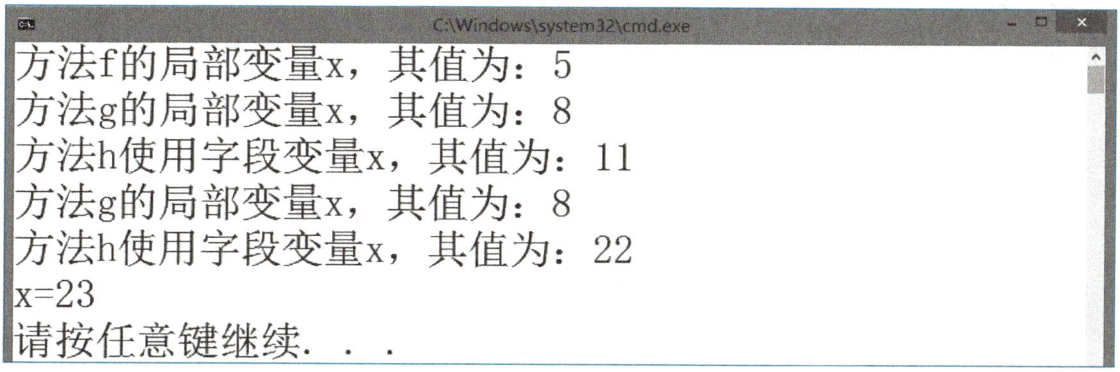

图 6-20　例 6-15 运行结果

6.6　递归

递归是计算机科学的一个重要概念，递归方法是程序设计中有效的方法，采用递归编写程序能使程序变得简洁和清晰。

微视频：递归

在数学上，关于递归函数的定义如下：对于某一函数 $f(x)$，其定义域是集合 A，那么若对于 A 集合中的某一个值 x_0，其函数值 $f(x_0)$ 由 $f(f(x_0))$ 决定，那么就称 $f(x)$ 为递归函数。

在程序设计语言中，把直接或间接调用自身的方法称为递归方法。这样的递归方法通常必须满足以下两个条件。

（1）在每一次调用自己时，必须是（在某种意义上）更接近于解。

（2）必须有一个终止处理或计算的准则。

下面通过一个例子来说明递归。用递归程序计算一个非负整数的阶乘，写成 $n!$。$n!$ 为下列数的乘积：

$$n\times(n-1)\times(n-2)\times\cdots\times 1$$

其中 1!等于 1，0!定义为 1。例如，5!为 5×4×3×2×1，即 120。

整数 n 大于或等于 0 时的阶乘可以用下列 for 循环迭代（非递归）计算：

```
fact=1;
for(int i=n; i>=1; i--)
fact=fact*i;
```

通过下列关系可以得到阶乘函数的递归定义：

n！=n*（n–1）!

例如，5！=5×4！，如下所示：

5！=5×4×3×2×1

5！=5×（4×3×2×1）

5！=5×（4！）

求 5!的过程如图 6–21 所示。

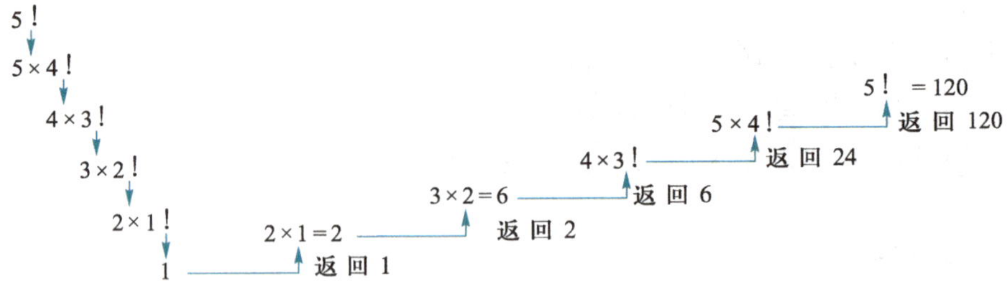

图 6–21　求 5！的过程

图 6–21 显示如何递归调用，直到 1!值为 1，递归终止。

例 6–16　计算并打印 0~10 的整数阶乘。

微视频：递归例题

```
using System;
namespace CSHARP6_16
{
    class Program
    {
        static void Main(string[] args)
        {
            for(int n=0; n<=10; n++)
            {
                Console.WriteLine("{0}!={1}", n, Fact(n));
```

```
11:                 }
12:             }
13:             static int Fact(int n)// 求 n! 的递归方法
14:             {
15:                 if(n == 0)
16:                     return 1; // 递归结束
17:                 else
18:                     return n * Fact(n - 1); // 递归调用
19:             }
20:     }
21: }
```

程序分析:

主方法 Main(第 06~12 行)中,用了 for 循环依次输出 1~10 每个数的阶乘。第 10 行调用递归方法 Fact(第 13~19 行)。Fact 中当 n=0 表示递归结束;否则继续调用自身方法。需要注意,Fact 方法的形参类型是 int,可以换成 long 型以容纳更大的数;否则 int 类型存储不了。

程序运行结果如图 6-22。

```
C:\Windows\system32\cmd.exe
0!=1
1!=1
2!=2
3!=6
4!=24
5!=120
6!=720
7!=5040
8!=40320
9!=362880
10!=3628800
请按任意键继续. . .
```

图 6-22　例 6-16 运行结果

特别说明:递归方法对于解决某些复杂问题来说很方便,而且十分强大,但由于频繁使用调用栈(call stack),因此程序执行的效率会大大降低。

例 6–17　汉诺塔。

有 3 根相邻的柱子，标号为 A、B、C。A 柱子上从下到上按金字塔状叠放着 n 个由大到小的圆盘，要求按下列规则将所有圆盘移至 C 杆。

微视频：汉诺塔

（1）每次只能移动一个圆盘。

（2）大盘不能叠在小盘上面。

提示：可将圆盘临时置于 B 杆，也可将从 A 杆移出的圆盘重新移回 A 杆，但都必须遵循上述两条规则。（以 3 个圆盘为例）

```
using System;
namespace CSHARP6_17
{
    class Program
    {
        static void Main( string[] args )
        {
            hanoi( 3, 'A', 'B', 'C' ); // 调用汉诺塔递归方法
        }
        static void  Move( char from, char to )// 移动方法
        {
            Console.WriteLine( "From {0} To {1}", from, to );
        }
        /// <summary>
        /// 汉诺塔递归方法
        /// </summary>
        /// <param name="n">n 表示需要移动盘子的数目 </param>
        /// <param name="p1">p1 表示源柱子 </param>
        /// <param name="p2">p2 表示辅助柱子 </param>
        /// <param name="p3">p3 表示目标柱子 </param>
        static void hanoi( int n, char p1, char p2, char p3 )
        {
            if( n==1 )
            {
                Move( p1, p3 );
            }
            else
            {
                hanoi( n – 1, p1, p3, p2 );
```

```
30:                         Move( p1, p3 );
31:                         hanoi( n - 1, p2, p1, p3 );
32:                 }
33:             }
34:     }
35: }
```

程序分析：

可以采用递归方法解决这个问题，不妨假设已经移动了 n–1 个圆盘了。现在，为了把起点柱上的圆盘移动到目标柱，需要做如下操作。

（1）把 n–1 个圆盘从起点柱移动到（当前）没有任何圆盘的过渡柱。

（2）把最后一个圆盘从起点柱移动到目标柱。

（3）把 n–1 个圆盘从过渡柱移动到目标柱（模仿 1 和 2 的操作方法来实现）。

上述操作，可见代码第 21~33 行的递归方法 hanoi。

程序运行结果如图 6–23。

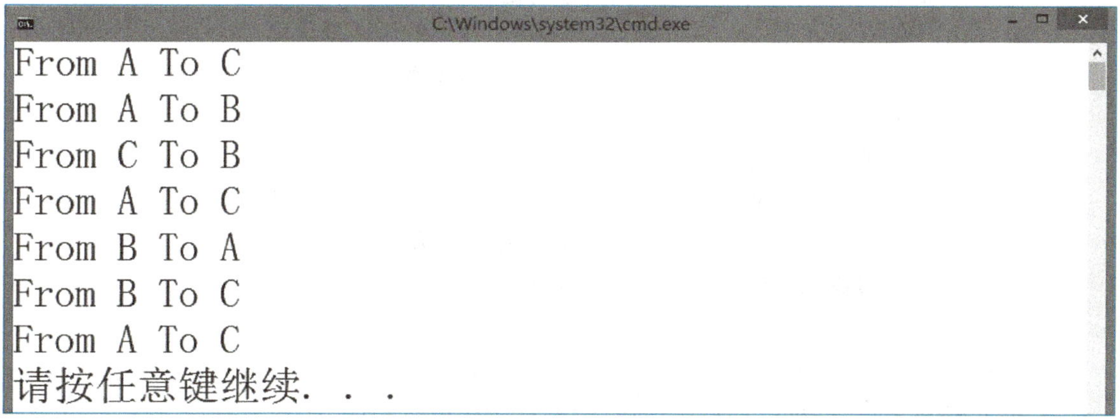

图 6–23　例 6–17 运行结果

习题

一、单选题

1. 方法的实参可以是（　　）。

   A. 常量　　B. 变量　　C. 表达式　　D. 以上都是

2. 关于重载的说法，错误的是（　　）。

   A. 方法可以通过指定不同的参数个数重载
   B. 方法可以通过指定不同的返回值类型重载
   C. 方法可以通过指定不同的参数类型重载
   D. 方法可以通过指定不同的参数类型出现的先后顺序重载

3. 下列静态数据成员的特性中，描述错误的是（　　）。

A. 静态数据成员被该类的所有对象所共用

B. 引用静态数据成员时，要在其名称前加类名

C. 静态数据成员要在类体外进行初始化

D. 声明静态数据成员时前面要加修饰符 static

4. 在下列代码中，有（　　）处实现了拆箱。

```
int score=5;
object o= score;
o=10;
score =(int)o;
object oScore = score;
```

A. 0　　B. 1　　C. 2　　D. 3

5. C# 的数据类型有（　　）。

A. 值类型和调用类型　　B. 值类型和引用类型

C. 关系类型和调用类型　　D. 引用类型和关系类型

6. 如果将数组作为一个方法的参数，则传递的是（　　）。

A. 数组中的所有元素　　B. 数组的第一个元素

C. 数组的引用　　D. 以上都是

7. 有关引用传递的描述错误的是（　　）。

A. 引用传递的关键字是 ref 和 out

B. ref 参数表示实参将按引用传入方法，即被调方法能够修改调用者中的原始变量值

C. out 参数表示必须将未初始化的变量按引用传入方法中

D. 一个方法可以通过指定多个输出参数返回多个值

二、判断题

1. 包装代码的 3 种常见途径是方法、类和名字空间。（　　）

2. 常量是用关键字 const 声明的，其值不能在声明之后改变。（　　）

3. 当创建了包含静态变量的类对象时，该类的所有对象都共享该类的静态变量的一个副本。（　　）

4. 递归方法的定义是“直接调用自己的方法”。（　　）

三、程序阅读

1. 阅读程序，判断输出结果。

```
public class samp
{
    public int data=2;
}
public class Class1
{
    public static void Fun1(samp d)
```

```
    {
      d=new samp();
      d.data=20;
    }
    public static void Fun2(samp d)
    {
      d.data=20;
    }
    public static void Main(string[] args)
    {
      samp d=new samp();
      Fun1(d);
      Console.WriteLine(d. data);
      Fun2(d);
      Console.WriteLine(d. data);
    }
}
```

2. 阅读程序,判断输出结果。

```
public class Data
{
    public int i=10;
}
public class Class1
{
    public static void Test1(Data d)
    {
      d.i=100;
    }
    public static void Test2(Data d)
    {
      d=new Data();
      d.i=200;
    }
    public static void Test3(ref Data d)
    {
      d=new Data();
      d.i=300;
```

```
    }
    public static void Main(string[] args)
    {
      Data d=new Data();
      Console.WriteLine(d.i);
      Test1(d);
      Console.WriteLine(d.i);
      Test2(d);
      Console.WriteLine(d.i);
      Test3(ref d);
      Console.WriteLine(d.i);
    }
}
```

3. 阅读程序,判断“输出参数”使用的正确性。

```
class App
{
        public static void Useout(int i)
        {
            i=15;
        }
        public static void Main()
        {
            int a=1;
            Useout(a);
            Console.WriteLine("i={0}", a);
        }
}
```

四、编程题

1. 设计一个求解一元二次方程的类,其中包括能够反映一元二次方程特征的域(字段)、方法、属性等,并能合理运用方法的输出参数(out)返回其结果。

2. 编写一个递归函数 power(base, expoent),它在调用时返回 $base^{expoent}$。

例如,power(3,4)=3×3×3×3。假设 expoent 是大于或等于 1 的整数。

提示:递归步骤将利用如下关系。

$base^{expoent}=base.base^{expoent-1}$

并在 exponent 等于 1 时终止递归,因为 $base^1=base$。

3. 编写一个程序,能够显示 1~256 的十进制值对应的二进制、八进制和十六进制值对照表(使用递归算法实现进制转换)。

4. 开发计算机辅助教学程序，教小学生学乘法。程序功能：让用户选择“年级”为 1 或 2。一年级只使用 1 位数乘法；二年级使用两位数乘法。要求：用 Random 对象产生两个 1 位或两位正整数，然后输入以下问题，例如：

How much is 6 times 7?

然后学生输入答案，程序检查学生的答案。如果正确，则打印“Very good!”，然后提出另一个乘法问题。如果不正确，则打印“No, Please try again.”，然后让学生重复回答这个问题，直到答对。使用另一个方法产生每个新问题，这个方法在程序开始时和每次用户答对时调用。

第 7 章

面向对象编程二

本章继续介绍面向对象编程中的其他重要概念，包括类成员访问控制、构造函数的重载、类的合成功能、静态类成员、数据抽象与封装等。

7.1 Time 类案例研究

本节通过使用 Time 类的一个完整案例，介绍类使用中的一些重要概念。

微视频：类与构造函数

例 7–1 创建两个类，分别是 Time 类和用于测试 Time 的 Program 类，在 Program 类的 Main()方法中创建 Time 类的对象和调用方法。

Time 类的代码如下：

```
using System;
namespace CSHARP7_1
{
    public class Time
    {
        private int hour;        // 小时，数据范围 0~23
        private int minute;      // 分，数据范围 0~59
        private int second;      // 秒，数据范围 0~59
        public void SetTime( int h, int m, int s )// 设置时间
        {
            hour = (( h >= 0 && h < 24 ) ? h : 0 );          // 确保 hour 在有效范围
            minute = (( m >= 0 && m < 60 ) ? m : 0 );
            second = (( s >= 0 && s < 60 ) ? s : 0 );
        }
        public string To24hourSystemString()              // 输出 24 小时制字符串
        {
            return string.Format( "{0: D2}: {1: D2}: {2: D2}", hour, minute, second );
        }
        public override string ToString()                  // 输出 12 小时制字符串
```

```
20:            {
21:                return string.Format ( "{0}: {1: D2}: {2: D2} {3}", (( hour == 0 || hour == 12 )?
                   12 : hour % 12 ), minute, second, ( hour < 12 ? "AM" : "PM" ));
22:            }
23:        }
24:        class Program
25:        {
26:            static void Main ( string[] args )
27:            {
28:                Time time = new Time ();
29:                Console.WriteLine ( " 初始的时间: " );
30:                Console.Write ( "\t24 小时制: " );
31:                Console.WriteLine ( time.To24hourSystemString () );
32:                Console.Write ( "\t12 小时制: " );
33:                Console.WriteLine ( time.ToString () );
34:                // 设置新的时间
35:                time.SetTime ( 21, 7, 45 );
36:                Console.WriteLine ( " 设置的有效时间: " );
37:                Console.Write ( "\t24 小时制: " );
38:                Console.WriteLine ( time.To24hourSystemString () );
39:                Console.Write ( "\t12 小时制: " );
40:                Console.WriteLine ( time.ToString () );
41:                // 设置为无效的时间
42:                Console.WriteLine ( " 设置的无效时间: " );
43:                time.SetTime ( 26, 61, 99 );
44:                Console.Write ( "\t24 小时制: " );
45:                Console.WriteLine ( time.To24hourSystemString () );
46:                Console.Write ( "\t12 小时制: " );
47:                Console.WriteLine ( "{0}", time );
48:            }
49:        }
50:    }
```

程序代码说明：

Time 类中定义了 3 个 int 类型的专用实例变量（第 6~8 行），分别表示时间的小时、分、秒，用 24 小时制表示。Time 类中设置 3 个公用方法，Time 类中没有声明构造函数，因此编译器使用默认的构造函数，每个实例变量隐式使用默认值 0。

第 10~14 行定义了公共的方法 SetTime，方法中的 3 个参数分别用来设置时、分、秒。第

11~13 行的 3 条赋值语句中使用条件表达式测试每个参数是否在正确的范围内，对于不在有效范围的数据都设置为 0。

第 15~18 行定义了公共的方法 To24HourSystemString，该方法没有参数，用来返回统一的 24 小时制的字符串，字符串长度为 6，时、分、秒分别用两位表示，其中的 return 语句（第 17 行）用 string 类中的一个静态方法 Format 返回一个字符串，包含时、分、秒各两位的值，如果某个值只有 1 位，则在前面添加 0，这是由其中的格式符 "D2" 确定的。方法 Format 的格式与 Console.Write 方法的格式类似，不同的是方法 Format 返回字符串，而方法 Console.Write 是控制台窗口显示字符串。

第 19~22 行重载了公共方法 ToString，该方法也没有参数，用来返回统一的 12 小时制的字符串，同样也用 string 类的静态方法 Format 返回一个字符串，将 minute 和 second 格式化为两位，必要时在前面加上 0，第 21 行返回语句中使用表达式 "(hour==0|| hour ==12) ?12 : hour %12)" 确定字符串中 hour 的值，如果是 0 或 12 则显示 12；否则显示 1~11 的值，该语句中的另一个表达式 "(hour <12?"AM" : "PM")" 用来确定在返回串的末尾添加 "AM" 或 "PM"。

第 19 行方法的头部使用了修饰关键字 override，表示该方法提供从基类继承的成员的新实现。由 override 声明重写的方法称为重写基方法。重写的基方法必须与 override 方法具有相同的名称。因此，使用 ToString 方法将对象转换成字符串表示，要在声明 ToString 方法时使用关键字 override。

第 24~49 行 Program 类是一个测试类。第 28 行创建 Time 类的对象并将其赋予局部变量 time，创建对象时没有提供时、分、秒数据。因为 Time 类中没有声明构造函数，因此 new 调用 Time 类的默认构造函数，时、分、秒的值都被初始化为 0。

第 29~33 行输出时间，31 行使用 24 小时制的格式输出，第 33 行使用 12 小时制的格式输出。

第 35 行调用 Time 的 SetTime 方法设置新的时间，第 36~40 行再次用两种不同的时间制式输出时间。

第 43 行再次调用 SetTime 方法对时间设置无效的值，在第 44~47 行用两种格式输出时间，可以看出，时间显示为 0 点 0 分 0 秒。

C# 中的每个对象都有 ToString 方法，用来返回对象值的字符串表示，调用 Console.Write 带格式项输出对象值时，隐式地调用 ToString() 方法。

例如，如果第 40 行也可以改写成如下的形式：

```
Console.WriteLine( "{0}", time );
```

这时输出的结果与原来是一样的，即语句中的 time 隐式调用了 ToString 方法。

程序运行结果如下：

```
初始的时间：
        24 小时制：00：00：00
        12 小时制：12：00：00 AM
设置的有效时间：
```

24 小时制：21：07：45

12 小时制：9：07：45 PM

设置的无效时间：

24 小时制：00：00：00

12 小时制：12：00：00 AM

7.2 使用 this 引用

在例 7–1 Time 类的定义中，第 9~14 行是对类中成员方法 SetTime() 的声明和定义，其声明部分如下：

public void SetTime(int h，int m；int s);

该方法中有 3 个参数，即 h、m 和 s，分别用来为 Time 类的 3 个实例变量 hour、minute 和 second 提供数据，例如，hour=h；minute=m；second=s；。

如果将这 3 个参数的名称改为 hour、minute 和 second，也就是和类中的实例变量同名，这时 3 条赋值语句变成 hour = hour；minute = minute；second = second；，在编译程序时会出现下面的提示信息：

对同一变量进行赋值；是否希望对其他变量赋值？

先确定语句 hour = hour；中的 hour 是类中的实例变量还是 SetTime() 方法中的形参？在 SetTime() 方法的作用域中，隐藏了类中的同名实例变量，只能使用方法中的形参，因此，在这 3 条赋值语句中，3 个变量指的都是对应形参。虽然这么写没有出现编译错误，但是没有成功设置 Time 对应的成员变量，还是默认的 0。

为了达到在方法中使用与形参同名的实例变量，需要使用关键字 this 对实例变量进行显式的引用，格式是“this. 实例变量名”，也可以使用这个格式引用类中的方法名。

事实上，每个对象都可以使用关键字 this 引用自己，这称为 this 引用，在之前的例子中都是隐式地使用 this 调用成员，例如，例 7–1 的类 Time 中第 11 条语句：

hour =((h >= 0 && h < 24) ? h ： 0);

相当于下面的写法：

this.hour =((h >= 0 && h < 24) ? h ： 0);

例 7–2　this 的显式引用。

```
using System;
namespace CSHARP7_2
{
    public class Time2
    {
        private int hour;
        private int minute;
```

```
08:         private int second;
09:         public Time2( int hour, int minute, int second )
10:         {
11:             this.hour =(( hour >= 0 && hour < 24 )? hour : 0 );
12:             this.minute = minute;
13:             this.second = second;
14:         }
15:         public string To24HourSystemString()
16:         {
17:                 return string.Format( "{0: D2}: {1: D2}: {2: D2}", this.hour,
                    this. minute, this.second );
18:         }
19:         // 显式和隐式的调用
20:         public string OutputTime()
21:         {
22:           return string.Format( "{0, 27}: {1}\n{2, 27}: {3}", "this.To24HourSystemString()",
              this.To24HourSystemString(), "To24HourSystemString()", To24Hour
              SystemString());
23:         }
24:     }
25:     class ThisTest
26:     {
27:         static void Main( string[] args )
28:         {
29:             Time2 time = new Time2( 10, 4, 31 );
30:             Console.WriteLine( time.OutputTime());
31:         }
32:     }
33: }
```

程序代码说明：

程序中第 4~24 行定义了类 Time2，类中声明了 3 个实例变量 hour、minute 和 second（第 6~8 行）。第 9~14 行定义了构造函数，构造函数接收 3 个形参为类中的 3 个实例变量赋值，从而初始化对象。此构造函数中使用的 3 个形参名称与类中的 3 个实例变量同名，在构造函数的函数体中有 3 条赋值语句，赋值运算符左侧的变量名前都使用了关键字 this，表明其后的名称是类中的实例变量，而赋值运算符右侧的名称则是方法中的局部变量，这 3 条语句都是显式地引用实例变量。这里的显式写法是必须的。

第 15~18 行定义了 To24HourSystemString 方法，用来输入显示时间的字符串，该方法与例 7–1 中的方法作用是一样的，但方法中对实例变量也使用了显式的引用（第 17 行），但是这个方法中的显式引用不是必须的，因为在这个方法中，没有重名的变量，出现的 3 个变量都是类中的实例变量。在例 7–1 中该方法就没有使用显式引用。

第 20~23 行定义了 OutputTime 方法，该方法同样是返回字符串，在 return 语句中两次调用了 To24HourSystemString 方法，不同的是，第一次调用是显式 this 引用，第二次是隐式 this 引用，但调用的效果都是一样的，输出结果中的两行是相同的。

第 25~32 行定义 ThisTest 类，该类用来测试 Time2 类，第 29 行创建 Time2 类的对象并调用其构造函数，第 30 行调用 OutputTime 方法显示结果。

通常只有在方法中包含了与字段同名的局部变量时，才显式使用 this 来引用类中被隐藏的实例变量。而在方法中的参数或局部变量应避免和类中的实例变量同名。

程序运行结果如下：

```
this.To24HourSystemString(): 10:04:31
     To24HourSystemString(): 10:04:31
```

7.3 构造函数与析构函数

7.3.1 重载构造函数

第 3 章中介绍了类的构造函数，可以对类对象的数据成员进行初始化，构造函数会在每次生成类对象时自动被调用。和类的成员方法（函数）类似，类的构造函数也可以重载，只要这些构造函数的参数个数、类型和顺序不同即可以重载，这样可以对类的对象用不同的方式进行初始化。

微视频：构造与析构（一）

例 7–3 构造函数的重载。

在 Time3 类中定义 4 个重载的构造函数，每个函数中的参数个数不同，在 TestTime 类中进行测试。

```
using System;
namespace CSHARP7_3
{
    public class Time3
    {
        private int hour;
        private int minute;
        private int second;
        public Time3()
        {
```

```
            hour = minute = second = 0;
        }
        public Time3( int h )// 重载构造函数,只初始化小时 hour,其他置为 0
        {
            hour =(( h >= 0 && h < 24 )? h : 0 );
            minute = second = 0;
        }
        public Time3( int h, int m )
        // 重载构造函数,初始化小时 hour 值和分钟 minute 值,秒数置为 0
        {
            hour =(( h >= 0 && h < 24 )? h : 0 );
            minute =(( m >= 0 && m < 60 )? m : 0 );
            second = 0;
        }
        public Time3( int h, int m, int s )  // 重载构造函数,初始化所有参数
        {
            hour =(( h >= 0 && h < 24 )? h : 0 );
            minute =(( m >= 0 && m < 60 )? m : 0 );
            second =(( s >= 0 && s < 60 )? s : 0 );
        }
        public override string ToString()
        {
            return string.Format( "{0: D2}: {1: D2}: {2: D2}", hour, minute, second );
        }
    }
    class TestTime
    {
        static void Main( string[] args )
        {
            Time3 time1 = new Time3();
            Console.WriteLine( time1 );
            Time3 time2 = new Time3( 9 );
            Console.WriteLine( time2 );
            Time3 time3 = new Time3( 9, 10 );
            Console.WriteLine( time3 );
            Time3 time4 = new Time3( 9, 10, 15 );
            Console.WriteLine( time4 );
```

```
47:             }
48:         }
49:   }
```

程序代码说明：

第 4~34 行定义了 Time3 类，该类中有 3 个实例变量（第 6~8 行），分别表示时、分、秒。

类中有 4 个构造函数，参数个数分别是 0、1、2、3 个，第 9~12 行定义第 1 个构造函数，函数中没有参数，是无参构造函数，函数体中对类的 3 个实例变量都赋值为 0。

第 13~17 行定义第 2 个构造函数，该函数中有 1 个实参，函数体中将这个形参赋给变量 hour，另外两个变量赋值为 0。

第 18~23 行定义第 3 个构造函数，函数中有两个形参，函数体中将这两个形参分别赋给变量 hour 和 minute，而 second 变量则赋值为 0。

第 24~39 行定义第 4 个构造函数，函数中有 3 个形参，在函数体中将这 3 个形参按顺序分别赋给 hour、minute 和 second 这 3 个变量。

第 30~33 行重写 ToString 方法输入对象的字符串。

在 TestTime 类中分别定义了 4 个 time 类的变量 time1、time2、time3 和 time4，并用创建的对象进行赋值，然后隐含调用 Time 的 ToString 方法显示时间信息。

但是，每次创建对象时给出的参数个数不同，分别是 0~3 个，例如创建第 1 个对象时没有参数，所以自动调用第 9 行的构造函数，hour、minute 和 second 这 3 个变量的值都是 0，第 1 行输出 0 点 0 分 0 秒。

创建第 2 个对象时只有 1 个参数，所以自动调用第 13 行的第 2 个构造函数，并将这个参数 1 赋给了变量 hour，其他两个变量赋值为 0，第 2 行输出 1 点 0 分 0 秒。

同样地，创建后两个对象时分别调用了另外两个构造函数。

本例中的前 3 个构造函数中也可以调用第 4 个构造函数，例如，可以将第 9~23 行 3 个构造函数写成如下的形式：

```
public Time( ): this(0,0,0){}
public Time(int h): this(h,0,0){}
public Time(int h, int m ): this(h,m,0){}
```

这里的调用使用了前面介绍的 this 关键字。

程序运行结果如下：

```
00:00:00
09:00:00
09:10:00
09:10:15
```

7.3.2 默认构造函数

每个类中至少要有一个构造函数，如果在类的声明中没有提供构造函数，则编译器生成默认的构造函数，该构造函数调用时不使用任何参数。

微视频：构造与析构（二）

如果一个类中已经显式地声明了构造函数，则编译器不会创建默认构造函数。如需调用一个不带参数的构造函数，则必须声明一个无参数的构造函数，如例 7–3 中第一个构造函数。

例 7–4 调用默认的构造函数。

程序中定义的 Time4 类中没有定义构造函数，在 TestTime 类中测试这个类。

```
using System;
namespace CSHARP7_4
{
    public class Time4
    {
        private int hour;
        private int minute;
        private int second;
        public override string ToString()
        {
            return string.Format("{0:D2}:{1:D2}:{2:D2}", hour, minute, second);
        }
    }
    class TestTime
    {
        static void Main(string[] args)
        {
            Time4 time1 = new Time4();
            Console.WriteLine(time1);
        }
    }
}
```

程序代码说明：

在 TestTime 类的 Main 方法中，创建了一个 Time4 类的对象 time1，但使用没有参数对其进行初始化，由于 Time4 类中没有一个构造函数，因此程序自动调用默认的构造函数，但变量没有被赋值，一直保持默认值 0，所以输出结果为 0 点 0 时 0 分。

程序运行结果如下：

```
00:00:00
```

7.3.3 对象生存期、内存回收与析构函数

在例 7–1 中，Time 类的对象 time 通过 new 操作符来创建，例如：

```
Time time = new Time();
```

创建对象的过程分两步完成：首先，new 操作从堆中分配原始内存。然后 new 操作符将原始内存转换为对象，且必须对对象进行初始化，可通过构造函数来完成。

创建好对象以后，可以用点操作符 "." 来访问其成员变量和成员方法，如例 7-1 中，访问 To24hourSystemString 方法：

```
time.To24hourSystemString();
```

time 变量在离开作用域时，它引用的 time 对象就不再引用，因此 time 对象可以销毁，占用的内存也可以被收回。

创建每个对象都要使用各种系统的资源，如内存资源，这些资源保留给对象使用，直到其显式地释放，如果管理资源的对象失去了所有的引用，但还没有释放资源，则程序就不能再访问和释放这个资源，这样，就产生了资源泄漏。

为了避免资源泄漏，公共语言运行环境（CLR）进行自动的内存管理，用垃圾回收器释放某个对象不再需要的内存，这样其他的对象可以使用这个内存。

为实现这个管理，每个对象都有一个特殊的成员，称为析构函数，该函数由垃圾回收器调用，在垃圾回收器释放对象的内存之前用于终止对象前的管理工作，当垃圾回收器调用了析构函数之后，对象就可以回收内存了（和 C++ 不同，C# 没有提供 delete 操作符，完全由 CLR 来控制什么时间销毁对象释放资源）。

通常这个回收过程是自动进行的，但是，也有可能发生其他类型的资源泄漏，例如，程序在打开一个磁盘文件并修改了文件的内容，如果没有关闭文件，则其他程序无法修改这个文件。

在默认情况下，编译器自动生成空的析构函数，因此在 C# 中不允许定义空的析构函数，析构函数的一般形式如下：

```
~类名()
{
   语句
}
```

关于析构函数要注意如下的问题：

（1）析构函数命名时，在类名之前加上 "~" 符号。

（2）只能在类中定义析构函数，并且一个类中只能有一个析构函数。

（3）析构函数不能继承或重载。

（4）析构函数声明时没有修饰符和参数（因为不会显式地在自己的代码中调用析构函数，是由系统在释放对象时自动调用）。

例 7-5 自动调用析构函数。

程序中定义 Time5 类，类中有析构函数，在 TestTime 类的 Main 方法中进行测试，程序代码如下：

```
01:  using System;
02:  namespace CSHARP7_5
03:  {
```

```
04:     public class Time5
05:     {
06:         private int hour;
07:         private int minute;
08:         private int second;
09:         public Time5()
10:         {
11:             hour = minute = second=0;
12:         }
13:         ~Time5()
14:         {
15:             Console.WriteLine("Time5 的析构函数被自动调用了! ");
16:         }
17:         public override string ToString()
18:         {
19:             return string.Format("{0:D2}:{1:D2}:{2:D2}", hour, minute, second);
20:         }
21:     }
22:     class TestTime
23:     {
24:         static void Main(string[] args)
25:         {
26:             Time5 time1 = new Time5();
27:             Console.WriteLine(time1);
28:         }
29:     }
30: }
```

程序代码说明:

程序中第13~16行定义了析构函数,函数中只有一条输出语句,在TestTime类的Main方法中,创建了一个Time5类的对象time1并自动调用了无参构造函数(第26行),第27行输出了该对象的字符串,遇见第28行的“}”时,Main方法结束,同时对象time1也被释放,释放时自动调用析构函数,这样,输出结果中第2行显示了析构函数中的输出信息。

对比类的构造函数,构造函数在创建对象时自动调用,析构函数在撤销一个对象时自动调用。

程序执行结果如下：

00:00:00

Time5 的析构函数被自动调用了！

7.4 对象初始化器

在 Visual C# 2008 以后的各个版本中，有一个新的工具，这就是对象初始化器，用来在创建对象时在同一语句中将其属性初始化，这适用于类中没有构造函数的情形。

例 7-6 使用对象初始化器初始化新建的对象。

在类 Time 中添加 3 个属性访问器，每个访问器中都包含 get 访问器和 set 访问器，在 TimeTest 类的 Main 方法中使用对象初始化器进行测试。

```
using System;
namespace CSHARP7_6
{
    public class Time6
    {
        private int hour;
        private int minute;
        private int second;
        public int Hour
        {
            get { return hour; }
            set { hour = ( value >= 0 && value < 24 ) ? value : 0; }
        }
        public int Minute
        {
            get { return minute; }
            set { minute = ( value >= 0 && value < 60 ) ? value : 0; }
        }
        public int Second
        {
            get { return second; }
            set { second = ( value >= 0 && value < 60 ) ? value : 0; }
        }
        public void SetTime( int h, int m, int s )
        {
```

```
26:                hour = ((h >= 0 && h < 24) ? h : 0);    // 确保 hour 在有效范围
27:                minute = ((m >= 0 && m < 60) ? m : 0);
28:                second = ((s >= 0 && s < 60) ? s : 0);
29:            }
30:            public override string ToString()
31:            {
32:                return string.Format("{0:D2}:{1:D2}:{2:D2}", hour, minute, second);
33:            }
34:        }
35:        class TimeTest
36:        {
37:            static void Main(string[] args)
38:            {
39:                Time6 t1 = new Time6 { Hour=3, Minute =5, Second =6 }; // 对象初始化器
40:                Console.WriteLine(t1);      // 默认调用 ToString() 方法
41:                Time6 t2 = new Time6 { Hour = 3, Second = 6 };
42:                Console.WriteLine(t2);
43:                Time6 t3 = new Time6 { Second = 6 };
44:                Console.WriteLine(t3);
45:            }
46:        }
47:    }
```

程序代码说明:

第 4~34 行定义类 Time6,第 9~13 定义了类中的一个属性 Hour,用来访问 hour 变量,其中的 get 访问器返回变量 hour,set 用于设置变量 hour 的值,其中的条件表达式保证该变量在正确的范围内(0~23)。

第 14~18 行、19~23 行分别定义了另外两个属性,Minute 和 Second,分别用来访问变量 minute 和 second。

第 24~29、30~33 行定义的方法与前面的例题相同。

第 35~46 行定义了类 TimeTest,该类中定义了 3 个 Time 类的对象,输出结果中的每一行显示了这 3 个对象的字符串,第 39 行语句的 new Time6 后面的内容

{ Hour=3, Minute =5, Second =6 };

就是对象初始化器,用一对花括号括起来的是对各个属性的赋值,由于每个属性的 set 访问器可以给变量赋值,因此,对象初始化器中给各个属性的赋值都分别传递给了变量。例如,属性 Hour=3 最终传递给变量 hour,另外两个也是一样。

这样,第 1 行输出 3 点 5 分 6 秒。后面两行输出类似。

程序运行结果如下：

03:05:06

03:00:06

00:00:06

使用对象初始化器时，要注意下面两点。

（1）初始化器中对各个属性的赋值没有顺序的要求，第 39 行中 new Time6 后面的内容也可以写成下面的顺序：

{Second =6, Hour=3, Minute =5 };

（2）初始化器中没有要求对所有的属性赋值，例如，第 41、43 行定义对象 t2 和 t3 时只分别给 2 个属性和 1 个属性赋值。

7.5 合成

一个类中的成员也可以是其他类的对象，这个功能称为合成，也称为“有”的关系，合成也是软件复用的一种方式。

例 7–7 员工档案管理系统。

分别定义工资类 EmpSalary、日期类 Date、员工类 Employee 以及枚举类型的员工类型（有经理、工程师、职员和工人 4 种类型）。工资类包括基本工资、岗位津贴、房租、电费、水费以及实际发放工资的方法。日期类包括年、月、日 3 种数据成员。员工工资类有工作部门、姓名、出生日期、职务、参加工作时间和工资，成员中的出生日期、参加工作时间和工资都是其他类的对象。最后在类 Myclass 的 Main 主方法中进行了验证。

```
using System;
namespace CSHARP7_7
{
    class EmpSalary // 定义工资类
    {
        public float Wage { get; set; }                     // 基本工资
        public float Subsidy { get; set; }                  // 岗位津贴
        public float Rent { get; set; }                     // 房租
        public float CostOfElec { get; set; }               // 电费
        public float CostOfWater { get; set; }              // 水费
        public float getRealSumSalary()                     // 计算实发工资
        {
            return Wage + Subsidy - Rent - CostOfElec - CostOfWater;
        }
    }
```

```
    public enum Position // 定义不同的职务
    {
        MANAGER,            // 经理
        ENGINEER,           // 工程师
        EMPLOYEE,           // 职员
        WORKER              // 工人
    }
    class Date              // 定义日期类
    {
        public int Day { get; set; }
        public int Month { get; set; }
        public int Year { get; set; }
        public Date( int yy, int mm, int dd )
        {
            init( yy, mm, dd );
        }
        public Date( Date x )
        {
            init( x.Year, x.Month, x.Day );
        }
        public void init( int yy, int mm, int dd )
        {
            Month =( mm >= 1 && mm <= 12 )? mm : 1;
            Year =( yy >= 1900 && yy <= 2100 )? yy : 1900;
            Day =( dd >= 1 && dd <= 31 )? dd : 1;
        }
        public void PrintDateInfor()
        {
            Console.WriteLine( "{0}-{1}-{2}", Year, Month, Day );
        }
    }
    class Employee                                  // 定义员工类
    {
        public string Department { get; set; }      // 工作部门
        public string Name { get; set; }            // 姓名
        public Date Birthdate { get; set; }         // 出生日期
```

```
        public Position EmpPosition { get; set; }    // 职务
        public Date DateOfWork { get; set; }         // 参加工作时间
        public EmpSalary Salary { get; set; }        // 工资
        public Employee( string Depart, string Name, Date tBirthdate, Position nPosition, Date tDateOfWork )
        {
            Department = Depart;
            this.Name = Name;
            Birthdate = new Date( tBirthdate );
            EmpPosition = nPosition;
            DateOfWork = new Date( tDateOfWork );
            Salary = new EmpSalary();
        }
        public void SetSalary( float wage, float subsidy, float rent, float elec, float water )
        {
            Salary.Wage = wage;
            Salary.Subsidy = subsidy;
            Salary.Rent = rent;
            Salary.CostOfElec = elec;
            Salary.CostOfWater = water;
        }

        public void ShowMessage()     //打印员工信息
        {
            Console.WriteLine( "部门: {0}", Department );
            Console.WriteLine( "姓名: {0}", Name );
            Console.Write( "出生日期: " );
            Birthdate.PrintDateInfor();
            Console.Write( "职务: " );
            switch ( EmpPosition )
            {
                case Position.MANAGER:
                    Console.WriteLine( "经理" ); break;
                case Position.ENGINEER:
                    Console.WriteLine( "工程师" ); break;
                case Position.EMPLOYEE:
```

```
087:                    Console.WriteLine ( " 职员 " ); break;
088:                case Position.WORKER:
089:                    Console.WriteLine ( " 工人 " ); break;
090:            }
091:            Console.Write ( " 工作日期: " );
092:            DateOfWork.PrintDateInfor ();
093:            Console.WriteLine ( " 工资: {0}", Salary.getRealSumSalary () );
094:            Console.WriteLine ( "-----------------------------------" );
095:        }
096:    }
097:    class Myclass
098:    {
099:        static int Main ()
100:        {
101:            // 第一个员工数据
102:            Date birthdate = new Date ( 1990, 9, 17 );
103:            Date workdate = new Date ( 2015, 7, 1 );
104:            Employee Emp1 = new Employee ( " 设计部 ", " 李静 ", birthdate,
            Position.ENGINEER, workdate );
105:            Emp1.SetSalary ( 4500, 3000, 800, 50, 20 );
106:            Emp1.ShowMessage ();
107:            // 第二个员工数据
108             birthdate.init ( 1989, 2, 10 );
109             workdate.init ( 2015, 9, 1 );
110:            Employee Emp2 = new Employee ( " 开发部 ", " 王一 ", birthdate,
            Position.MANAGER, workdate );
111:            Emp2.SetSalary ( 6000, 4000, 1500, 50, 20 );
112:            Emp2.ShowMessage ();
113:            return 0;
114:        }
115:    }
116: }
```

程序代码说明：

第 4~15 行定义工资类 EmpSalary，第 16~22 行定义枚举类型 Position，第 23~46 行定义日期类 Date。

第 47~96 行定义员工类 Employee，第 49~54 行定义了该类中的 6 个变量，其中的变量职务 EmpPosition 是枚举类型 Position 的变量（第 52 行），变量参加工作时间 DateOfWork 和出生日期 Birthdate 则是类 Date 的对象（第 51、53 行），变量 Salary 是工资类 EmpSalary 的对象，这几行就是类的合成功能。

第 55~63 是类 Employee 中的构造函数，由于 Employee 类的成员中含有其他类的对象，因此，构造函数的函数体中也创建了其他类的对象（第 59、61、62 行）。

在 Myclass 类的 Main 方法中，创建了两个 Date 类的对象 birthdate 和 workdate，两个 Employee 的对象 Emp1 和 Emp2 即两个员工，最后显示输出这两个员工的信息。

程序运行结果如下：

```
部门：设计部
姓名：李静
出生日期：1990-9-17
职务：工程师
工作日期：2015-7-1
工资：6630
-------------------------------
部门：开发部
姓名：王一
出生日期：1989-2-10
职务：经理
工作日期：2015-9-1
工资：8430
-------------------------------
```

7.6 const 与 readonly 实例变量

之前章节讲到了在类中通过对某个实例变量使用 const 修饰，并且在声明时初始化为常量值，这时该变量变成了常量，在该类的各个对象中都使用相同的值而且不能修改。用 const 修饰的变量称为静态常量，编译器在编译时就会对常量进行解析，并将常量的值替换为初始化的那个值。

如果要在类中定义这样的变量，其值在构造函数中进行初始化，初始化后就不能修改，但不同的对象调用构造函数时可以将该变量初始化为不同的值，这样的变量可以使用 readonly 关键字进行修饰，称为动态常量，编译器在编译时将其标记为只读常量，而不用常量的值去代替，因此在声明时不必初始化，可以延迟到构造函数中去初始化。

例如，有如下代码段：

```
public static readonly int NUMBER1 = NUMBER2 * 10;
public static readonly int NUMBER2 = 10;
public const int NUMBER3 = NUMBER4* 10;
```

```
        public const int NUMBER4= 10;
        static void Main( string[] args )
        {
            Console.WriteLine( "NUMBER1 is {0}, NUMBER2 is {1}.", NUMBER1,
              NUMBER2 );
            Console.WriteLine( "NUMBER3 is {0}, NUMBER4 is {1}.", NUMBER3,
              NUMBER4 );
        }
```

程序运行结果如下：

```
NUMBER1 is 0, NUMBER2 is 10.
NUMBER3 is 100, NUMBER4 is 10.
```

为什么两次输出结果不一样呢？前面已经介绍了，用 const 修饰的变量为静态常量，因此在编译过程就将 NUMBER3 和 NUMBER4 的值确定下来了（也就是 NUMBER4=10，NUMBER3= NUMBER4*10=10*10=100），输出结果就是“NUMBER3 is 100，NUMBER4 is 10.”。而 static readonly 修饰的变量为动态常量，变量的值在编译时不解析，因此 NUMBER1 和 NUMBER2 初值都是默认的 int 类型 0，而程序在执行到“NUMBER1 = NUMBER2 * 10;”时，NUMBER1=0*10=0，程序在执行到 NUMBER2=10 时，才会将 NUMBER2 的初值 10 赋给 NUMBER2。

只读变量的命名习惯上全部为大写字母，在声明语句中可以对实例变量进行初始化，但通常是由类的每个构造函数初始化，构造函数可以多次对只读实例变量赋值。

例 7-8　只读实例变量的使用。

程序中定义了两个类，分别是 Increment 和 Program 类，Increment 中含有 int 类型的 readonly 实例变量，在 Program 类中测试只读变量的使用。

```
using System;
namespace CSHARP7_8
{
    public class Increment
    {
        private readonly int INCREMENT;   // 只读变量，保存递增的增量
        private int total = 0;
        public Increment( int incrementValue )
        {
            INCREMENT = incrementValue;
        }
        public void AddIncrementToTotal()
        {
            total += INCREMENT;          // 累加到 total 中
```

```
15:             }
16:             public override string ToString()
17:             {
18:                 return string.Format( "total={0}", total );
19:             }
20:         }
21:         class Program
22:         {
23:             static void Main( string[] args )
24:             {
25:                 Console.WriteLine( "====== 创建第 1 个对象 ======" );
26:                 Increment incrementer1 = new Increment( 10 );
27:                 Console.WriteLine( " 递增之前:{0}", incrementer1  );
28:                 for( int i = 1; i <= 3; i++ )
29:                 {
30:                     incrementer1.AddIncrementToTotal();
31:                     Console.WriteLine( " 第 {0} 次递增之后:{1}", i, incrementer1  );
32:                 }
33:                 Console.WriteLine( "\n====== 创建第 2 个对象 ======" );
34:                 Increment incrementer2 = new Increment( 5 );
35:                 Console.WriteLine( " 递增之前:{0}", incrementer2  );
36:                 for( int i = 1; i <= 3; i++ )
37:                 {
38:                     incrementer2.AddIncrementToTotal();
39:                     Console.WriteLine( " 第 {0} 次递增之后:{1}", i, incrementer2  );
40:                 }
41:             }
42:         }
43:     }
```

程序代码说明：

第 4~20 行定义了 Increment 类，该类中有 1 个 readonly 类型的变量 INCREMENT（第 6 行），该变量没有在声明时初始化。还有 1 个变量是 total，用来保存累加的值。第 8~11 行定义构造函数，在该函数中对 INCREMENT 进行了初始化，其值由形参传递过来，也就是说，每次创建对象时都可以对 INCREMENT 用不同的值进行初始化。

如果对 readonly 类型的变量在声明时进行初始化，其效果和使用 const 修饰是一样的。

如果在构造函数中添加一条语句：

INCREMENT++;

则在编译时会产生下面的错误信息：

无法对只读的字段赋值（构造函数或变量初始值指定项中除外）

第 12~15 行定义方法 AddIncrementToTotal() 用来进行累加，并将累加结果保存在变量 total 中。

第 21~42 行定义了 Program 类，该类的 Main 方法中测试 Increment 类，第 26 行创建了 Increment 类的第 1 个对象 incrementer1，初始化时的参数为 10，这样，构造函数中将 INCREMENT 变量初始化为 10，第 27 行显示在进行递增运算之前，total 变量的值为 0，第 28~32 行通过循环语句 3 次调用 AddIncrementToTotal 方法对变量 total 进行了 3 次递增操作，每次的增量为 10，所以每次递增后的结果分别是 10、20、30。

第 34 行创建了第 2 个对象 incrementer2，初始化时的参数为 5，这样，构造函数中将 INCREMENT 变量初始化为 5，第 34 显示在进行递增运算之前，total 变量的值为 0，第 36~40 行调用 AddIncrementToTotal 方法对变量 total 进行了 3 次递增操作，每次的增量为 5，所以每次递增后的结果分别是 5、10、15。

程序运行结果如下：

```
====== 创建第 1 个对象 ======
递增之前：total=0
第 1 次递增之后：total=10
第 2 次递增之后：total=20
第 3 次递增之后：total=30

====== 创建第 2 个对象 ======
递增之前：total=0
第 1 次递增之后：total=5
第 2 次递增之后：total=10
第 3 次递增之后：total=15
```

7.7 数据抽象与封装

类是对数据和处理数据的方法（函数）的封装，封装把类的属性和方法看成了一个密不可分的整体，从而使类具有明确的独立性，这样能够完整地描述并对应于一类具体的事物，封装是面向对象程序设计的基本特征之一。

类的封装对于类的使用者隐藏了实现的细节，这种描述类的功能而不管其实现细节称为数据抽象。

C# 中面向对象编程的主要活动就是生成自己的新的数据类型（即类）和表达这些数据类型之间的相互作用，显然，C# 等面向对象的语言提升了数据的重要性，这样要求更规范地组织数据，这里的规范化就是抽象数据类型（abstract data type，ADT），ADT 可以进一步改善程序的开发过程。

下面看一个简单的数据抽象。C# 中的数据类型 int，该类型与数学中的整数有联系，但并不完全是数学中的整数，它是整数的抽象表示，在计算机中的 int 其长度是有限的，例如，C# 中的 int 是 –2 147 483 648~2 147 483 647 的整数，如果计算结果超过这个范围，就会产生溢出错误。

ADT 的概念包含两个方面，数据表达和该数据允许的操作。例如，int 类型数据定义在 C# 中定义了加、减、乘、除和求余操作。

7.8 类视图与对象浏览器

本节介绍 Visual Studio 环境中的两个重要窗格，这两个窗格对面向对象程序设计很有帮助，分别是类视图（Class View）和对象浏览器（Object Browser）。

1. 类视图

从“视图”（View）菜单中选择“类视图”（Class View）选项，Visual Studio 的窗口中显示“类视图”窗格，如图 7–1 所示。

图中显示的是例 7–2 中的类，视图中使用层次结构显示，窗格上方显示的是该工程中的类，图中显示 CSHARP7–9 项目中的两个类，分别是 Program 和 Increment。

单击某个类，则窗格下方显示出该类的各个成员，图中显示 Increment 类的 5 个成员，分别是 3 个方法 AddIncrementToTotal、ToString、构造方法，2 个实例变量 INCREMENT、total，注意到不同类型的成员其名称前面用不同的图标显示，例如，实例变量前面显示带有锁的图标，表示实例变量为专用的。

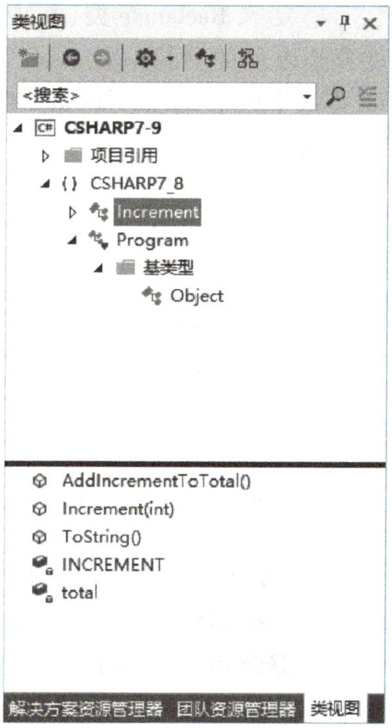

图 7–1 “类视图”窗格

2. 对象浏览器

从“视图”（View）菜单中选择“对象浏览器”（Object Browser）选项，可以打开“对象浏览器”窗格，如图 7–2 所示。

该窗格中显示 C# 库中的所有类，可以通过该窗格了解某个类提供的功能。

窗格分为 3 个部分，窗格左边显示所有的类，包括系统定义的类和用户自定义的类，单击某个类，窗格右边的上方显示了该类的所有成员，图中显示的是用户自定义的类 Increment，单击类中的某个成员，则右边的下方显示该成员的具体描述。

使用该窗格可以方便地学习 C# 中的类及其方法。

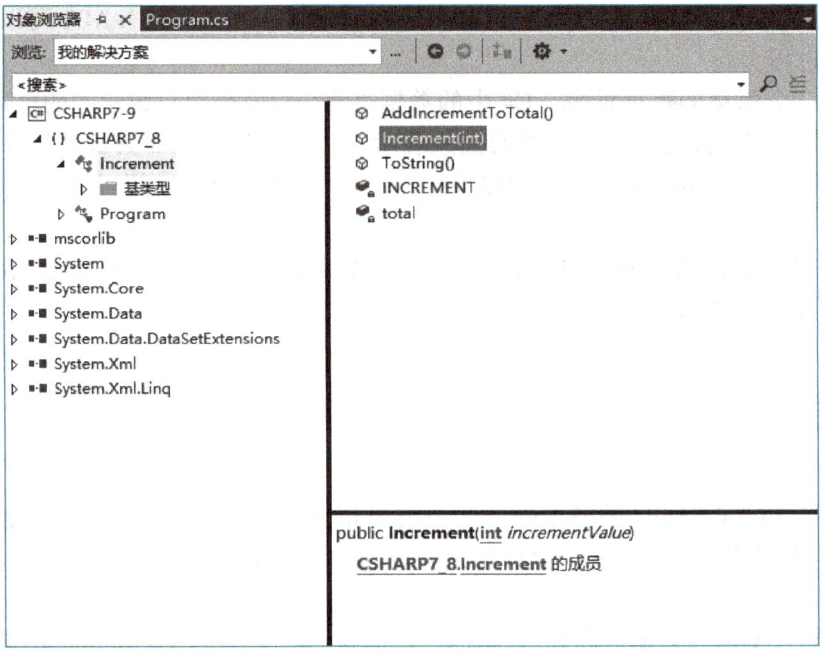

图 7-2 “对象浏览器”窗格

习题

1. 定义 Rectangle 类（长方形），类中的两个属性 length 和 width 默认值为 1，其只读属性计算长方形的周长（Perimeter）和面积（Area）。为该类的 length 和 width 设置 set 和 get 方法，set 方法中验证 length 和 width 在 0.0~20.0（不包括这两个数）的浮点数，再定义另一个类测试 Rectangle 类。

2. 修改例 7-3，将时间表示为从午夜 0 点算起的秒数，不使用 3 个整数 hour、minute 和 second，类的功能不变，然后使用相同的类 Test 进行测试。

3. 定义 SavingsAccount 类，类中有如下成员。

（1）静态变量 annualInterestRate 存储所有账户持有者的年利率。

（2）类的每个对象包含一个专用实例变量 savingBalance，表示该存款账户当前的金额。

（3）定义 CalculateMonthlyInterest 方法，将 annualInterestRate 与 savingBalance 相乘后除以 12 得到月利息，这个月利息加进 savingBalance 中。

（4）定义静态方法 ModifyInterestRate，将 savingBalance 设置为新值。

定义另一个类测试 SavingsAccount 类，创建两个 SavingsAccount 的对象 saver1 和 saver2，结余分别为 2 000.0 美元和 3 000.0 美元。将 annualInterestRate 设置为 4%，然后计算月息和打印两个账户的新结余。然后将 annualInterestRate 设置为 5%。

4. 修改例 7-1 中的 Time 类，添加以下 3 个方法。

（1）Tick 方法将对象中存放的时间递增 1 秒。

（2）IncrementMinute 方法递增分钟。

（3）IncrementHour 方法递增小时。

在另一个类中测试 Time 类，分别调用这 3 个方法，要保证测试下列情况。

（1）递增到下一分钟。

（2）递增到下一小时。

（3）递增到下一天（从 11:59:59 PM 到 12:00:00 AM）。

5. 创建 Date 类，要求具有下面的功能。

（1）用以下各种格式输出日期

MM/DD/YYYY

June 14, 1992

DDD YYY

（2）用重载构造函数创建 Date 对象，用上面的各种格式初始化日期，第一种情况下构造函数接收 3 个整数，第 2 种情况下构造函数接收字符串和两个整数，第 3 种情况下接收两个整数，第 1 个整数表示当年中的第几天。

6. 定义一个分数 Rational 类，进行分数的运算，用整数变量表示类的私有实例变量分子和分母，定义构造函数对所声明的对象初始化，并将分数存放成简化形式，例如，对于 2/4 应存放成 1/2，即分子 1 和分母 2 的形式。不提供初始化值时提供一个默认的构造函数。定义完成下列功能的方法。

（1）两个 Rational 值相加。

（2）两个 Rational 值相减。

（3）两个 Rational 值相乘。

（4）两个 Rational 值相除。

（5）按 a/b 形式输出 Rational 值，a 为分子，b 为分母。

（6）按浮点数形式输出 Rational 值。

最后在另一个类中测试这个类。

第 8 章

继承

继承是面向对象编程中主要的特性之一。简单地说,继承是使用已有类创建新类的过程。创建新类时一方面吸收已有类的成员,另一方面还能增加新成员,并能修改已有类提供的服务。利用继承机制不仅可提高软件模块的复用和扩展效率,同时还可提高开发效率。

微视频:继承

8.1 基类与派生类

把一个现有的类称为基类,一个新类从基类中继承成员,那么这个新类称为派生类。派生类一般会增加新的字段和方法满足需求。一个派生类还可以作为其他派生类的基类。但 C# 只支持单一继承,也就是说,一个类只能从一个直接基类派生,这点与 C++ 不同。

8.1.1 protected 成员

在第 3 章介绍过,类成员访问修饰符除公有的(public)、私有的(private)与内部的(internal)以外,还有保护的(protected)。由 protected 修饰的成员称为保护成员。保护成员不能在类外被类对象访问,这一点与私有成员类似,保护成员对类的用户而言是私有的。但保护成员可以被派生类的方法与属性引用,这一点与私有成员是不同的。

基类的私有成员继承到派生类中,但派生类的方法与属性都不能直接访问。而保护成员一方面像私有成员一样不能被类外的对象访问,另一方面又能被派生类的方法与属性访问。因此,一旦类中声明了保护成员,就意味着该类可能要作为基类,派生类中要访问这些成员。

所有非私有基类成员在派生类中保持原访问修饰符(即基类的公有和保护成员在派生类内中仍然是公有的和保护的)。

派生类可直接使用成员名访问从基类继承的公有和保护成员。但派生类方法覆盖(new、override)基类方法时,使用 base. 方法名()的形式访问基类的方法。

8.1.2 基类与派生类的关系

在现实生活中,许多事物之间存在着或多或少的联系,有时会出现一类事物具有另一类事物的全部特点,同时还具有自身的特点。例如,在一个公司,雇员是公司聘用的工作人员,经理是管理公司的一种特殊雇员,这类雇员拥有普通雇员的所有特征,同时还能得到公司发给的特殊津贴。使用两个类分别描述雇员和经理两类人员，并假设雇员类（Employee）包含姓名、工作部门和基本工资 3 个域（字段）及相关的属性和方法。经理类（Manager）包含姓名、工作部门、基本工资和特殊津贴 4 个域（字段）及相关的属性和方法。下面分别给出 Employee 和 Manager 的类代码声明。

例 8-1 阅读理解，提出改进方法。

```
using System;
namespace CSHARP8_1
{
    class Program
    {
        static void Main(string[] args)
        {
            Employee e1 = new Employee();                  // 创建雇员对象
            e1.Register("张三", 4500, "技术科");            // 注册雇员基本信息
            e1.Show();
            Manager m1 = new Manager();                    // 创建经理对象
            m1.Register("陈鹏", 5000, "技术科", 200);       // 注册经理信息
            m1.Show();
        }
    }
    class Employee                                 // 雇员类
    {
        private string name;                       // 姓名
        private double salary;                     // 工资
        private string depart;                     // 工作部门
        public void Register(string name, double salary, string depart)// 注册方法
        {
            this.name = name;
            this.salary = salary;
            this.depart = depart;
        }
        public string Name                         // 姓名属性
        {
            get
            {
                return name;
            }
```

```
            set
            {
                name = value;
            }
        }
        public double Salary                    // 工资属性
        {
            get
            {
                return salary;
            }
            set
            {
                salary = value;
            }
        }
        public string Depart                    // 部门属性
        {
            get
            {
                return depart;
            }
            set
            {
                depart = value;
            }
        }
        public void Show()                      // 输出方法
        {
            Console.WriteLine("雇员:姓名:{0},工资:{1},部门:{2}", name, salary, depart);
        }
      // 雇员类结束
    }
    class Manager                               // 经理类
    {
        private string name;                    // 姓名
```

```
        private double salary;                    // 工资
        private string depart;                    // 工作部门
        private double special;                   // 特殊津贴
        public void Register( string name, double salary, string depart, double special )
         // 注册方法
        {
            this.name = name;
            this.salary = salary;
            this.depart = depart;
            this.special = special;
        }
        public string Name                        // 姓名属性
        {
            get
            {
                return name;
            }
            set
            {
                name = value;
            }
        }
        public double Salary                      // 工资属性
        {
            get
            {
                return salary;
            }
            set
            {
                salary = value;
            }
        }
        public string Depart                      // 部门属性
        {
            get
            {
```

```
105:                    return depart;
106:                }
107:                set
108:                {
109:                    depart = value;
110:                }
111:            }
112:            public double Special                    // 特殊津贴属性
113:            {
114:                get
115:                {
116:                    return special;
117:                }
118:                set
119:                {
120:                    special = value;
121:                }
122:            }
123:            public void Show()                       // 输出方法
124:            {
125:                Console.WriteLine("经理:姓名:{0},工资:{1},部门:{2},津贴:{3}",
                            name, salary, depart, special);
126:            }
127:        }
128: }
```

程序运行结果如图 8-1。

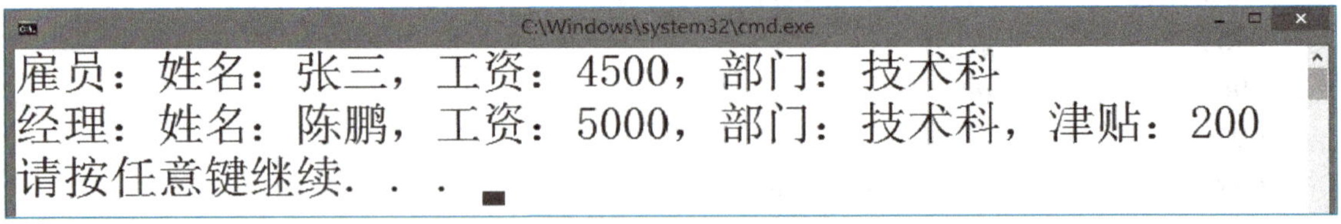

图 8-1　例 8-1 运行结果

程序分析：

第 16~65 行是 Employee（雇员）类，其中包含了 name、salary、depart 字段变量，Name、Salary、Depart 属性，Register、Show 方法。将类中字段变量声明为私有，并提供公共属性来操作和验证它们，有助于保证代码的安全性。

第 66~127 行是 Manager（经理）类，其中包含了 name、salary、depart、special 字段变量，Name、Salary、Depart、Special 属性，Register、Show 方法。

比较以上两个类，可以发现 Manager 类中大部分代码与 Employee 类相同，在 Manager 类中只是增加和修改了很少的代码，如新增特殊津贴字段 special（第 71 行），新增 Special 属性（112~122 行），对 Register 方法（72~78 行）的第 72 行和第 77 行进行了修改，对 Show 方法（123~126 行）的第 125 行进行了修改。明显看出，两个类中的重复代码过多。那么能否利用 Employee 类作为基础，花少量的时间，创建满足需要的 Manager 类呢？答案是肯定的。在 C# 中，通过继承机制能轻松地解决这一问题。

在 C# 中，利用继承机制可以从已有类创建新类。一个新类从已有类中获得其特性，这种现象称为类的继承。换句话说，基于已有类创建一个新的类，称为类的派生。在这里，已有类称为基类或父类，新建类称为派生类或子类。

一个派生类能够继承已有类中的几乎全部成员（构造方法和析构方法除外）。一般情况下，不必重复编写派生类中继承的成员方法。当然，在派生类中也可以根据需要增加新成员，并对继承的方法进行扩充和修改。通常，派生类比基类更加具体，它代表一组外延较小的对象，而基类则是派生类的抽象。

在 C# 中，借助“：”构建派生类。在构建派生类的过程中，还需指定基类与派生类各自的特性、访问修饰符的选择以及在派生类中对基类成员做何处理。

派生类声明的一般格式如下：

```
类修饰符 class 派生类名：基类名
{
    新增派生类成员
}
```

其中，基类名必须是已有类的名称，默认的基类名为 object（System.Object），可省略。派生类名是新创建的类的名字。

例 8–2 对例 8–1 的改进。利用继承机制，从雇员类（Employee）派生出经理类（Manager）。

```
using System;
namespace CSHARP8_2
{
    class Program
    {
        static void Main ( string[] args )
        {
            Employee e1 = new Employee();                      // 创建雇员对象
            e1.Register ( " 张三 ", 4500, " 技术科 " );        // 注册雇员基本信息
            e1.Show();
            Manager m1 = new Manager();                        // 创建经理对象
```

```
        m1.Register("陈鹏", 5000, "技术科", 200); //注册经理信息
        m1.Show();
    }
}
class Employee                                          //雇员类
{
    private string name;                                //姓名
    private double salary;                              //工资
    private string depart;                              //工作部门
    public void Register(string name, double salary, string depart)//注册方法
    {
        this.name = name;
        this.salary = salary;
        this.depart = depart;
    }
    public string Name                                  //姓名属性
    {
        get
        {
            return name;
        }
        set
        {
            name = value;
        }
    }
    public double Salary                                //工资属性
    {
        get
        {
            return salary;
        }
        set
        {
            salary = value;
        }
    }
```

```
        public string Depart                                   // 部门属性
        {
            get
            {
                return depart;
            }
            set
            {
                depart = value;
            }
        }
        public void Show()                                     // 输出方法
        {
          Console.WriteLine("雇员:姓名:{0},工资:{1},部门:{2}", name, salary, depart);
        }
    }
    class Manager : Employee                                   // 经理类
    {
        private double special;                                // 特殊津贴
        public void Register(string name, double salary, string depart, double special)
        {
            base.Register(name, salary, depart); // 访问基类的 Register 方法
            this.special = special;
        }
        public double Special                                  // 新增特殊津贴属性
        {
            get
            {
                return special;
            }
            set
            {
                special = value;
            }
        }
        public new void Show()                                 // 覆盖基类方法 Show
```

```
85:          {
86:               Console.WriteLine(" 经理：姓名：{0}，工资：{1}，部门：{2}，津贴：{3}",
                                        base.Name, base.Salary, base.Depart, special);
87:          }
88:     }
89: }
```

程序运行结果如图 8-2。

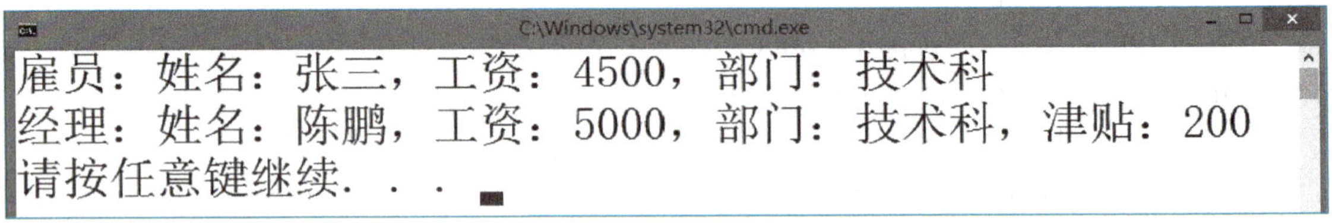

图 8-2　例 8-2 运行结果

程序分析：

很明显，派生类 Manager（第 65~88 行）的代码较前例大大缩短。派生类 Manager 是在继承 Employee 类全部成员的基础上，新增一个特殊津贴域 special，并对继承的部分方法进行了扩充和修改。这种编程风格是面向对象语言所倡导的，应该很好地掌握。

实际上，在派生类 Manager 中同样包含 4 个域，除了该类的第 3 行声明 special 域之外，其余 3 个域名 name、salary 和 depart 都是来自基类 Employee。由于基类中的域名为私有（private）特性，所以在子类 Manager 中不能直接访问。但可以通过公有（public）属性（第 27~59 行）和公有方法对其私有域进行操作。如第 86 行中的“Console.WriteLine(" 经理：姓名：{0}，工资：{1}，部门：{2}，津贴：{3}", base.Name, base.Salary, base.Depart, special);”。另外，基类中的公有属性、公有方法被派生类 Manager 继承后，仍然保持其公有特性，且在派生类中都可以直接访问。

base 关键字：在派生类中使用 base 关键字可以指代当前类的父类，但只限于在构造方法、实例方法和实例属性中使用。如代码中第 70 行使用 base.Register 访问基类的实例方法 Register。

new 关键字：为了能在派生类中以“覆盖方式”声明与基类中同名的方法（当然新方法具有不同的处理功能），可用 new 关键字对新方法进行修饰说明（第 84 行）。其中“覆盖”的方法应满足以下要求：方法名相同；方法中的参数个数相等以及参数类型相同。这时，在派生类中直接使用方法名是指调用派生类中定义的新方法，若需调用基类中的同名方法，可使用 base. 方法名（参数列表）。如果不使用 new 进行修饰说明，编译时将提示警告信息“请使用关键字 new”。另外，如果将派生类 Manager 的方法 show()声明如下：

```
84:          public new void Show()// 覆盖基类方法 Show
85:          {
86:               Console.WriteLine(" 经理：姓名：{0}，工资：{1}，部门：{2}，津贴：{3}",
```

```
                                    name, salary, depart, special);
87:           }
```

编译时将指出 86 行错误。其原因是,在派生类的方法 Show 中直接访问基类的私有域名 name、salary 和 depart 是非法的。这时,需使用基类提供的公共属性访问私有字段。例如,base.Name。如果希望在派生类中能直接访问基类的私有成员,又不允许在类之外访问,可以将基类中的私有成员(private)声明修改为保护成员(protected)。例如,将例 8-2 中类 Employee 中私有字段成员修改为保护成员声明,代码如下:

```
class Employee // 雇员类
{
    protected string name; // 姓名
    protected double salary; // 工资
    protected string depart; // 工作部门
        … // 以下代码不变
}
```

这时,派生类 Manager 便可以直接访问 name、salary、depart 字段。一般建议采用访问公共属性的方式访问私有字段。

在 C# 中,一个类只能从一个直接基类派生,即 C# 仅支持单继承。而派生类又可作为其他派生类的基类,照这样,派生的多个相关联类将构成一个类层次。类层次中的最高层是 Object 类(一个通用基类,该类提供一些公共接口),它是任何类的直接或间接基类。继承具有传递性,如果类 A 派生出类 B,类 B 派生出类 C,则类 C 会继承类 B 和类 A 中声明的所有成员。

8.2 派生类的构造函数

在 C# 中,基类的构造方法和析构方法均不能被继承。实例化派生类对象就是按照对象的类层次从低到高逐层调用其直接基类的构造方法,即在执行本层派生类构造方法体之前,先调用直接基类的构造方法,直到无直接基类的最高层类(Object 类),这时最先执行 Object 类的构造方法体,最后执行最底层类的构造方法体。Object 类是所有类的根,它有一个默认的构造方法。基类的构造方法总是为其派生类对象继承的基类实例变量初始化。使用 base 关键字调用基类的构造方法。

例如,一个派生类的层次结构如图 8-3 所示。

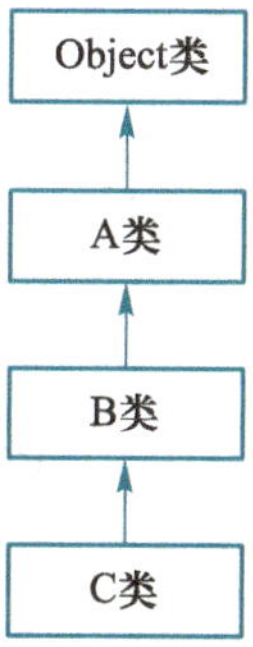

图 8-3 一个派生类的层次结构

在图 8-3 中,各类的继承关系如下:C 的直接基类是 B,B 的直接基类是 A,A 的直接基类是根类 Object。

当实例化一个 C 类对象时,构造方法的执行过程如下:

先访问C类的构造方法。在执行C类构造方法体之前,先访问直接基类B的构造方法。在执行B类构造方法体之前,先访问直接基类A的构造方法。在执行A类构造方法体之前,先访问直接基类Object的构造方法,这时已到达最高层——根类。接下来,依次执行Object类的构造方法体、A类的构造方法体、B类的构造方法体,最后执行C类的构造方法体。到此一个C类对象创建完毕。

派生类构造方法的声明格式:

```
public 派生类名(参数总表): base(参数表)
{
    派生类中新增成员的初始化
}
```

其中,base(参数表)为显式访问基类中带有参数的构造方法。

说明:对于基类的默认构造方法或不带参数的构造方法,系统在实例化时会自动访问(隐式访问),在这种情况下,可以省略显式调用。

例8-3 派生类的构造方法(无参构造方法的隐式访问)。

程序代码:

```
using System;
namespace CSHARP8_3
{
    class Program
    {
        static void Main(string[] args)
        {
            Console.WriteLine("创建A类对象a:");
            A a = new A();
            Console.WriteLine("创建B类对象b:");
            B b = new B();
            Console.WriteLine("创建C类对象c:");
            C c = new C();
        }
    }
    class A: Object                          //: Object 可以省略
    {
        public A()                           // 不带参数的构造方法
        {
            Console.WriteLine("constructing A");
        }
    }
```

```
23:     class B: A                              // 派生类 B
24:     {
25:         public B()                          // 不带参数的构造方法
26:         {
27:             Console.WriteLine("constructing B");
28:         }
29:     }
30:     class C: B                              // 派生类 C
31:     {
32:         public C()                          // 不带参数的构造方法
33:         {
34:             Console.WriteLine("constructing C");
35:         }
36:     }
37: }
```

程序运行结果如图 8-4。

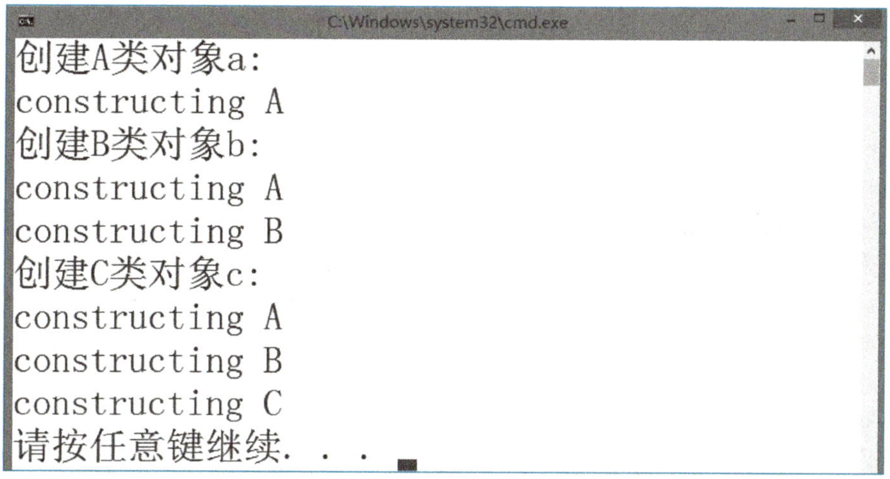

图 8-4　例 8-3 运行结果

程序分析：

Object 类的构造方法是一个空方法，无任何输出显示。

第 9 行，创建 A 类对象 a，初始化时调用 2 个构造方法。先执行 Object 构造方法，无任何输出，后执行 A 的构造方法体，输出信息“constructing A”。

第 11 行，创建 B 类对象 b，初始化时调用 3 个构造方法。先执行 Object 构造方法，再执行 A 的构造方法体，最后执行 B 的构造方法体。输出两行信息。

第 13 行，创建 C 类对象 c，初始化时调用 4 个构造方法。先执行 Object 类的构造方法，再执行 A 的构造方法体，然后执行 B 的构造方法体，最后执行 C 的构造方法体。输出 3 行信息。

下面再通过一个例子演示带参构造方法的显式访问。

例 8-4　点和圆。

创建一个点类。从点类继承，创建一个圆类，点是圆心，添加半径，计算圆的面积。

微视频：点和圆（一）

```
using System;
namespace CSHARP8_4
{
    class Program
    {
        static void Main ( string[] args )
        {
            Circle c1 = new Circle ();
            c1.Show ();
            Circle c2 = new Circle ( 2, 3, 4 );
            c2.Show ();
        }
    }
    public class Point                          // 点类
    {
        protected double x;                     // 点的横坐标
        protected double y;                     // 点的纵坐标
        public Point ()                         // 不带参数的构造方法
        {
            x = y = 0;
        }
        public Point ( double x1 , double  y1 )     // 带参数的构造方法
        {
            x = x1;
            y = y1;
        }
        public void Show ()
        {
            Console.WriteLine ( " 点坐标: x={0}, y={1}", x, y );
        }
```

微视频：点和圆（二）

```
31:     }
32:     public class Circle: Point                    // 圆类
33:     {
34:         protected double r;                       // 圆的半径
35:         public Circle()                           // 不带参数的构造方法
36:         {
37:             r = 0;
38:         }
39:         public Circle(double x1, double y1, double r1): base(x1, y1)
40:                                                   // 带参数的构造方法
41:         {
42:             r = r1;
43:         }
44:         public double Area()
45:         {
46:             return Math.PI * r * r;
47:         }
48:         public new void Show()
49:         {
50:             base.Show();
51:             Console.WriteLine("圆的半径和面积: r={0}, area={1}", r, Area());
52:         }
53:     }
54: }
```

程序运行结果如图 8–5。

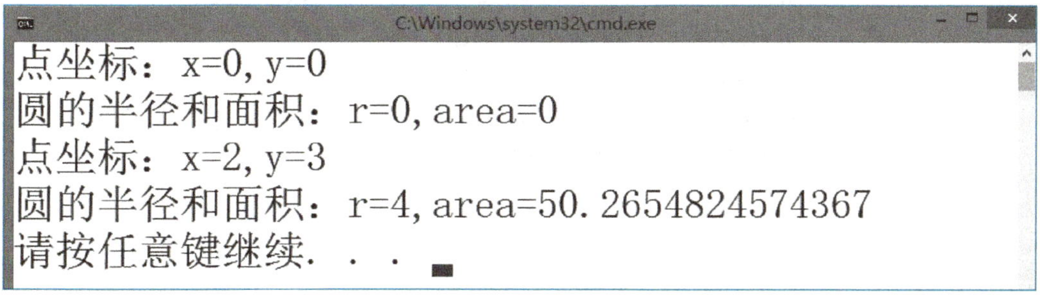

图 8–5　例 8–4 运行结果

程序分析：

第 14~31 行为 Point 类，包含横、纵坐标两个字段，两个构造方法（一个带参数，一个不带参数)，一个用于显示坐标的 Show 方法。第 32~53 行为 Point 派生的 Circle 类，新增了半径 r 字段，两个构造方法(一个带参数，一个不带参数)，一个用于求圆面积的 Area 方法，一个用于显示半径和面积的 Show 方法。

主方法 Main 中第 08 行创建了一个 Circle 类对象 c1(无参数)，此时调用 Circle 类的构造方法，由于 Circle 类是由 Point 类派生的，因此先调用 Point 类的构造方法(第 18~21 行无参数构造方法，这里忽略 Object 类)。执行完后，c1 的圆心坐标为(0，0)。然后执行 Circle 类构造方法(第 35~38 行)，c1 的半径 r 为 0。执行到 09 行，调用 Circle 类的 Show 方法(第 48~52 行)，第 48 行调用基类的 Show 方法(第 27~30 行)。然后再执行第 51 行代码，调用 Circle 类的 Area 方法(第 44~47 行)求圆 c1 的面积。

主方法 Main 中第 10 行创建了一个 Circle 类对象 c2(有参数)，此时先调用 Point 类的构造方法(第 22~26 行有参数构造方法，这里忽略 Object 类)。执行完后，c2 的圆心坐标为(2，3)。然后执行 Circle 类构造方法(第 39~43 行)，c2 的半径 r 为 4。执行到 09 行，调用 Circle 类的 Show 方法(第 48~52 行)，第 48 行调用基类的 Show 方法(第 27~30 行)。然后再执行第 51 行代码，调用 Circle 类的 Area() 方法(第 44~47 行)求圆 c2 的面积。

需要说明的是，如果基类使用带参数的构造方法，那么派生类也必须声明带参数的构造方法。

例 8-5 对例 8-2 的改进。继承机制下派生类构造方法的应用。

```
using System;
namespace CSHARP8_5
{
    class Program
    {
        static void Main ( string[] args )
        {
            Employee e1 = new Employee ( " 张三 ", 4500, " 技术科 " );
              // 创建雇员类对象并初始化
            e1.Show ();
            Manager m1 = new Manager ( " 陈鹏 ", 5000, " 技术科 ", 200 );
              // 创建经理类对象并初始化
            m1.Show ();
        }
    }
    class Employee                        // 雇员类
    {
        private string name;              // 姓名
        private double salary;            // 工资
```

```
        private string depart;                  //工作部门
        public Employee(string name, double salary, string depart)//构造方法
        {
            this.name = name;
            this.salary = salary;
            this.depart = depart;
        }
        public string Name                      //姓名属性
        {
            get
            {
                return name;
            }
            set
            {
                name = value;
            }
        }
        public double Salary                    //工资属性
        {
            get
            {
                return salary;
            }
            set
            {
                salary = value;
            }
        }
        public string Depart                    //部门属性
        {
            get
            {
                return depart;
            }
            set
            {
```

```
55:                 depart = value;
56:             }
57:         }
58:         public void Show()                    // 输出方法
59:         {
60:             Console.WriteLine("雇员:姓名:{0},工资:{1},部门:{2}", name, salary, depart);
61:         }
62:     }
63:     class Manager : Employee                   // 经理类
64:     {
65:         private double special;                // 特殊津贴
66:         public Manager(string name, double salary, string depart, double special) : base(name, salary, depart)    // 派生类的构造方法
67:         {
68:             this.special = special;
69:         }
70:         public double Special                  // 新增特殊津贴属性
71:         {
72:             get
73:             {
74:                 return special;
75:             }
76:             set
77:             {
78:                 special = value;
79:             }
80:         }
81:         public new void Show()                 // 覆盖基类方法 Show
82:         {
83:             Console.WriteLine("经理:姓名:{0},工资:{1},部门:{2},津贴:{3}", base.Name, base.Salary, base.Depart, special);
84:         }
85:     }
86: }
```

程序分析：

雇员类（第 14~62 行）中第 19~24 行为带有参数的构造方法，为其 3 个域（字段）初始

化。需要说明的是，如果基类使用带参数的构造方法，那么派生类也必须声明带参数的构造方法。经理类（第 63~85 行）由雇员类派生，其中，第 66~69 行为 Manager 的构造方法。在第 66 行中，通过 base（name, salary, depart）访问基类 Employee 的构造方法，用于对基类成员的初始化。

程序运行结果如图 8-6。

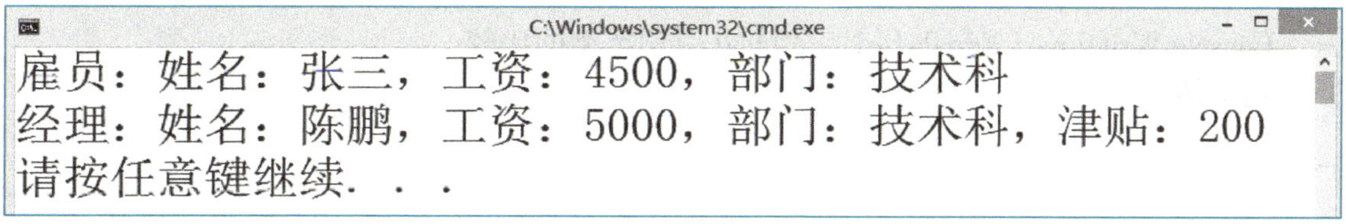

图 8-6　例 8-5 运行结果

8.3 Object 类

Object（System.Object 的别名）类是所有类的直接或间接基类，因此，可以把任何类型的值赋给 Object 类型的变量。该类提供了 7 个公共接口，任何对象都可以使用。这些方法功能如表 8-1 所示。

表 8-1　Object 类的方法

名称	说明
Equals（Object）	确定指定的对象是否等于当前对象
Equals（Object, Object）	确定指定的对象实例是否被视为相等
Finalize	允许对象在“垃圾回收”之前尝试释放资源并执行其他清理操作
GetHashCode	作为默认哈希函数
GetType	获取当前实例的 Type
MemberwiseClone	创建当前 Object 的浅表副本
ReferenceEquals	确定指定的 Object 实例是否是相同的实例
ToString	返回表示当前对象的字符串

1. Equals 方法

该方法有重载。

方法签名：

public virtual bool Equals（Object obj）

public static bool Equals（Object objA, Object objB）

作用：比较两个对象是否相等。相等则返回 true；否则返回 false。

默认情况下，对于引用类型，比较的是引用的地址；对于值类型，比较的是值。

例如：

```
int a = 2, b = 3;
int []c1={1, 2, 3}, c2=c1;
c2[0] = 12;
Console.WriteLine( Equals( a, b )); // 值类型的比较
Console.WriteLine( Equals( c1, c2 )); // 引用类型的比较
```

输出结果：

```
False
True
```

2. Finalize 方法

方法签名：

```
protected virtual void Finalize()
```

作用：允许对象在垃圾回收器回收该对象之前，尝试释放资源并执行其他清理操作。

3. GetHashCode 方法

方法签名：

```
public virtual int GetHashCode()
```

作用：用作特定类型的哈希函数。返回一个能够标识内存中指定对象的整数。

4. GetType 方法

方法签名：

```
public Type GetType()
```

作用：获取当前实例运行时的类型信息（Type 对象）。

5. MemberWiseClone 方法

方法签名：

```
protected Object MemberWiseClone()
```

作用：创建一个新的对象，它是当前对象成员的副本（当前对象的浅表副本）。

6. ReferenceEquals 方法

方法签名：

```
public static bool ReferenceEquals( Object objA, Object objB )
```

作用：判断两个 Object 实例是否是同一个实例。如果参数是值类型，则会装箱，比较的是装箱后的对象实例。

注意：如果 objA 与 objB 是相同的实例，或者如果两者都为空引用，则为 true；否则为 false。

7. ToString 方法

方法签名：

```
public virtual string ToString()
```

作用：返回一个代表当前对象的字符串。

注意：默认情况下返回的是该对象所属类型的全名称。

习题

一、单选题

1. 继承具有（　　），即当基类本身也是某一类的派生类时，派生类会自动继承间接基类的成员。

A. 规律性　　B. 传递性　　C. 重复性　　D. 多样性

2. 面向对象编程中的继承概念是（　　）。

A. 派生类对象可以不受限制地访问所有的基类对象

B. 派生自同一个基类的不同类对象具有一些共同特征

C. 对象之间通过消息进行交互

D. 对象的内部细节被隐藏

3. 在派生类中对它的基类成员中的（　　）是不可访问的。

A. 私有成员　　B. 公有成员　　C. 保护成员　　D. 内部成员

4. 下列描述错误的是（　　）。

A. 派生类构造方法可以通过 base 关键字调用基类的构造方法

B. 当实例化派生类的对象时，基类的构造方法被隐式或显式地调用

C. 在单一继承中，基类和它的派生存在一种层次关系

D. 当基类的方法由派生类继承时，派生类不可以重写基类方法

二、判断题

1. 基类的 protected 成员只能在基类声明和派生类声明中访问。（　　）

2. 基类的构造方法不被派生类继承。（　　）

3. 当派生类用相同的签名和返回类型重定义基类方法时，就称派生类重载基类方法。（　　）

4. 所有的 C# 类都直接或间接继承自 Object 类。（　　）

三、编程题

1. 定义圆类 Circle，包含半径 r，属性 R 能判断半径 r 的合理性（$r \geq 0$），定义计算圆面积的方法 double Area。从 Circle 类派生出圆柱体类 Cylinder 类，新增圆柱体的高 h，属性 H 能判断高 h 的合理性（$h \geq 0$），新增计算圆柱体体积的方法 double Volume。在主方法中，创建一个 Cylinder 对象，并输出该对象的底面半径、高以及体积（要求：不使用构造方法，并且类中的域为私有，方法为公有）。

2. 使用带参数的构造方法完成上题。

3. 定义基类 Person，并由此类派生 Teacher 类和 Student 类。基类中包含姓名、性别和年龄 3 个域（字段），教师类中增加工号、职称和工资 3 个域，学生类中增加学号、班级、专业和入学成绩 4 个域，并在以上各类中添加属性、构造方法和显示对象信息的方法 Show。在主方法中创建教师和学生对象（并带有初始值），分别输出各自对象的相关信息（要求：所有的域为私有，方法为公有）。

4. 设计一个汽车类 Vehicle，包含的数据成员有车轮个数 wheels 和车重 weight。小车类 Car 是它的子类，其中包含载人数 passenger_load。卡车类 Truck 也是 Vehicle 的子类，包含载人数 passenger_load 和载重量 payload，每个类都有相关数据的输出方法。在主方法中创建 Car 和 Truck 对象，分别输出各自对象的相关信息。

5. 在几何图形类 Shape（自己设计属性和方法）的基础上，派生椭圆类 Ellipse，其属性为圆心坐标及半长轴和半短轴的长度，并通过构造方法对这些属性初始化，通过成员方法计算椭圆面积。

6. 编写一个存储艺术作品的程序。艺术作品分为 3 类：Painting、Music 和 Chamber，Chamber 是 Music 中的一类。要求如下。

（1）定义基类 Art，包含作品的著者、作品标题、作品诞生年份及其作品所属分类。

（2）Painting 类要求显示画的宽和高等尺寸信息。

（3）Music 类要求显示能够代表其中内容的关键信息，例如，“D Major”。

（4）Chamber 类要求显示其中包括的演奏人员的数目。

基类与派生类中字段成员均为私有成员，并使用带参数的构造函数提供初值。

7. 从点类（Point）中派生出一个线段类（Line），计算线段的长度。其中，Point 中的方法，如带可选参数的构造方法 Point(int x=0, int y=0)，输出坐标点的方法 ShowPoint 以及读写坐标 x、y 的属性方法。Line 类中新增表示线段终点的字段 EndPoint、计算线段距离的方法 Distance 以及输出线段起点和终点的方法 ShowLine。

8. 设计评选优秀教师和学生的程序，其类结构如图 8-7 所示。当输入一系列教师或学生信息后，将优秀学生及教师的姓名和职业列出来。

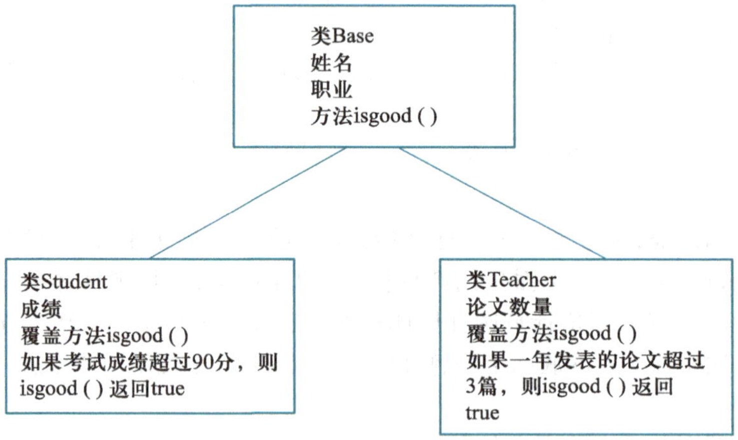

图 8-7　类结构

第 9 章

面向对象编程三

多态、泛型、委托是面向对象程序设计理论中的重要概念，本章将继续介绍多态、泛型、委托、接口相关概念以及它们的实现方式。

9.1 多态

多态性是自封装和继承之后，面向对象编程的第三个支柱。多态性往往表现为“一个接口，多个功能”，换句话说，多态性是指不同的对象收到相同的消息，会产生不同的行为，同一个类在不同的场合下表现出不同的行为特征。

9.1.1 多态举例

假设某个程序中需要模拟几种动物的运动，3 个类 Fish、Frog 和 Bird 是要研究的 3 种动物，每个类都继承基类 Animal，基类中包含 Move 方法和维护动物当前位置的 x-y 坐标。

要模拟动物的运行，程序每秒向每个对象发送相同的 Move 消息，但每种动物用不同的方式响应 Move 消息，例如，Fish 游泳 3 米，Frog 跳 5 米，Bird 飞行 10 米，多态的关键就是每个对象知道如何响应相同的方法调用，并做出适合该类型对象的操作，同样的消息发到不同类型的对象时可以得到不同的结果，这也是多态的核心部分。

如果对该基类 Animal 进行扩展，创建新的派生类 Tortoise，其响应的 Move 消息为爬行 1 分米，只需要写 Tortoise 类和实例化 Tortoise 对象的模拟部分，而处理一般 Animal 的模拟部分不需要进行改变。

再看一个四边形的例子，从一般的四边形 Quadrilateral 类定义派生类 Rectangle，则对 Quadrilateral 类的对象进行的任何操作也可以对 Rectangle 类的对象进行。同时这些操作也可以对 Quadrilateral 类的其他派生类进行，如 Square、Parallelogram 和 Ttapezoid（不等边四边形）。在程序中通过基类对象调用方法时，发生多态，在执行时根据引用对象的类型调用这个方法的正确派生类版本。

在现实生活中，也可以容易地列举出具有多态性的例子，例如，不同型号的电视机，它们的内部结构和电路组成是不完全相同的，但电视机遥控器面板上的按键，例如，调节音量、换台等的作用却是类似的，也就是这些遥控器上都有一组相同或相似的控制键，从而可以使用相同的操作，遥控器就可以看成是这些不同型号电视机的统一接口，这个接口控制不同的器件和电路。

在常用的程序设计语言（如 C++、C# 语言）中也有多态性的概念，例如，同一个运算符“-”，既可以完成两个整数的相减，也可以完成两个实数的相减，如果作为单目运算符，还可以实现取负操作，这是高级语言中固有的多态性。除了本身固有的多态性以外，还可以实现用户自定义的多态性。

利用多态性可以使得设计与实现的系统容易进行扩展，在增加新类时不必修改基本系统就可以将能够响应现有消息的新类型的对象添加到系统中，只需要重新编写实例化新对象的代码部分。

9.1.2 演示多态行为

在具有直接继承关系的两个类中，不同类中的对象引用自己类中的方法和属性，例如，基类的对象引用基类中的方法和属性，派生类的对象引用派生类的方法和属性，但是，在某些情况下，基类的对象需要引用派生类的方法。

在 C# 语言中，派生类对象可以看作是基类对象，这样，可以将基类当成派生类来处理，C# 的编译器允许将基类引用赋予派生类变量，方法是显式地将基类引用转换为派生类类型，这样，基类的对象就可以引用派生类的方法。

微视频：多态的演示（一）

需要注意以下几点。

（1）基类中如果有方法需要派生类中重写，可以将该方法标记为虚方法（virtual）。

（2）虚方法必须在父类中有实现，空实现也可以。

（3）虚方法子类可以重写，也可以不重写，如需重写需标记为重写（override）。

例 9-1 基类对象和派生类对象对方法的各种引用方式以及多态的演示。

本例演示 3 种方式引用类中的方法，分别是将基类引用赋予基类变量，派生类引用赋予派生类变量和将派生类引用赋予基类变量。

```
using System;
namespace CSHARP9_1
{
    public class Circle          // 定义基类圆形 Circle
    {
        public double radius;
        public virtual void Area()
        {
            Console.WriteLine("圆的面积 = {0}", Math.PI * radius * radius);
        }
        public Circle(double r)
        {
            radius = r;
```

```
        }
    }
    public class Globe : Circle  //定义派生类球体 Globe
    {
        public Globe(double r) : base(r){ }
        public void Volume()
        {
            Console.WriteLine("球体体积 = {0}", 4.0 / 3.0 * Math.PI * Math.Pow(radius, 3));
        }
        //重写 Area 方法
        public override void Area()
        {
            Console.WriteLine("球体表面积 = {0}", 4 * Math.PI * radius * radius);
        }
    }
    public class Cylinder : Circle  //定义派生类圆柱体 Cylinder
    {
        public double height;
        public Cylinder(double r, double h): base(r)
        {
            height = h;
        }
        public void Volume()
        {
            Console.WriteLine("圆柱体体积 = {0}", Math.PI * radius * radius * height);
        }
        //重写 Area 方法
        public override void Area()
        {
            Console.WriteLine("圆柱体表面积 = {0}", 2 * Math.PI * radius * radius + 2 * Math.PI * height);
            //圆柱体的表面积 = 侧面积 + 底面积乘以 2
        }
    }
    class Program
```

```
48:         {
49:             static void Main(string[] args)
50:             {
51:                 Circle c1 = new Circle(2.5);
52:                 Console.WriteLine("========= 基类对象 c1 调用基类 Circle 的方法 Area()=========");
53:                 c1.Area();
54:                 Globe g1 = new Globe(4.0);
55:                 Console.WriteLine("\n========= 派生类对象 g1 调用派生类 Globe 的方法 Area()和 Volume()=========");
56:                 g1.Area();
57:                 g1.Volume();
58:                 Cylinder cy1 = new Cylinder(3.0, 4.0);
59:                 Console.WriteLine("\n========= 派生类对象 cy1 调用派生类 Cylinder 的方法 Area()和 Volume()=========");
60:                 cy1.Area();
61:                 cy1.Volume();
62:                 Circle c2 = g1;        //将派生类对象 g1 赋给基类变量 c2
63:                 Console.WriteLine("\n========= 基类对象 c2 调用派生类 Globe 中的方法 Area()=========");
64:                 c2.Area();
65:                 c2 = cy1;              //将另一个派生类对象 cy1 赋给基类变量 c2
66:                 Console.WriteLine("\n========= 基类对象 c2 调用派生类 Cylinder 中的方法 Area()=========");
67:                 c2.Area();
68:             }
69:         }
70:     }
```

微视频：多态的演示（二）

程序代码说明：

程序中第 4~15 行定义基类 Circle，该类中有一个变量是半径 radius（第 6 行），方法 Area（第 7~10 行）用于计算并显示圆的面积，构造函数（第 11~14 行）用来初始化对象。

第 16~28 行定义基类 Circle 的派生类球体 Globe，该类中有方法 Volume（第 19~23 行）和重写方法 Area（第 24~27 行）分别计算球体的体积和表面积。

第 29~46 行定义基类 Circle 的派生类圆柱体 Cylinder，该类中有 1 个变量是圆柱体的高度 height（第 31 行），类中有两个方法 Volume（第 36~40 行）和 Area（第 41~45 行）分别计算圆柱体的体积和表面积。

第 47~70 行用来验证和调用各个类中的方法。第 51 行创建 Circle 类的对象并且赋给了变量 c1，第 53 行用 c1.Area()方式调用了 Circle 类中的方法 Area 来计算圆的面积。

第 54 行创建 Globe 类的对象并且赋给了变量 g1，第 56、57 行分别调用了 Globe 类中的两个方法 Area 和 Volume 计算球体的表面积和体积。

第 58 行创建 Cylinder 类的对象并且赋给了变量 cy1，第 60、61 行分别调用了 Cylinder 类中的两个方法 Area 和 Volume 计算球体的表面积和体积。

以上几个调用都是正常的调用，即基类对象调用基类方法，派生类对象调用派生类方法。

第 62 行定义了基类对象 c2 并且赋值为派生类 Globe 的引用，第 64 行中的方法调用"c2.Area();"调用的是派生类 Globe 中的方法。

第 65 行将基类对象 c2 赋值为派生类 Cylinder 的引用，第 67 行的方法调用"c2.Area();"调用的是派生类 Cylinder 中的方法。

程序执行结果如下：

```
========= 基类对象 c1 调用基类 Circle 的方法 Area()=========
圆的面积 = 19.6349540849362

========= 派生类对象 g1 调用派生类 Globe 的方法 Area()和 Volume()=========
球体表面积 = 201.061929829747
球体体积 = 268.082573106329

========= 派生类对象 cy1 调用派生类 Cylinder 的方法 Area()和 Volume()=========
圆柱体表面积 = 81.6814089933346
圆柱体体积 = 113.097335529233

========= 基类对象 c2 调用派生类 Globe 中的方法 Area()=========
球体表面积 = 201.061929829747

========= 基类对象 c2 调用派生类 Cylinder 中的方法 Area()=========
圆柱体表面积 = 81.6814089933346
```

可以看出，使用基类变量的同样形式的方法调用 c2.Area()；(第 64、67 行)，具体调用哪个类中的方法取决于为这个基类变量赋值的引用类型。

如果定义一个基类的数组，数组中的每个元素也可以赋予不同的引用类型，例如，如果在本题 Main 的结尾添加下面的语句：

```
Circle[] c = new Circle[3];
c[0] = c1;
c[1] = g1;
c[2] = cy1;
c[0].Area();
```

```
c[1].Area();
c[2].Area();
```

这些语句的调用结果如下：

圆的面积 =38.484510006475

球体表面积 =201.061929829747

圆柱体表面积 =81.6814089933346

同样的引用格式得到了不同的调用结果，这就是多态性的一种体现。

9.1.3 抽象类和方法

微视频：抽象类和方法

在例 9–1 中，定义了一个基类和派生类后，都创建了属于该相应类的对象，也就是类的实例化。

而抽象类是定义了不能实例化为任何对象的类。相应的，可以实例化对象的类则称为具体类，抽象类是要作为基类被其他类继承的，所以抽象类也称为抽象基类。

定义抽象类的唯一目的是为其他类提供合适的基类，抽象类往往用来表征对问题领域进行分析、设计中得出的抽象概念，是对一系列看上去不同，但是本质上相同的具体概念的抽象。

1. 声明抽象类

抽象类和抽象方法的声明都要使用关键字 abstract，声明抽象类的格式如下：

```
public abstract class 抽象类名
{
  声明类中的各个成员
}
```

例如，下面定义了一个几何形状的抽象类：

```
public abstract class shape
{
   protected double radius;
   public shape( double r ){ radius=r; }
   public abstract double cubage();
}
```

在 shape 类中，有一个字段 radius、一个构造函数 shape 和一个抽象方法 cubage。

一个类中包含抽象方法时，该类必须定义为抽象类，因此抽象类 shape 是不能实例化的，如果在程序中出现下面的语句：

```
shape  s=new shape( 5.0 );
```

在编译该程序时，将会出现“无法创建抽象类 shape 的实例”的错误。

2. 声明抽象方法和抽象属性

抽象类中通常包含一个或几个抽象方法，抽象方法是指在基类的定义中，不包含任何实现代码的方法，也就是不具有任何功能的方法，这种方法的功能将在派生类中实现，抽象方法在声明时使用 abstract 关键字进行修饰，其声明使用下面的格式：

［访问修饰符］abstract 返回值类型 方法名（［参数列表］）；

由于是抽象方法，只有声明部分，没有实现部分。

例如，上面定义的 shape 类中对抽象方法 cubage() 的声明如下：

public abstract double cubage();

抽象类中也可以有抽象属性，在定义时也使用 abstract 关键字进行修饰，抽象属性不提供属性访问器的实现，访问器的实现也由派生类完成。

定义抽象属性的格式如下：

```
public abstract 返回值类型 属性名
{
    get;
    set;
}
```

需要注意的是，在抽象类中可以包含抽象方法和抽象属性，也可以包含非抽象的成员，可以是私有或者公有，但是如果是私有，则子类就不能访问，无意义，所以一般情况下都设置为公有 public 或保护类型 protected。

3. 重载抽象方法

在抽象类中，由于抽象方法和抽象属性都没有提供具体的实现，在定义抽象类的派生类时，在派生类中必须重载基类的抽象方法和属性。派生类必须重写（override）抽象类中的所有抽象属性和抽象方法，如果含有没有重写的抽象方法或属性，那么派生类必须声明为抽象类。

微视频：重载抽象方法

重载抽象方法的格式如下：

public override 方法名（［参数列表］）{ }

例 9-2 抽象类和抽象方法的使用。

本题中定义一个抽象类 shape，其中包含抽象方法，然后分别定义 3 个该类的派生类，在各个派生类中分别实现抽象类中的抽象方法，程序代码如下：

```
using System;
namespace CSHARP9_2
{
    public abstract class shape                          // 定义抽象类
    {
        protected double radius;
        public shape(double r){ radius = r; }
        public abstract double cubage();
    }
    public class globe : shape                           // 定义派生类球体 globe
    {
```

```
        public globe(double r): base(r){}
        public override double cubage()              // 重写抽象方法
        {
            return Math.PI * radius * radius * radius * 4.0 / 3;
        }
        public override string ToString()
        {
            return string.Format("球体体积为:{0}", cubage());
        }
    }
    public class cone : shape                        // 定义派生类圆锥体 cone
    {
        public double high;
        public cone(double r, double h): base(r){ high = h; }
        public override double cubage()              // 重写抽象方法
        {
            return Math.PI * radius * radius * high / 3;
        }
        public override string ToString()
        {
            return string.Format("圆锥体体积为:{0}", cubage());
        }
    }
    public class cylinder : shape                    // 定义派生类圆柱体 cylinder
    {
        public double high;
        public cylinder(double r, double h): base(r){ high = h; }
        public override double cubage()  // 重写抽象方法
        {
            return Math.PI * radius * radius * high;
        }
        public override string ToString()
        {
            return string.Format("圆柱体体积为:{0}", cubage());
        }
    }
    class Program
```

```
49:         {
50:             static void Main(string[] args)
51:             {
52:                 globe g = new globe(10.0);
53:                 Console.WriteLine(g);
54:                 cone c = new cone(10.0, 5.0);
55:                 Console.WriteLine(c);
56:                 cylinder cy = new cylinder(10.0, 5.0);
57:                 Console.WriteLine(cy);
58:             }
59:         }
60: }
```

程序代码说明：

程序中第4~9行定义了一个抽象类shape，该类中定义了3个成员，一个是实体变量radius（第6行），一个是构造函数（第7行）用于初始化对象，一个是抽象方法cubage表示计算体积，但因为在该类中并不知道是什么类型的形状，无法计算体积，所以定义为抽象方法，具体的计算方法在派生类中实现。

第10~21行定义了抽象类shape的第1个派生类球体globe，该类中有3个成员，构造函数（第12行）中调用了基类的构造函数base(r)，用来向基类传递参数，第13~16行对基类的抽象方法cubage进行了实现，该方法返回球体的体积。第17~20行重写了ToString方法，该方法产生一个包含用cubage计算出的结果的输出字符串。

第22~34行定义了抽象类shape的第2个派生类圆锥体cone，该类中有4个成员，实例变量height（第24行）表示圆锥体的高度，构造函数（第25行）中调用了基类的构造函数base(r)，用来向基类传递参数同时给变量height提供值，第26~29行对基类的抽象方法cubage进行了实现，该方法返回圆锥体的体积。第30~33行重载了ToString方法，该方法用cubage计算出的体积产生一个输出字符串。

第35~47行定义了抽象类shape的第3个派生类圆柱体，该类中也有4个成员，这4个成员与圆锥体cone类中的成员是相似的。

在Program类的Main主方法中，分别定义了3个派生类的对象g、c和cy（第52、54、56行），第53行的输出语句Console.WriteLine(g);中，默认地调用了类中的方法ToString，而ToString方法中调用了计算体积的方法cubage，因此，第53行的输出中包含球体的体积计算结果。同样，第55、57行分别输出了圆锥体和圆柱体的体积。

程序执行结果如下：

球体体积为：4188.79020478639

圆锥体体积为：523.598775598299

圆柱体体积为：1570.7963267949

9.1.4 案例研究：使用多态的工资系统

微视频：员工工资（一）

例 9-3 用抽象和多态的方法，根据 4 类不同员工类型分别进行工资的计算，各类员工工资计算方法如下。

（1）固定工：每周工资一样，与工作时间长短无关，由 SalariedEmployee 类实现。

（2）计时工：按时计酬，超过 40 小时算加班工资，由 HourlyEmployee 类实现。

（3）雇佣员工：按销售百分比例计算，由 CommissionEmployee 类实现。

（4）底薪雇佣员工：在底薪之上增加销售百分比。在本期内，公司准备对底薪雇佣员工升薪 10%，由 BasePlusCommissionEmployee 类实现。

用抽象基类 Employee 表示员工，这个类派生出 SalariedEmployee、HourlyEmployee 和 CommissionEmployee 类，CommissionEmployee 类派生出 BasePlusCommissionEmployee 类，这 4 个类之间的继承层次关系如图 9-1 所示。

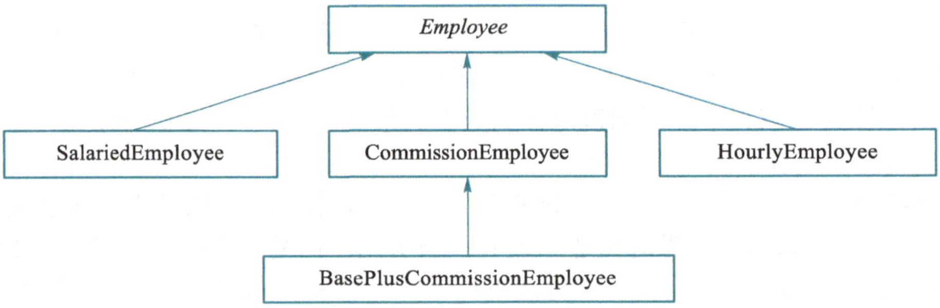

图 9-1 *Employee* 及其派生类的层次关系

图中用斜体表示的类名 *Employee* 表明该类为抽象类。

每个类中都包含 Earning 和 ToString 方法，由于每个类收入的计算方法不同，所以在基类中将 Earning 方法声明为 abstract，然后在每个派生类中进行相应的实现来覆盖该方法。

基类的 ToString 方法返回一个字符串，包含员工的名、姓和社会安全号，在每个派生中覆盖该方法，生成包含员工类型的字符串再加上其他的信息。

每个类中这两个方法各自的结果如表 9-1 所示。

表 9-1 Earning 和 ToString 方法在各个类中的结果

类名	Earning 方法	ToString 方法
Employee	abstract，没有实现部分	FirstName LastName Social security Number: SSN
SalariedEmployee	weeklySalary	Salaried employee: FirstName LastName Social security Number: SSN Weekly salary: weeklysalary

续表

类名	Earning 方法	ToString 方法

HourlyEmployee	//if hours<=40
	wage*hours
	//if hours>40
	40*wage+(hours−40)*wage*1.5
		Hourly employee: FirstName LastName
		Social security Number: SSN
		Hours workey: wage
		Hours worked: hours

CommissionEmployee	commissionRate*grossSales	commission employee: FirstName LastName Social security Number: SSN Gross sales: grosssales Commission rate: commissionrate
BasePlusCommissionEmployee	commissionRate*grossSales+baseSalary	Base salaried commission employee: FirstName LastName Social security Number: SSN Gross sales: grosssales Commission rate: commissionrate Base salary: basesalary

以下分别定义各个类。

1. 创建抽象基类 Employee

定义抽象类 Employee 的代码如下:

```
// 使用多态的工资系统案例第一部分:定义抽象基类 Employee
// 定义员工的 3 个属性,1 个输出字符串方法 ToString(),1 个抽象方法 Earning()
public abstract  class Employee
{
    public string FirstName { get; private set; }                // 员工的 FirstName
    public string LastName { get; private set; }                 // 员工的 LastName
    public string SocialSecurityNumber { get; private set; } // 员工的社会安全号
    public Employee(string first, string last, string ssn)   // 带 3 个参数的构造函数
    {
        FirstName = first;
        LastName = last;
        SocialSecurityNumber = ssn;
    }
    public override string ToString() // 定义输出字符串,包含员工的 3 个属性
    {
```

```
16:            return string.Format( "{0} {1}\nSocial security number: {2}",
                FirstName , LastName , SocialSecurityNumber );
17:       }
18:       public abstract decimal Earning(); // 定义抽象方法,没有实现部分
19:   }
```

Employee 类中,第 5~7 行定义了与员工有关的 3 个属性,即 FirstName、LastName 和 SocialSecurityNumber,基类中的属性在派生类中直接继承和使用。

第 8~13 行定义该类的构造函数,为简化程序,在构造函数中没有对社会安全号进行合理性的检验。

2. 创建具体派生类 SalariedEmployee

具体派生类 SalariedEmployee 扩展 mployee 类,实现 Earning 方法,代码如下:

```
// 使用多态的工资系统案例第二部分: 固定周工资
// 定义 SalariedEmployee 类扩展 Employee 类
public class SalariedEmployee : Employee
{
        private decimal weeklySalary;  // 周工资,变量名第 1 个字母是小写
        public decimal WeeklySalary   // 属性名第 1 个字母是大写
        {
            get { return weeklySalary; }
            set { weeklySalary =(( value>=0 )?value: 0 ); }
        }
        public SalariedEmployee( string first, string last, string ssn, decimal salary ):
              base( first, last, ssn )  // 带 4 个参数的构造函数
        {
            weeklySalary = salary;
        }

        public override decimal Earning()
        {
           return weeklySalary ;
        }
        public override string ToString()
        {
           return string.Format( "Salaried Employee: {0}\n{1}: {2: C}",
                  base.ToString(), "Weekly salary", weeklySalary );
        }
}
```

程序的第 3 行继承基类 Employee，第 6~10 行的属性 WeeklySalary 用来操作实例变量 weeklySalary，其中第 9 行的 set 方法保证对 weeklySalary 赋予非负的值。

第 11~14 行的构造函数将员工的名、姓和社会安全号传入 Employee 类的构造函数（第 11 行），用初始化器（第 12~14 行）初始化派生类的专用实例变量 weeklySalary。

第 16~19 行 Earning 覆盖 Employee 类的抽象方法 Earning，方法的具体实现是返回周工资 weeklySalary。

第 20~23 行的方法 ToString 覆盖 Employee 类的 ToString 方法，如果不覆盖，则该类会继承 Employee 类的 ToString 版本。派生类的 ToString 方法返回信息包括字符串 "Salaried Employee"、基类 Employee 的特定信息（即名、姓和社会安全号）以及周工资 weeklySalary，其中的基类特定信息是调用基类 ToString() 方法实现的，这是代码复用的体现。

3. 创建具体派生类 HourlyEmployee

该类也是 Employee 类的扩展，代码如下：

```
// 使用多态的工资系统案例第三部分：按时计酬
// 定义 HourlyEmployee 类扩展 Employee 类
public class HourlyEmployee : Employee
{
        private decimal Wage;          // 小时工资
        private decimal Hours;         // 每周工作小时数
            public HourlyEmployee(string first, string last, string ssn, decimal
             hourlyWage, decimal hoursWorked): base(first, last, ssn)
                                       // 带 5 个参数的构造函数
        {
            Wage = hourlyWage;
            Hours = hoursWorked;
        }
       public decimal wage
        {
            get { return Wage; }
            set{Wage=(value >=0)? value : 0; }
        }
        public decimal hours
        {
            get { return Hours; }
            set { Hours=((value>=0)&&(value<=168))?value: 0; }
        }
        public override decimal Earning()
        {
```

微视频：员工工资（二）

```
24:            if( Hours <= 40 )           // 按每周工作不超过 40 小时计算
25:                return Wage * Hours;
26:            else
27:                return( 40 * Wage )+(( Hours – 40 )* Wage * 1.5M ); // 超过 40 小时
28:        }
29:        public override string ToString()
30:        {
31:         return string.Format( "HourlyEmployee Employee: {0}\n{1}: {2: C}{3}: {4: F2}",
          base.ToString(), "Hourly Wage", Wage, "hours Worked", Hours );
32:        }
33:  }
```

该类定义了两个实例变量，分别是小时工资 Wage（第 5 行）和周工作小时 Hours（第 6 行）。

第 7~11 行是该类的构造函数，将名、姓和社会安全号传入基类的构造函数，初始化基类的专用实例变量（第 9、10 行）。

第 12~16 行是声明变量 Wage 的属性 wage，其中的 set 方法保证 Wage 为非负值，第 17~21 行声明变量 Hours 的属性 hours，其中的 set 方法保证 Hours 的值为 0~168，168 是一周 7 天的总小时数。

第 22~28 行的 Earning 方法计算 HourlyEmployee 的收入，包括工作时间 40 小时以内和超过 40 小时的不同计算方法。

第 29~32 行派生类的方法 ToString 返回员工类型、员工特定信息和工资信息，也调用了基类的 ToString 方法，同样也是代码复用。

4. 创建具体派生类 CommissionEmployee

该类的结构与前两个派生类相似，代码如下：

```
// 使用多态的工资系统案例第四部分：销售百分比
// 定义 CommissionEmployee 类扩展 Employee 类
public class CommissionEmployee : Employee
{
      private decimal GrossSales;          // 总销售额
      private decimal CommissionRate; // 佣金百分比
      public CommissionEmployee( string first, string last, string ssn, decimal sales,
    decimal rate ): base( first, last, ssn )
                                          // 带 5 个参数的构造函数
      {
          GrossSales = sales;
          CommissionRate = rate;
      }
```

微视频：员工工资（三）

```
12:        public decimal commissionrage
13:        {
14:            get { return CommissionRate; }
15:            set { CommissionRate =( value > 0 && value < 1 )? value : 0; }
16:        }
17:        public decimal grosssales    //操纵 GrossSales 的属性
18:        {
19:            get { return GrossSales; }
20:            set { GrossSales =( value >=0 )?value : 0; }
21:        }
22:        public override decimal Earning()
23:        {
24:             return CommissionRate *GrossSales ;
25:        }
26:        public override string ToString()
27:        {
28:         return string.Format( "{0}: {1}\n{2}{3: C}\n{4}: {5: F2}", "Commission
        Employee", base.ToString(), "Gross Sales: ", GrossSales , "Commission Rate",
        CommissionRate );
29:        }
30:    }
```

程序中的第 5、6 行定义了派生类中的两个实例变量：总销售额 GrossSales 和佣金百分比 CommissionRate。

程序中同样包含构造函数（第 7~11 行）、操作两个实例变量的属性 commissionrage（第 12~16 行）和 grosssales（第 17~21 行）、实现基类的 Earning() 方法（第 22~25 行）以及覆盖的 ToString() 方法（第 26~29 行）。

5. 创建间接的具体派生类 BasePlusCommissionEmployee

本类的代码如下：

```
//使用多态的工资系统案例第五部分：底薪 + 销售百分比
//定义 BasePlusCommissionEmployee 类扩展 CommissionEmployee 类
public class BasePlusCommissionEmployee : CommissionEmployee
{
        public  decimal BaseSalary;                  //每周基本工资
        public BasePlusCommissionEmployee( string first, string last, string ssn, decimal
        sales, decimal rate, decimal salary ): base( first, last, ssn, sales, rate )
                                                     //带 6 个参数的构造函数
        {
```

```
08:             BaseSalary = salary;
09:         }
10:         public decimal baseSalary
11:         {
12:             get { return BaseSalary; }
13:             set { BaseSalary =( value >=0 )?value : 0; }
14:         }
15:         public override decimal Earning()
16:         {
17:             return base.Earning() +BaseSalary ;
18:         }
19:         public override string ToString()
20:         {
21:            return string.Format ( "Base-Salaried {0}: Base salary{1: C}", base.ToString(),
                      BaseSalary );
22:         }
23:     }
```

具体派生类 BasePlusCommissionEmployee 扩展 CommissionEmployee 类（第 3 行），因此间接扩展 Employee 类。

该类自身的实例变量是每周基本工资 BaseSalary（第 5 行），还有两个实例变量分别是总销售额 GrossSales 和佣金百分比 CommissionRate，都来自其基类 CommissionEmployee。

第 6~9 行是构造函数。

第 15~18 行是 Earning 方法的实现，计算 BasePlusCommissionEmployee 类的收入，该方法中调用了基类 CommissionEmployee 中的 Earning() 方法（第 17 行中的 base.Earning()），这也是代码复用。

第 19~22 行是 ToString() 方法的覆盖，用来生成 BasePlusCommissionEmployee 类的字符串表示，该字符串中包括调用 BasePlusCommissionEmployee 类的 ToString() 方法产生的字符串，调用 Employee 类中的 ToString() 方法产生的字符串和本类的 ToString() 方法中的字符串，该方法跨越了 Employee 层次中的三层。

6. 多态处理、运算符 is 和向下转换

定义好各个类之后，接下来在 Program 类中测试 Employee 的各个层次，程序中创建 4 个具体类的对象，然后通过每个对象自己的类型操纵这些对象，接下来用 Employee 数组进行多态操作，代码如下：

```
// 使用多态的工资系统案例第六部分：多态处理
class Program
{
        static void Main ( string[] args )
```

微视频：员工工资（四）

```
        {
            SalariedEmployee salariedEmployee =
              new SalariedEmployee( "John", "Smith", "111-11-1111", 800.00M );
            HourlyEmployee hourlyEmployee =
              new HourlyEmployee( "Karen", "Price", "222-22-2222", 16.75M, 40.0M );
            CommissionEmployee commissionEmployee =
              new CommissionEmployee( "Sue", "Jones", "333-33-3333", 10000.00M, .06M );
            BasePlusCommissionEmployee basePlusCommissionEmployee = new BasePlus
              CommissionEmployee( "Bob", "Lewis", "444-44-4444", 5000.00M, .04M,
              300.00M );
            Console.WriteLine( " 不同雇员的处理结果: " );
            Console.WriteLine( "{0}\nEarned: {1: C}\n",
              salariedEmployee, salariedEmployee.Earning() );
            Console.WriteLine( "{0}\nEarned: {1: C}\n",
              hourlyEmployee, hourlyEmployee.Earning() );
            Console.WriteLine( "{0}\nEarned: {1: C}\n",
              commissionEmployee , commissionEmployee.Earning() );
            Console.WriteLine( "{0}\nEarned: {1: C}\n",
              basePlusCommissionEmployee, basePlusCommissionEmployee.Earning() );
            Employee[] employees=new Employee[4];
            // 创建含有 4 个元素的 Employee 数组
            // 使用 Employee 的派生类初始化数组
            employees[0] = salariedEmployee;
            employees[1] = hourlyEmployee ;
            employees[2] = commissionEmployee;
            employees[3] = basePlusCommissionEmployee;
            Console.WriteLine( " 不同雇员的处理结果: " );
            foreach( var currentEmployee in employees )
            {
                Console.WriteLine( currentEmployee ); // 调用 ToString()
                if( currentEmployee is BasePlusCommissionEmployee )
                {
                    BasePlusCommissionEmployee employee =
                      ( BasePlusCommissionEmployee )currentEmployee;
                    employee.baseSalary *= 1.10M;
                    Console.WriteLine( "new base salary with 10% increase is: {0: C}",
                      employee.BaseSalary );
```

```
                }
                Console.WriteLine ( "Earned: {0: C}\n", currentEmployee.Earning () );
            }
            for ( int j = 0; j < employees.Length; j++ )
              Console.WriteLine ( "Employee {0} is a {1}", j, employees [j].GetType () );
        }
    }
```

程序的运行结果如下：

```
不同雇员的处理结果：
Salaried Employee: John Smith
Social security number: 111-11-1111
Weekly salary: ¥800.00
Earned: ¥800.00

HourlyEmployee Employee: Karen Price
Social security number: 222-22-2222
Hourly Wage: ¥16.75hours Worked: 40.00
Earned: ¥670.00

Commission Employee: Sue Jones
Social security number: 333-33-3333
Gross Sales: ¥10,000.00
Commission Rate: 0.06
Earned: ¥600.00

Base-Salaried Commission Employee: Bob Lewis
Social security number: 444-44-4444
Gross Sales: ¥5,000.00
Commission Rate: 0.04: Base salary ¥300.00
Earned: ¥500.00

不同雇员的处理结果：
Salaried Employee: John Smith
Social security number: 111-11-1111
Weekly salary: ¥800.00
Earned: ¥800.00
```

HourlyEmployee Employee: Karen Price
Social security number: 222-22-2222
Hourly Wage: ¥16.75hours Worked: 40.00
Earned: ¥670.00

Commission Employee: Sue Jones
Social security number: 333-33-3333
Gross Sales: ¥10,000.00
Commission Rate: 0.06
Earned: ¥600.00

Base-Salaried Commission Employee: Bob Lewis
Social security number: 444-44-4444
Gross Sales: ¥5,000.00
Commission Rate: 0.04: Base salary ¥300.00
new base salary with 10% increase is: ¥330.00
Earned: ¥530.00

Employee 0 is a CSHARP9_3.SalariedEmployee
Employee 1 is a CSHARP9_3.HourlyEmployee
Employee 2 is a CSHARP9_3.CommissionEmployee
Employee 3 is a CSHARP9_3.BasePlusCommissionEmployee

程序中,第 6~9 行创建了 4 个类的具体对象,分别是 salariedEmployee、hourlyEmployee、commissionEmployee 和 basePlusCommissionEmployee,第 11~14 行输出每个对象的字符串表示和收入,其中每个对象的 ToString 方法在对象用格式输出为字符串时由 WriteLine 隐式地调用。

第 15 行声明了含有 4 个元素的 Employee 类的数组 employees,第 17~20 行将前面创建的 4 个不同类型的对象分别赋给数组中的每个元素,这些赋值都是允许的,因为派生类对象可以看作是基类对象,所以不同的派生类变量都可以赋给基类变量。

第 22~32 行对数组中每个元素使用循环逐个处理,对 employees 的变量 currentEmployee 调用 ToString 方法和 Earning 方法,每次循环赋值不同的引用,输出显示实际上调用了每个类的适当方法。

这种在程序执行时根据 currentEmployee 所指的对象类型调用正确的 ToString 方法和 Earning 方法的过程称为动态绑定或后绑定,即在执行时而不是在编译时确定调用哪个 ToString 方法。

与动态绑定对应的是静态绑定,是指在编译时确定同名操作的具体操作对象,静态绑定通过函数重载实现,本章后面将要介绍的运算符重载就属于静态绑定。

循环体中的第 25~30 行对 BasePlusCommissionEmployee 对象进行了特殊的处理，在处理该类的对象时，将底薪增加 10%。

其中第 25 行中的"currentEmployee is BasePlusCommissionEmployee"中用 is 运算符确定对象 currentEmployee 是否为 BasePlusCommissionEmployee 类型，即采用了如下的格式：

对象名 is 类名

第 27 行将 currentEmployee 从类层次结构中的类型 Employee 向下转换为类型 BasePlusCommissionEmployee，这是允许的，因为派生类和基类之间存在"是"的关系。

只有经过这个转换，才能对当前的 Employee 对象使用派生类 BasePlusCommissionEmployee 的属性 baseSalary，例如第 28 行中的 employee.baseSalary。

第 31 行调用 currentEmployee 的 Earning() 方法，在这里是多态调用相应派生类对象的 Earning 方法，结果是取得 SalariedEmployee、HourlyEmployee、CommissionEmployee 类各自计算的收入，结果与 11~13 行的结果相同。

但第 31 行的多态从 BasePlusCommissionEmployee 计算的结果比第 14 行的结果（即收入）要多，因为底薪增加了 10%。

第 33、34 行显示每类员工的类型字符串，其中的 GetType 方法用来获得每个对象所属的类，该方法返回对象运行时的类，返回时隐式地调用 ToString 方法，ToString 方法返回对象所属的类名。

结合上面的例子，可以总结对基类变量和派生类变量赋值的基本要点如下：

（1）将基类引用赋给基类变量是正确的。

（2）将派生类引用赋给派生类变量是正确的。

（3）将派生类引用赋给基类变量是安全的，因为派生类对象是基类对象，但这个引用只能引用基类成员，如果通过基类变量引用派生类中的特有成员，则会发生编译错误。

（4）将基类引用赋给派生类变量是编译错误，如果一定要这样使用，应显式地将基类引用转换成派生类型。可以通过 is 运算符保证只对派生类对象进行转换。

9.2 sealed 方法和类

前面介绍的抽象类通过 abstract 修饰符所修饰的方法其内容缺少实现部分，这样在类声明中使用 abstract 修饰符的某个类只能是其他类的基类。标记为抽象或包含在抽象类中的成员必须通过从抽象类派生的类来实现，也就是说，抽象类必须有派生类。

和抽象类相反的是，有一种类不允许有派生类，叫密封类，用 sealed 关键字修饰。密封类不能作为其他类的父类，所以密封类中不能包含虚方法（virtual）和抽象方法（abstract），因为没有机会实现。

当对一个类使用 sealed 修饰符时，其他类不能从该类继承。例如，在下面的代码中，类 B 从类 A 继承，但是任何类都不能从类 B 继承。

```
class A
```

```
{
    …
}
sealed class B : A
{
    …
}
```

如果使用下面的语句定义类 C：

```
class C : B
{
    …
}
```

则程序在编译时会产生下面的出错信息：

无法从密封类型“XXXX.B”派生

其中的 XXXX 为对应的名字空间名称。

基类中的方法也可以使用 sealed 修饰，该方法称为密封方法，密封方法不能在派生类中覆盖，即用 sealed 声明的方法不能改变，因此所有的派生类使用相同的方法实现。

例 9–4　sealed 方法的使用。

程序中定义 3 个具有继承关系的类 X、Y 和 Z，每个类中有两个方法 F() 和 F2()，其中有密封方法。

```
using System;
namespace CSHARP9_4
{
    class X
    {
        public virtual void F(){ Console.WriteLine( "X.F" ); }
        public virtual void F2(){ Console.WriteLine( "X.F2" ); }
    }
    class Y : X
    {
        public sealed override void F(){ Console.WriteLine( "Y.F" ); }
        public override void F2(){ Console.WriteLine( "Y.F2" ); }
    }
    class Z : Y
    {
        // protected override void F(){ Console.WriteLine( "C.F" ); }
        // 重载 F 将会产生编译错误
```

```
18:             public override void F2(){ Console.WriteLine("Z.F2"); }
19:             //重载 F2 是允许的
20:         }
21:         class Program
22:         {
23:             static void Main(string[] args)
24:             {
25:                 Z z = new Z();
26:                 z.F();
27:                 z.F2();
28:                 Y y = new Y();
29:                 y.F();
30:                 y.F2();
31:             }
32:         }
33:     }
```

程序代码说明：

程序中第 4~8 行定义类 X，类中有两个方法 F 和 F2，第 9~13 行定义 X 的派生类 Y，该类中也有两个方法 F 和 F2，但 F 被声明为密封方法，Y 中的 F2 对 X 中的 F2 进行了重写，第 14~20 行定义了 Y 的派生类 Z，该类中有一个方法 F2，对 Y 中的 F2 进行了重写。

第 23~31 行对定义的类进行了测试，第 25 行定义了 Z 类的对象 z，第 26 行调用了 Z 类的方法 F，Z 类中的 F 是从 Y 类继承来的，所以输出 “Y.F”，第 27 行调用了 Z 类的方法 F2，该方法是 Z 类中定义的，所以输出 “Z.F2”。

第 28 行定义了 Y 类的对象 y，第 29、30 行对 Y 类的方法 F 和 F2 进行了调用，这两个方法都是 Y 类中重新定义的，所以分别输出 “Y.F” 和 “Y.F2”。

如果将第 16 行的注释符 “//” 取消，程序在编译该行时会产生下面的出错信息：

继承成员 “CSHARP9_4.Y.F()” 是密封的，无法进行重写

程序运行结果如下：

```
Y.F
Z.F2
Y.F
Y.F2
```

关于在派生类中的覆盖，有如下的说明：

（1）基类中的密封方法不能在派生类中覆盖。

（2）声明为 private 的方法隐含 sealed，所以不能在派生类中覆盖。

（3）声明为 static 的方法也隐含 sealed，所以也不能在派生类中覆盖。

（4）同时声明为 override 和 sealed 的派生类方法可以覆盖基类的方法，但不能在继承层次的下层派生类中覆盖。

声明为 sealed 的类不能作为基类，该类中的所有方法隐含为 sealed。String 类就是一个 sealed 类。

微视频：接口

9.3 创建和使用接口

接口是一种用来定义程序的协议，它描述可属于任何类或结构的一组相关行为。实现某接口的类或结构必须遵守该接口定义的协定。接口提供了派生类应遵循的标准结构，接口使得实现接口的类或结构在形式上保持一致。

1. 接口的声明

接口的声明从 interface 开始，接口中的成员只能包含方法、属性、事件和索引器，也可以是这 4 个成员类型的任意组合。接口本身不提供它所定义的成员的具体实现，接口只指定实现该接口的类或结构必须提供的成员。

声明一个接口的格式如下：

```
[接口修饰符]interface 接口名[ :基类接口名]
{
    接口的成员;
}
```

上面的格式说明如下：

（1）接口修饰符可以是 new、public、protected、internal 和 private。new 修饰符是在嵌套接口中唯一被允许存在的修饰符，它说明用相同的名称隐藏一个继承的成员，其他几个修饰符控制接口的访问能力。

（2）接口名通常以字母 “I” 开始。

（3）一个接口声明中可以声明零个或多个成员，接口的成员包括从基接口继承的成员和由接口本身声明的成员，所有接口成员默认都是 public，所以，不能使用修饰符 abstract、public、protected、internal、private、virtual、override 或 static 来声明接口成员，接口成员之间不能重名。

例如，下面定义了一个名为 ImyPort 的接口，接口中有 4 个成员：

```
public interface ImyPort
{
    void display(string s);                 //方法成员
    int count{get; }                        //属性成员
    event stringList Changed;               //事件成员
    string this[int index] { get; set; }    //索引成员
}
```

2. 接口的继承

接口也可以继承，一个接口可以从 1 到多个接口中继承，被继承的这些接口称为这个接口的基本接口，接口继承其基本接口中的所有成员，如果一个接口继承其他接口，那么实现类或结构就需要实现所有接口的成员。

接口的继承使每个接口可以扩展一个或多个其他接口，使其他类可以实现更完美的接口，这一点类似于类的继承性。

定义继承接口时，在接口名称后面用“：”加上被继承接口的名称，有多个被继承的接口时，接口名之间用“，”隔开。

例如，下面定义的接口 ID 同时继承了接口 IA、IB 和 IC：

```
interface ID: IA, IB, IC
{
}
```

需要注意的是，类和接口的继承有如下的区别：

（1）类继承不仅说明继承，而且也实现继承，接口继承只是说明继承，即只是继承了父接口的成员方法说明，并没有继承父接口的实现。

（2）在 C# 中类的继承只允许单继承，接口的继承可以允许多个继承，一个子接口可以有多个父接口。

3. 接口的实现

接口方法的实现通常是通过类中的公有方法实现的。

例 9–5　接口的继承与接口中方法的实现。

本例说明接口的定义、继承和接口的成员方法在继承类中的具体实现，程序代码如下：

```
using System;
namespace CSHARP9_5
{
    public interface IPortA              // 定义接口 IPortA
    {
        void DisplayStringA();
    }
    public interface IPortB : IPortA     // 接口 IPortB 继承 IPortA
    {
        void DisplayStringB();
    }
    public class C : IPortB
    {
        public void DisplayStringA()
        {
            Console.WriteLine("这是实现接口 IPortA 的结果");
```

```
17:             }
18:             public void DisplayStringB()
19:             {
20:                 Console.WriteLine("这是实现接口 IPortB 的结果");
21:             }
22:         }
23:         class Program
24:         {
25:             static void Main()
26:             {
27:                 C c = new C();
28:                 c.DisplayStringA();
29:                 c.DisplayStringB();
30:             }
31:         }
32:     }
```

程序代码说明：

程序中第 4~11 行定义了两个接口 IPortA 和 IPortB，两个接口中各声明了一个方法，分别是 DisplayStringA 和 DisplayStringB，都没有实现部分，接口 IPortB 继承 IPortA，也就继承了接口 IPortA 的方法，这样接口 IPortB 中就有两个未实现的方法。

第 12~22 行定义了类 C，类 C 继承了接口 IPortB，并且实现了从接口 IPortB 继承下来的两个方法（第 14~17、18~21 行）。

第 28、29 行分别调用了这两个方法。

接口常用于不同的类共享共同方法，使不相关的对象可以多态处理，实现同一接口的类对象可以响应同一方法调用。

程序运行结果如下：

这是实现接口 IPortA 的结果

这是实现接口 IPortB 的结果

4. 显式接口成员

在 C# 中，一个类中可以实现多个接口，如下面对类 C 的声明：

```
public interface IPortA
{
    void DisplayString();
}
public interface IPortB
{
    void DisplayString();
```

```
}
public class C : IPortB, IPortA
{
    …
}
```

类 C 继承接口 IPortA 和接口 IPortB，因此在类 C 中要同时实现接口 A 和接口 B。

注意到两个接口中定义的方法名称相同，都是 DisplayString，这样，在类 C 继承的多个接口中存在同名的成员，为了区分是从哪个接口继承来的，可以采用显式实现接口的方法，显式实现方法的格式如下：

接口名称 . 成员名称

显式实现的成员不能带有任何的修饰符。

显式实现的成员不能通过类的实例进行调用，必须通过所属的接口来调用，这时采用的格式如下：

((接口名)类对象名). 方法名

显式实现也可以用于两个接口分别声明具有相同名称的不同成员，例如，属性和方法，对于同名的属性成员，可以采用下面的格式进行引用：

((接口名)类对象名). 属性名

例 9–6 显式接口中方法的实现与调用。

```
using System;
namespace CSHARP9_6
{
    public interface IPortA
    {
        void DisplayString();
    }
    public interface IPortB : IPortA
    {
        new void DisplayString();
    }
    public class C : IPortB
    {
        void IPortA.DisplayString()
        {
            Console.WriteLine("这是实现接口 IPortA 的结果");
        }
        void IPortB.DisplayString()
        {
```

```
20:                 Console.WriteLine(" 这是实现接口 IPortB 的结果 ");
21:             }
22:         }
23:         class Program
24:         {
25:             static void Main()
26:             {
27:                 C c = new C();
28:                 ((IPortA)c).DisplayString();
29:                 ((IPortB)c).DisplayString();
30:             }
31:         }
32:     }
```

程序代码说明：

程序中第 4~11 行定义了两个接口 IPortA 和 IPortB，这两个接口之间没有继承关系，两个接口中都有一个同名的方法 DisplayString。

第 12~22 行定义了类 C，类 C 继承了两个接口 IPortA 和 IPortB，并且实现了两个接口中的同名方法。

类成员 IPortA.DisplayString 只能通过 IPortA 接口调用，同样，类成员 IPortB.DisplayString 只能通过 IPortB 接口调用，第 14~17 行通过 IPortA.DisplayString 显式实现了接口 IPortA 的方法，第 18~21 行通过 IPortB.DisplayString 显式实现了接口 IPortB 的方法，这样，这两个同名的方法有了不同的实现。

第 28、29 行分别调用了实现不同接口中的方法。

程序运行结果如下：

这是实现接口 IPortA 的结果

这是实现接口 IPortB 的结果

5. C# 中抽象类和接口的区别

接口含有多个不同的成员，其方法成员要在派生类中实现，所以接口和抽象类有下面的相似之处。

（1）不能实例化。

（2）包含未实现的方法声明。

（3）派生类必须实现未实现的方法，抽象类是抽象方法，接口则是所有成员。

抽象类具有下列的特点。

（1）抽象类是特殊的类，不能被实例化。除此以外，具有类的其他特性。

（2）抽象类可以包括抽象方法，这是普通类所不能的。抽象方法只能声明于抽象类中，且不包含任何实现，派生类必须覆盖它们。

（3）抽象类可以派生自一个抽象类，可以覆盖基类的抽象方法也可以不覆盖，如果不覆盖，则其派生类必须覆盖它们。

接口具有下列的特点。

（1）接口可以包含方法、属性、索引器、事件 4 种成员，这些成员都被定义为公有的。

（2）一个类可以直接继承多个接口，但只能直接继承一个类（包括抽象类）。

（3）可以将接口看成是只包含抽象成员并且所有成员都没有实现的抽象类。

注意，在具体使用时，抽象类用于部分实现一个类，再由用户按需求对其进行不同的扩展和完善；接口只是定义了一个行为的规范或规定。

抽象类主要用于关系密切的对象，而接口适合为不相关的类提供通用功能。

抽象类主要用于设计大的功能单元，而接口用于设计小而简练的功能块。

微视频：运算符重载

9.4 运算符重载

本节介绍函数重载（方法重载）的一个特殊情况——运算符重载的概念和使用方法。运算符重载是具有特殊名称的函数，是通过关键字 operator 后跟运算符的符号来定义的。与其他函数一样，运算符重载有返回类型和参数列表。

在 C# 中，对于预定义的运算符，其操作对象只能是基本的数据类型，例如，对于运算符“+”，如果有两个操作对象 x 和 y，不论它们是整型数还是实型数，x+y 都能实现，因为整型或实型是基本的类型。

但是，对于下面定义的复数类 ComplexNumber

```
class ComplexNumber
{
    public double real;
    public double imaginary;
    public ComplexNumber(double r, double i)
    {
        real = r;
        imaginary = i;
    }
}
```

如果定义了该类的两个对象 x 和 y：

```
ComplexNumber x=new ComplexNumber(1,2);
ComplexNumber y=new ComplexNumber(3,4);
```

现在要计算这两个复数的和，即计算表达式 x+y，但是该表达式在编译时会出错，因为这里的运算对象不是基本类型，而是类 ComplexNumber 的对象，用运算符“+”预定义的功能就无法实现。

为实现上述的功能，需要自己编写程序来说明“+”用于类对象时完成什么样的具体功能，也就是需要定义新的运算符函数即重载函数，这就是运算符的重载，显然，运算符的重载是对已有的运算符赋予多重含义，使同一个运算符用于不同类型数据时，产生不同类型的结果。

实现重载功能时，可以将重载函数声明为该类的成员函数，这时，先把指定的运算表达式转化为对运算符函数的调用，运算对象转化为运算符函数的实参，然后，根据实参的类型确定要调用的函数。

运算符重载的声明格式如下：

```
public static 返回值类型 operator 运算符([形参表列])
{
    函数体
}
```

在上面的格式中，各部分的含义如下：

（1）返回值类型是重载的运算符函数返回值的类型，即运算结果的类型。

（2）operator 是定义运算符重载函数关键字。

（3）运算符就是要重载的运算符本身的符号。

（4）形参表列是重载运算符所需要的参数及类型。

例 9–7 将四则运算运算符重载为成员函数，完成复数的四则运算。

两个复数四则运算的结果也是复数，设两个复数分别是 a+bi 和 c+di，四则运算的规则如下。

加法法则：(a+bi)+(c+di)=(a+c)+(b+d)i

减法法则：(a+bi)–(c+di)=(a–c)+(b–d)i

乘法法则：(a+bi)*(c+di)=(ac–bd)+(bc+ad)i

除法法则：(a+bi)/(c+di)=(ac+bd)/(c^2+d^2)+(bc–ad)/(c^2+d^2)i

程序代码如下：

```
using System;
namespace CSHARP9_7
{
    class ComplexNumber
    {
        public double real;
        public double imaginary;
        public ComplexNumber(double r, double i)// 构造函数
        {
            real = r;
            imaginary = i;
        }
        public string ShowString()
```

```
        {
            //设计输出字符串
            return Convert.ToString(real) + (imaginary < 0 ? "-" : "+") +
             Convert.ToString(Math.Abs(imaginary)) + "i";
        }
        //运算符"+"重载为成员函数
        public static ComplexNumber operator +(ComplexNumber x, ComplexNumber y)
        {
            //计算规则:(a+bi)+(c+di)=(a+c)+(b+d)i
            return new ComplexNumber(x.real + y.real, x.imaginary + y.imaginary);
        }
        //运算符"-"重载为成员函数
        public static ComplexNumber operator -(ComplexNumber x, ComplexNumber y)
        {
            //计算规则:(a+bi)-(c+di)=(a-c)+(b-d)i
            return new ComplexNumber(x.real - y.real, x.imaginary - y.imaginary);
        }
        //运算符"*"重载为成员函数
        public static ComplexNumber operator *(ComplexNumber x, ComplexNumber y)
        {
            double r, i;
            //计算规则:(a+bi)*(c+di)=(ac-bd)+(bc+ad)i
            r = x.real * y.real - x.imaginary * y.imaginary;
            i = x.real * y.imaginary + y.real * x.imaginary;
            return new ComplexNumber(r, i);
        }
        //运算符"/"重载为成员函数
        public static ComplexNumber operator /(ComplexNumber x, ComplexNumber y)
        {
            double r, i;
            //计算规则:(a+bi)/(c+di)=(ac+bd)/(c^2+d^2)+(bc-ad)/(c^2+d^2)i
            r = (x.real * y.real + x.imaginary * y.imaginary) / (y.real * y.real +
               y.imaginary * y.imaginary);
            i = (x.imaginary * y.real - x.real * y.imaginary) / (y.real * y.real +
               y.imaginary * y.imaginary);
            return new ComplexNumber(r, i);
        }
```

```
48:         class Program
49:         {
50:             static void Main(string[] args)
51:             {
52:                 ComplexNumber x, y, z;
53:                 double r, i;
54:                 Console.Write("请输入第一个复数的实部:");
55:                 r = Convert.ToDouble(Console.ReadLine());
56:                 Console.Write("请输入第一个复数的虚部:");
57:                 i = Convert.ToDouble(Console.ReadLine());
58:                 x = new ComplexNumber(r, i);
59:                 Console.Write("请输入第二个复数的实部:");
60:                 r = Convert.ToDouble(Console.ReadLine());
61:                 Console.Write("请输入第二个复数的虚部:");
62:                 i = Convert.ToDouble(Console.ReadLine());
63:                 y = new ComplexNumber(r, i);
64:                 z = x + y;
65:                 Console.WriteLine("复数相加:({0})+({1})=({2})",
                        x.ShowString(), y.ShowString(), z.ShowString());
66:                 z = x - y;
67:                 Console.WriteLine("复数相减:({0})-({1})=({2})",
                        x.ShowString(), y.ShowString(), z.ShowString());
68:                 z = x * y;
69:                 Console.WriteLine("复数相乘:({0})*({1})=({2})",
                        x.ShowString(), y.ShowString(), z.ShowString());
70:                 z = x / y;
71:                 Console.WriteLine("复数相除:({0})/({1})=({2})",
                        x.ShowString(), y.ShowString(), z.ShowString());
72:             }
73:         }
74:     }
75: }
```

程序代码说明:

程序中的 ComplexNumber 类重载了四则运算符加(+)、减(-)、乘(*)和除(/),实现了对复数进行四则运算。

第 13~17 行定义方法 ShowString 用来设计输出字符串,产生形如 3+4i 的字符串。

第 19~23 行重载加法运算符,完成复数的加法运算,方法头部的关键字 operator+ 用来指定重载运算符的运算符是“+”。重载的双目运算符要用到两个操作数，这就是形参表列中的两个参数 ComplexNumber x 和 ComplexNumber y，方法的结果返回的是两个复数之和，在操作符重载中，返回值往往要用 new 创建一个新的 ComplexNumber 对象。

注意到该方法的修饰符有公用 public 和静态 static，这是重载运算符必需的。

第 25~29 行、31~38 行、40~47 行分别重载减法、乘法和除法运算。

整个程序完成了两个复数的四则运算，第 54~63 行提示分别输入 4 个实数，即两个复数的实部和虚部，然后用输入的实数创建两个复数 x 和 y（第 58 行、第 63 行）。

第 64 行进行了两个复数的加法运算，如果不使用运算符“+”的重载，则对于复数 x 和 y，表达式 x+y 是没有意义的，通过重载函数就可以完成复数加法运算，第 65 行显示的就是复数加法的结果。

第 66~71 行分别完成两个复数的减法、乘法和除法运算并显示计算的结果。

程序运行结果如下：

请输入第一个复数的实部：1
请输入第一个复数的虚部：2
请输入第二个复数的实部：3
请输入第二个复数的虚部：4
复数相加：(1+2i)+(3+4i)=(4+6i)
复数相减：(1+2i)-(3+4i)=(-2-2i)
复数相乘：(1+2i)*(3+4i)=(-5+10i)
复数相除：(1+2i)/(3+4i)=(0.44+0.08i)

例 9-8 重载运算符“++”，使其用于复数的运算，运算规则是实部和虚部分别加 1。

```
using System;
namespace CSHARP9_8
{
    class ComplexNumber
    {
        public double real;
        public double imaginary;
        public ComplexNumber(double r, double i)// 构造函数
        {
            real = r;
            imaginary = i;
        }
        public string ShowString()
        {
            return Convert.ToString(real) + (imaginary < 0 ? "-" : "+") +
                Convert.ToString(Math.Abs(imaginary)) + "i";
```

```
        }
        public static ComplexNumber operator ++(ComplexNumber x)// 重载 ++ 运算符
        {
            double r = x.real + 1;
            double i = x.imaginary + 1;
            return new ComplexNumber(r, i);
        }
        class Program
        {
            static void Main(string[] args)
            {
                ComplexNumber x, y, z;
                double r, i;
                ComplexNumber k = new ComplexNumber(1, 2);
                Console.Write("请输入复数的实部:");
                r = Convert.ToDouble(Console.ReadLine());
                Console.Write("请输入复数的虚部:");
                i = Convert.ToDouble(Console.ReadLine());
                x = new ComplexNumber(r, i);
                y = ++x;
                Console.WriteLine("x={0}", x.ShowString());
                Console.WriteLine("y={0}", y.ShowString());
                z = x++;
                Console.WriteLine("x={0}", x.ShowString());
                Console.WriteLine("z={0}", z.ShowString());
            }
        }
    }
}
```

程序的运行结果如下：

```
请输入复数的实部:1
请输入复数的虚部:2
x=2+3i
y=2+3i
x=3+4i
z=2+3i
```

程序代码说明：

第 17~22 行重载自增运算符“++”，分别对实部和虚部加 1。重载的单目运算符要用到一个操作数，这就是形参表列中的参数 ComplexNumber x。

第 29~33 行提示分别输入 2 个实数，即复数的实部和虚部，然后用输入的实数创建了复数 x（第 34 行）。

第 35 行进行了复数的前置加 1 运算“y=++x;”，变量 y 保存运算的结果，第 36、37 行分别输出复数 x 和 y，从输出结果可以算出，变量 x 的值进行了加 1 运算，由于进行了前置加 1 运算，变量 y 的值是 x 加 1 以后的值。

第 38 行进行了复数的后置加 1 运算“z=x++;”，变量 z 保存运算的结果，第 39、40 行分别输出复数 x 和 z，从输出结果可以算出，变量 x 的值进行了加 1 运算，由于进行了后置加 1 运算，变量 z 的值是 x 加 1 以前的值。

在 C# 中，可以重载的运算符如下：

- 单目运算符：+、-、!、~、++、--。
- 双目运算符：+、-、*、/、%、&、|、^、<<、>>、==、!=、>、<、>=、<=。

需要注意的是，对运算符进行重载时应注意下面的问题：

（1）只能重载 C# 中已有的运算符，不能通过重载定义新的运算符。

（2）运算符的重载不会改变原运算符的优先级和结合性。

（3）运算符的重载不会改变使用运算符的语法规则和参数个数，即单目运算符只能重载为单目运算符，双目运算符只能重载为双目运算符。

（4）重载后的功能应该与原有的功能类似。

微视频：泛型（一）

9.5 泛型

C# 中讲到的泛型（generic）和 C++ 中的模板类似，泛型从字面意思理解就是泛指的类型，即类型不确定，在编程开发过程中可以对不同的类型进行抽象。泛型的引入使得在设计类和方法时，不必确定一个或多个参数，其具体的参数类型可以延迟到主函数代码中去声明和实现。例如，写一个类 MyClass<T>，在调用时可以这样写：MyClass<int>、MyClass<float>、MyClass<string>，甚至 MyClass<OtherClass>，这也就避免了代码在运行时类型转换或装箱操作的代价和风险。

泛型不止局限于类，也可以创建泛型接口、泛型方法，甚至泛型委托（后面会讲到委托）。泛型增强了代码的可读性和灵活性，将大量的安全检查从运行期转移到编译期，提高了代码的安全性和性能，从根本上来讲，泛型实现了类型和方法的参数化。

正确使用泛型可以大大缩短开发时间。

9.5.1 泛型引入

下面通过一个简单的例子说明泛型的重要性。

例 9-9 如果要实现一个简单的冒泡排序算法，在没学习泛型之前，可能大家会很熟练地写下如下代码：

```
public class SortClass
{
    public void BubbleSort ( int[] array )
    {
        int length = array.Length;
        for ( int i = 0; i < length; i++ )
        {
            for ( int j = length - 1; j > i; j-- )
            {
                if ( array[j] < array[j - 1] )
                {
                    int temp = array[j];
                    array[j] = array[j - 1];
                    array[j - 1] = temp;
                }
            }
        }
    }
}
```

代码很简单，通过主函数对上述代码进行测试：

```
class Program
{
    static void Main ( string[] args )
    {
        SortClass sorter = new SortClass ();
        int[] array = { 78, 81, 94, 67, 73, 59 };
        sorter.BubbleSort ( array );
        foreach ( int i in array )
        {
            Console.Write ( "{0} ", i );
        }
    }
}
```

程序输出结果为 59 67 73 78 81 94。通过比对输出结果发现代码很好地实现了排序的功能。但是如果有另一个需求要对一个 float 类型的数组进行排序，而上述 BubbleSort 方法只能接受 int 类型的数组参数，这时可以通过第 6 章方法重载的方式实现，大部分代码不变，只需修改参数类型即可。程序代码如下：

```
public class SortClass
{
    public void BubbleSort ( int[] array )
    {
        int length = array.Length;
        for ( int i = 0; i < length; i++ )
        {
            for ( int j = length - 1; j > i; j-- )
            {
                if ( array[j] < array[j - 1] )
                {
                    int temp = array[j];
                    array[j] = array[j - 1];
                    array[j - 1] = temp;
                }
            }
        }
    }
    public void BubbleSort ( float[] array )
    {
        int length = array.Length;
        for ( int i = 0; i < length; i++ )
        {
            for ( int j = length - 1; j > i; j-- )
            {
                if ( array[j] < array[j - 1] )
                {
                    float temp = array[j];
                    array[j] = array[j - 1];
                    array[j - 1] = temp;
                }
            }
        }
    }
}
```

上述代码也同样解决了问题，但是如果又增加了新的需求，需要对 char 类型或者 byte

类型数组进行排序，当然可以继续采用方法重载的方式去实现相应功能，但是有没有更好的解决方案呢？答案是肯定的，可以通过本小节“泛型”去实现。

通过对比上述代码，发现方法除了参数类型不同，其他代码内容几乎完全一样，可以将方法头列出：

```
public void BubbleSort ( int[] array );
public void BubbleSort ( float[] array );
public void BubbleSort ( char[] array );
```

如果将方法参数类型 int[]、float[]、char[] 用一个占位符（用 T[] 表示，T 可以代表任何类型）来代替，这样就将方法中参数类型的差异屏蔽掉了。因此，可以将例 9-9 修改为如下形式：

```
01:     public class SortClass
02:     {
03:         public void BubbleSort<T> ( T[] array ) where T : IComparable<T>
04:         {
05:             int length = array.Length;
06:             for ( int i = 0; i < length; i++ )
07:             {
08:                 for ( int j = length - 1; j > i; j-- )
09:                 {
10:                     if ( array[j].CompareTo ( array[j - 1] ) < 0 )
11:                     {
12:                         T temp = array[j];
13:                         array[j] = array[j - 1];
14:                         array[j - 1] = temp;
15:                     }
16:                 }
17:             }
18:         }
19:     }
```

微视频：泛型（二）

其中第 03 行 BubbleSort<T>（T[] array）的书写方式就是一种泛型方法，后面的 where T : IComparable<T> 用到了泛型类型约束，其作用是限定传递的泛型参数，这里的 IComparable 接口定义由值类型或类实现的特定于类型的通用比较方法，旨在对其实例进行排序（也就是限定传过来的参数类型是可以进行排序的类型，其大小的比较用 CompareTo 方法），也就是为了进行第 10 行实现值的大小比较，CompareTo 提供的泛型集合对象的成员进行排序的强类型的比较方法，如果 A 大于 B，则 A.CompareTo（B）>0，A 小于 B，则 A.CompareTo（B）<0，A 等于 B，则 A.CompareTo（B）=0。

泛型的约束有以下 5 种。

（1）where T: struct 限定当前参数类型必须是值类型。

（2）where T: class 限定当前类型参数类型必须是引用类型。

（3）where T: new()限定当前参数类型必须有一个无参构造器。

（4）where T: <base class name> 限定当前参数类型必须是当前类或者当前类为基类的子类名。

（5）where T: <interface name> 限定当前参数类型必须实现指定接口。

微视频：泛型（三）

9.5.2 常用泛型

1. 泛型方法的定义格式

修饰符 返回类型 方法名 <T, U, …>（参数列表）{ 函数体 }

其中，<> 里面的 T, U, …表示泛型中可以被代替的数据类型。

例 9–10 泛型方法。

微视频：泛型示例

```
using System;
namespace CSHARP9_10
{
    public class StudentClass
    {
        public string Id { get; set; }
        public string Name { get; set; }
        public StudentClass( string sid, string sname )
        {
            Id = sid;
            Name = sname;
        }
    }
    public class GenericClass
    {
        public static void ShowT<T>( T t )// 泛型方法
        {
            Console.WriteLine( "ShowT print {0}, ShowT Parament Type Is {1}", t,
              t.GetType());
        }
        static void Main( string[] args )
        {
            Console.WriteLine( "********** 泛型方法调用 ***********" );
            ShowT<int>( 1 ); // 泛型方法中的数据类型为 int
            ShowT<DateTime>( DateTime.Now );
```

```
                    //泛型方法中的数据类型为 DateTime
25:                 ShowT<StudentClass>(new StudentClass("10000001", "李静"));
                    //泛型方法中的数据类型为自定义类型 StudentClass
26:             }
27:         }
28: }
```

程序代码说明：

代码中的第 16~19 行是一个简单的泛型方法，用来输出显示传过来的参数的值和类型，第 23~25 行分别传递 int、DateTime、自定义 StudentClass 数据类型，其中在调用泛型方法时，可以省略 <>，在编译时系统根据传入的参数识别出其类型。

程序运行结果如下：

```
********** 泛型方法调用 ***********
ShowT print 1, ShowT Parament Type Is System.Int32
ShowT print 2018/6/6 15:30:47, ShowT Parament Type Is System.DateTime
ShowT print CSHARP9_10.StudentClass, ShowT Parament Type Is CSHARP9_10.StudentClass
```

2. 泛型类的定义格式

修饰符 class 类名 <T, U, … >{ 类成员 }

泛型类的封装不特定于对特定的数据类型进行操作。通常，类中可参数化的类型越多，代码就会越灵活，其重用性就越高，但也不能过度泛化；否则其代码会难以阅读，不易理解。

泛型类示例代码如下：

```
//简单的泛型类
public class MyClassTemplate<T, U>
{
    private T t1;
    public T T1
    {
        get { return t1; }
        set { t1 = value; }
    }
    //构造函数
    public MyClassTemplate(T t1)
    {
        this.t1 = t1;
    }
    public void Print()
```

```
        {
            Console.WriteLine(t1);
        }
}
```

3. 泛型接口的定义格式

修饰符 interface 接口名 <T, U, …>{ 声明 }

泛型接口示例代码如下：

```
interface MyInterfaceTemplate<T, U>
{
    void PrintTU(T t1, U u1);
}
```

9.5.3 典型泛型类

.NET 框架类库中，System.Collections.Generic 和 System.Collections.ObjectModel 命名空间中，分别定义了大量的泛型类和泛型接口，这些泛型类多为集合类，因为泛型的应用更多地体现在集合中对于不同类型对象的管理。比如，如下 .NET 框架中常用的泛型类和泛型接口。

List<T>，对应于 ArrayList 集合类，可以动态调整集合容量，通过索引方式访问对象，支持排序、搜索和其他常见操作。

SortedList<TKey, TValue>，对应于 SortedList 集合类，表示 Key/Value 对集合，类似于 SortedDictionary<TKey, TValue> 集合类，而 SortedList 在内存上更有优势。

Queue<T>，对应于 Queue 集合类，是一种先进先出的集合类，常应用于顺序存储处理。

Stack<T>，对应于 Stack 集合类，是一种后进先出的集合类。

Collection<T>，对应于 CollectionBase 集合类，是用于自定义泛型集合的基类，提供了受保护的方法来实现定制泛型集合的行为。Collection<T> 的实例是可修改的。

Dictionary<TKey, TValue>，对应于 Hashtable 集合类，表示 Key/Value 对的集合类，Key 必须是唯一的，其元素类型既不是 Key 的类型，也不是 Value 的类型，而是 KeyValuePair 类型。

9.6 委托

微视频：委托

委托（delegate）是一种安全的封装方法的类型，它与 C 和 C++ 中的函数指针类似。与 C/C++ 中的函数指针不同，委托是面向对象的、类型安全的和保险的。委托的类型由委托的名称定义，它定义了方法的类型，使得可以将方法当作另一个方法的参数来进行传递，是一种将方法动态地赋给参数的做法。委托特别用于实现事件和回调方法，所有的委托类型派生自 .NET Framework 中的 Delegate 类。

1. 声明委托

例如，下面示例声明了一个名为 MyDelegate 的委托，该委托封装了一个以字符串 string 作为参数并返回 void 的方法。

```
public delegate void MyDelegate( string s );
```

上面示例声明的委托 MyDelegate 可以被用于引用任何一个有单一 string 类型参数的方法，并返回 void 类型变量。

声明委托的格式如下：

修饰符 delegate 返回类型 委托名 方法参数列表

微视频：实例化委托和内置委托

2. 实例化委托

构造委托对象时，通常提供委托包装方法名称或直接使用匿名方法。实例化委托后，委托将把对它进行的方法调用传递给方法。调用方传递给委托的参数被传递给方法，来自方法的返回值（如果有）由委托返回给调用方，称为调用委托。可以将一个实例化的委托视为被包装的方法本身来调用该委托。

一旦声明了委托类型，委托对象需用 new 关键字来创建，且需与一个特定的方法有关。示例如下：

```
public static void DelegateMethod( string message )
{
    System.Console.WriteLine( message );
}
MyDelegate del1 = new MyDelegate( DelegateMethod ); // 创建委托对象
del1( "Hello World!" ); // 创建委托对象调用方法
```

由于实例化委托是一个对象，可以将其作为参数进行传递，也可以将其赋值给属性，因此方法也可以将一个委托作为参数来接收，并且以后可以调用该委托，称为异步回调，是在较长的进程完成后用来通知调用方的常用方法。以这种方式使用委托时，使用委托的代码无须了解有关所用方法的实现方面的具体过程，类似于接口所提供的封装。

下面示例方法 CallbackMethod 使用了 MyDelegate 类型作为参数：

```
public void CallbackMethod( int x1, int x2, MyDelegate callback )
{
    callback( "The number is: " +( x1+ x2 ).ToString());
}
```

然后可以将上面创建的委托对象 del1 传递给方法 CallbackMethod：

```
CallbackMethod( 10, 20, del1 );
```

在控制台中运行结果如下：

```
The number is: 30
```

例 9-11 下面示例通过委托的声明、实例化和使用处理两个数的加、减、乘、除。

```
using System;
namespace CSHARP9_11
```

```
{
    class Program
    {
        public delegate void ProcessDelegate(double a, double b); // 定义一个委托
        public static void Multiply(double a, double b)
        {
            Console.WriteLine(a * b);
        }
        public static void Divide(double a, double b)
        {
            Console.WriteLine(a / b);
        }
        public static void Add(double c, double d)
        {
            Console.WriteLine(c + d);
        }
        public static void Sub(double c, double d)
        {
            Console.WriteLine(c - d);
        }
        /// <summary>
        /// 计算两个数的加减乘除
        /// </summary>
        /// <param name="a">操作数 1</param>
        /// <param name="b">操作数 2</param>
        /// <param name="handler">回调函数</param>
        /// <returns>结果</returns>
        public static void send(double a, double b, ProcessDelegate handler)
        {
            handler(a, b);
        }
        static void Main(string[] args)
        {
            double x1 = 12.25, x2 = 2.0;
            ProcessDelegate addDel = new ProcessDelegate(Add); // 创建加法委托实例
            ProcessDelegate subDel = new ProcessDelegate(Sub);
```

```
                    //创建减法委托实例
39:                 ProcessDelegate mulDel = new ProcessDelegate( Multiply );
                    //创建乘法委托实例
40:                 Console.WriteLine( "x1, x2 两个数的加减乘除分别为:" );
41:                 addDel( x1, x2 );
42:                 send( x1, x2, subDel );
43:                 send( x1, x2, mulDel );
44:                 new ProcessDelegate( Divide )( x1, x2 );
45:             }
46:         }
47: }
```

程序代码说明：

代码中第 6 行定义了一个 ProcessDelegate 委托（该委托可以被引用任意有两个 double 参数并且返回类型为 void 的方法），第 7~10、11~14、15~18、19~22 行分别定义实现了两个数进行加、减、乘、除的方法。第 30~33 行将定义的委托 ProcessDelegate 作为参数定义了加、减、乘、除的方法 send。主函数里第 37、38、39 行分别创建了 3 个 ProcessDelegate 的委托对象 addDel、subDel、mulDel，第 41 行直接通过委托对象 addDel 调用方法，第 42 和 43 行通过 send 方法计算两个数的差和积，也可以不创建委托对象，直接去实例化，如代码第 44 行计算两个数的商。

程序运行结果如下：

```
x1, x2 两个数的加减乘除分别为:
14.25
10.25
24.5
6.125
```

3. 多播委托

多播委托（multicast delegate）继承自 delegate，表示多路广播委托，其调用列表中可以拥有多个元素的委托。委托对象可使用“+”运算符进行合并，一个合并委托调用它所合并的两个委托。需要注意的是，只有相同类型的委托才能被合并。“–”运算符可用于从合并的委托中移除组件委托。通过多播委托，可以创建一个委托被调用时要调用方法的调用列表。

微视频：多播委托

例 9–11 中主函数 Main 方法虽实现了相应功能，却写得过于烦琐，如果使用多播委托就可以大大简化代码，提高效率，可以将第 37~44 行代码修改如下，其运行结果不变。

```
37:     ProcessDelegate myDel = new ProcessDelegate( Add );
38:     myDel += Sub;
39:     myDel += Multiply;
```

```
        myDel += Divide;
        Console.WriteLine("x1, x2 两个数的加减乘除分别为: ");
        send(x1, x2, myDel);
```

习题

1. 多态如何实现“通用编程”而不是“特定编程”,“通用编程”的好处是什么?

2. 派生类可以从基类继承“接口”或“实现”,继承接口的继承层次和继承实现的继承层次有什么不同?

3. 什么是抽象方法?什么是抽象类?

4. 接口和抽象类有什么异同?什么情况下使用接口?什么情况下使用抽象类?

5. 修改本章的例 9-3,在 Employee 类中添加新的实例变量 birthDate,用 Date 类表示员工的生日,假设工资每月处理一次。创建 Employee 数组,存储不同类型员工对象的引用。在循环中计算每个员工的工资,如果本月份是员工的生日,则工资增加 100。

6. 修改本章的例 9-3,增加 Employee 类的另一个派生类 PieceWorker,表示计件工。PieceWorker 类具有专用的实例变量 wage 和 pieces,分别表示每件的工资和生产的件数。在 PieceWorker 类中提供 Earning 方法的具体实现,计算员工的收入,计算方法是将件数乘以每件的工资。然后创建一个 Employee 数组,存储新的类层次中每个具体类对象的引用,显示每个员工的字符串表示和收入。

第 10 章

异常处理

异常是程序在运行过程中出现了非正常终止的状况。比如，用户输入了非法字符导致程序崩溃，或者出现了其他违反系统或应用程序约束的情况等。当异常发生时，系统会捕获异常然后抛出异常，一般情况下程序会被迫中断。异常处理就是在此类情况下，提供的一种对可能出错的代码进行特殊处理的机制，如通知用户适当的错误信息，提示异常发生的位置和原因等，使得程序能按照事先设定好的方式运行。

本章将介绍异常处理的概念，.NET 的异常处理类层次，异常处理的程序结构及常用的异常处理等。

10.1 异常的介绍

微视频：异常（一）

1. 什么是异常

编写程序的人员通常都会有过这样的经历，即使程序没有语法错误，但运行时可能发生意外，执行中断。常见的情况有数组越界，试图处理一个空对象，文件打不开，数据库连接失败等。请尝试运行下面的控制台程序，看看运行结果。

例 10-1 计算两个整数相除的结果。要求：从控制台读入用户的两个输入，把计算结果输出。

```
using System;
namespace CSHARP10_1
{
    class Program
    {
        static void Main(string[] args)
        {
            Console.WriteLine("请输入两个整数，用空格分开：");
            string strs = Console.ReadLine();
            string[] string_nums = strs.Split(' ');
            int[] nums = Array.ConvertAll(string_nums, int.Parse);
            Console.WriteLine("两个整数相除的结果：{0} / {1} = {2}",
```

```
                        nums[0], nums[1], nums[0]/nums[1]);
13:            }
14:        }
15:    }
```

以下是 4 种不同的输入所运行的结果。

（1）分别输入 100 和 14 的运行结果

请输入两个整数，用空格分开：

100 14

两个整数相除的结果：100/14=7

（2）分别输入 100 和 0 的运行结果

请输入两个整数，用空格分开：

100 0

未经处理的异常：System.DivideByZeroException：尝试除以零。

在 CSHARP10_1.Program.Main(String[] args) 位置 D:\Projects\chapter10-1\Program.cs：行号 12

（3）分别输入 100 和字符串 “hello” 的运行结果

请输入两个整数，用空格分开：

100 hello

未经处理的异常：System.FormatException：输入字符串的格式不正确。

在 System.Number.StringToNumber(String str, NumberStyles options, NumberBuffer& number, NumberFormatInfo info, Boolean parseDecimal)

在 System.Number.ParseInt32(String s, NumberStyles style, NumberFormatInfo info)

在 System.Array.Convert.ToInt32(String value)

在 CSHARP10_1.Program.Main(String[] args) 位置 D:\Projects\ chapter10-1\Program.cs：行号 11

（4）只输入一个整数的运行结果

请输入两个整数，用空格分开：

100

未经处理的异常：System.IndexOutOfRangeException：索引超出了数组界限。

在 CSHARP10_1.Program.Main(String[] args) 位置 D:\Projects\ chapter10-1\Program.cs：行号 12

以上运行结果中，情况（1）是正常运行结束示例。（2）（3）（4）都是程序异常终止的示例。其中，（2）在做整型数除法时，试图除以 0，导致异常为 “System.DivideByZeroException”。（3）从控制台输入了一个字符串，引起了格式异常 “System.FormatException”。（4）引发的数组越界异常 “System.IndexOutOfRangeException” 是由于存放输入的数组只有一个元素，但在做除法时试图从数组取两个元素，引用的位置超过了数组本身的长度。

2. 如何解读异常

在异常发生时，由于尚未采用任何异常处理机制，所以程序会向用户报告发生了“未处理的异常”。假设系统没有注册任何调试器，错误的信息将会显示在控制台上，然后程序终止运行。其中，被显示的错误信息称为“栈跟踪”（stack trace），包括所发生问题的描述、异常类的名称、产生异常的位置以及方法的调用过程。栈跟踪是一个非常有用的调试工具，读懂其中的信息有助于程序的调试。

以（3）中示例的栈踪迹为例。首先自上而下看依次能获得的信息有异常名称“System.FormatException”，出错问题描述“输入字符串的格式不正确”，异常发生的位置“在……位置……：行号 **”。接着，自下而上看调用信息。程序出错在代码的第 11 行，ConvertAll 方法首先调用了 ParseInt32 方法，而该方法又调用了 Number.StringToNumber 方法，最终 Number.StringToNumber 抛出异常，也就是栈跟踪里的第一个“在……位置”。

3. 异常处理引入的意义

异常处理的最终目的，是为了使程序按照程序员设定的方式执行，这其中包括避免一些类似上例中的由于用户的疏忽或者输入提示信息不足所导致的不友好的体验；遇到异常需要自动恢复或重试的情景，比如，数据库连接失败时所提供的重连机制；异常日志记录以供程序员后期的代码调试等。因此，C# 中引入的异常机制是一种很好的异常处理方式，即程序不仅能够在错误发生时捕获它，并给用户推送错误消息，与此同时程序还能够继续执行。C# 提供了 try…catch…finally 的异常机制来处理错误报告。

10.2 .NET 的 Exception 层次

1. .NET Exception 层次介绍

微视频：抛出异常（一）

异常处理机制只允许引发和捕捉 Exception 类的对象及其派生类的对象。命名空间 System 的 Exception 类是 .NET 框架异常层次结构中的基类，Exception 类派生的两个最重要的类是 SystemException 类和 ApplicationException 类，如图 10-1 所示。

SystemException 是所有预定义系统异常的基类。程序在运行期间，CLR 可在任何位置引发 SystemException 异常，称为运行时异常，通常包括与 IO 相关的异常、数据集合相关的异常、与成员访问相关的异常、与参数有关的异常、与算术有关的异常和其他异常。

ApplicationException 也是一个基类，程序员通常可由此类派生第三方应用程序的异常。但是对于自定义异常类，微软公司建议直接从 System.Exception 继承。

在引发异常时，首选的方案是使用 .NET Framework 下的异常，因为它们已被很好地封装且便于理解。从 C# 2.0 开始，异常处理机制只能抛出和捕获 System 中的 Exception 类及其派生类的对象，而从其他语言引发的（如 C++）或第三方软件引发的异常类型可能不都是从 System.Exception 派生的。本节将主要介绍从 Exception 类派生的异常。表 10-1 列出了 C# 中常见的系统异常类。

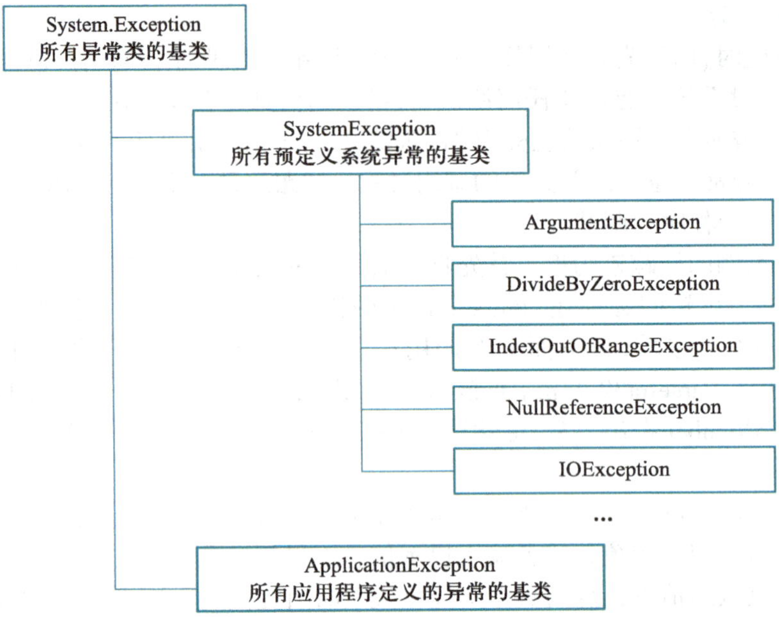

图 10-1 Exception 异常类层次结构

表 10-1 常见的系统异常类

异常类	引发异常的原因
ArgumentException	给方法成员传递参数时发生的异常
FormatException	参数格式错误的异常
MemberAccessException	访问类的成员失败时所引发的异常
MethodAccessException	访问方法成员失败所引发的异常
FieldAccessException	试图非法访问类中的私有字段或受保护字段
MissingMemberException	访问成员不存在时所引发的异常
ArrayTypeMismatchException	在数组中存储数据类型不正确的元素所引发的异常
IndexOutOfRangeException	试图访问索引超出数组界限的数值
ArithmeticException	与算术有关的异常
DivideByZeroException	运算中试图除以零而引发的异常
NotFiniteNumberException	浮点数运算中出现无穷大或非负值时引发的异常
DirectionNotFoundException	没有找到指定的目录而引发的异常
FileNotFoundException	没有找到文件而引发的异常
EndOfStreamException	到达流末尾读数据而引发的异常
FileLoadException	无法加载文件而引发的异常
PathTooLongException	由于文件名太长而引发的异常

2. 异常类的常用属性和功能

异常类 Exception 包含的一些属性如表 10-2 所示，可以帮助编程人员识别异常代码位置、异常类型、帮助文件和异常原因等。

表 10-2　异常类 Exception 的属性

属性	类型	访问权限	描述
Message	string	只读	获取描述当前异常的消息
StackTrace	string	只读	获取当前异常发生时调用堆栈上的方法的名称
InnerException	exception	只读	获取或导致当前异常的内部异常
HelpLink	string	只读	获取或设置指向与此异常关联的帮助文件的链接
Source	string	只读	获取或设置导致错误的应用程序或对象的名称
TargetSite	methodbase	只读	获取引入当前异常的方法
Data	string	只读	获取有关异常的其他用户定义信息的键 / 值对集合

异常的主要功能首先是异常消息的描述。Message 属性保存了与异常对象相关的错误信息的描述，可以是异常类型相关的默认消息，也可以是自定义消息，并以字符串（ToString 方法）形式返回信息。在例 10-5 中，第 50 行语句 Console.WriteLine（e.Message）使用该属性显示出错的信息。

微视频：抛出异常（二）

其次，报告调用堆栈时引发异常的状态。StackTrace 属性包含发生错误处的方法调用的堆栈跟踪。 堆栈跟踪列出了所有调用的方法和源文件位置的调用中的行号。堆栈中的信息包括发生异常时调用堆栈中的方法名，定义这些方法的类名和定义这些类的名字空间。在例 10-1 中，对堆栈跟踪的过程做了详细介绍。

另外，还有一个重要的属性 InnerException。当两个或多个异常之间存在因果关系时，InnerException 属性维护了这种因果关系信息，即外部引发的异常响应了某内部异常。

例 10-2　试运行以下代码。

```
using System;
namespace CSHARP10_2
{
    class Program
    {
        static void Main()
        {
            try
            {
                Console.WriteLine("请输入年龄:");
                int x = TestInput(Console.ReadLine());
            }
            catch(Exception e)
            {
                Console.WriteLine("主函数执行发生异常:");
                Console.WriteLine("捕获异常:{0}", e.Message);
```

```
17:                     if( e.InnerException != null )
18:                         Console.WriteLine( "Inner 异常: {0}", e.InnerException );
19:                 }
20:             }
21:             public static int TestInput( string s )
22:             {
23:                 int x;
24:                 try
25:                 {
26:                     x = Convert.ToInt32( s );
27:                 }
28:                 catch( FormatException e )
29:                 {
30:                     throw new Exception( " 输入了非法字符,年龄格式不正确。", e );
31:                 }
32:                 return -1;
33:             }
34:         }
35:     }
```

程序的运行结果如下:

请输入年龄:

ab

主函数执行发生异常:

捕获异常:输入了非法字符,年龄格式不正确。

Inner 异常:System.FormatException:输入字符串的格式不正确。

在 System.Number.StringToNumber(String str, NumberStyles options, NumberBuffer& number, NumberFormatInfo info, Boolean parseDecimal)

在 System.Number.ParseInt32(String s, NumberStyles style, NumberFormatInfo info)

在 System.Convert.ToInt32(String value)

在 CSHARP10_2.Program.TestInput(String s) 位置 D:\Projects\ chapter10-2\Program.cs:行号 26

上述代码的功能是对于输入的年龄字段验证是否合法。程序需要一个整数作为输入,当 Convert.ToInt32 无法将字符串转换为整数时,原本会抛出异常 FormatException。但是,本程序尝试包装了异常对象然后抛出了新的异常,并通过新异常的属性 InnerException 获得原始异常。因此,对于输入错误格式的“年龄”信息,抛出“输入了非法字符,年龄格式不正确。”的异常消息。

10.3 异常的捕获

1. 异常处理的语句

在 C# 中和异常处理有关的语句是 try、catch、finally、throw。首先，try 语句块将可能产生异常的语句用一对大括号 {} 包围起来。catch 语句块包围处理异常的语句。finally 语句块包围的语句是无论异常发生与否都必须执行的代码。一般格式如下：

```
try                                //try 语句块
{
    语句块 try                     // 可能引发异常的代码
}
catch（异常类型 1  异常对象 1）    // catch 语句块
{
    语句块 1
}
catch（异常类型 2  异常对象 2）
{
    语句块 2                       // 处理异常类型 2 所描述的异常
}
…
finally                            // finally 语句块
{
    语句块 finally
}
```

在 C# 中，try 语句块必须存在，catch 语句块和 finally 语句块至少存在一种，且它们同时存在时，后者必须放在所有 catch 块的后面。总的来说，异常处理语句的组合方式有以下 3 种。

（1）try 后跟一个或多个 catch 块语句。

（2）try 后跟一个 finally 块语句。

（3）try 后跟一个或多个 catch 块语句和一个 finally 块语句。

2. 异常处理的流程

异常处理的流程如下。

程序运行时，先尝试执行 try 语句块内的所有语句，如果没有任何语句产生异常，则执行完 try 语句块后，直接跳到 finally 语句块（如果存在）继续执行。一旦某条语句引发异常，将创建一个包含异常信息的异常对象，立刻跳出 try 语句块，自上而下依次匹配 try 后的所有 catch 语句块，一旦异常类型匹配成功，便进入该 catch 块中逐条语句执行直到完成。然后，不再匹配接下来的 catch 块（如果存在）。无论是正常离开 try 语句块还是由于 try 语句块中的代码引发异常而离开，finally 语句块如果存在就要被执行。注意，存在 try…catch…语句不等价于异常捕获生效，如果抛出的异常没有匹配成功任何一个 catch 异常类型，看似抛出了异常而实际上就是一个未处理的异常。

例 10–3 用异常处理机制完成例 10–1 的程序，要求添加捕捉和处理异常的功能以及在捕获到异常后提示用户错误信息并重新输入。

```
using System;
namespace CSHARP10_3
{
    class Program
    {
        static void Main(string[] args)
        {
            bool flag = true;
            do
            {
                try
                {
                    Console.WriteLine("请输入两个整数,用空格分开:");
                    string strs = Console.ReadLine();
                    string[] string_nums = strs.Split(' ');
                    int[] nums = Array.ConvertAll(string_nums, int.Parse);
                    Console.WriteLine("两个整数相除的结果:{0}/{1}={2}",
                        nums[0], nums[1], nums[0] / nums[1]);
                    flag = false;
                }
                catch(DivideByZeroException)
                {
                    Console.WriteLine("除数不能为零,请重新输入!");
                }
                catch(FormatException)
                {
                    Console.WriteLine("输入包含非数字字符,请重新输入!");
                }
                catch(IndexOutOfRangeException)
                {
                    Console.WriteLine("输入整数不够,请重新输入!");
```

```
31:                     }
32:                     catch(Exception)
33:                     {
34:                         Console.WriteLine("检查到未知异常,请重新输入! ");
35:                     }
36:                 } while(flag);
37:             }
38:         }
39:     }
```

上例程序中,首先用 try 语句块把例 10-1 中可能引发异常的代码用大括号{}括起来。而后,try 语句块后紧跟了 4 个 catch 语句块,分别指定了 4 种可能引发的异常,依次是 DivideByZeroException 异常、FormatException 异常、IndexOutOfRangeException 异常、Exception 异常。最后一个 Exception 异常需要注意,由于它是所有异常类的基类,当前 3 个异常未匹配成功时,catch(Exception)将会捕获所有类型的异常。

程序的运行结果如下:

请输入两个整数,用空格分开:
100 0
除数不能为零,请重新输入!
请输入两个整数,用空格分开:
100 hello
输入包含非数字字符,请重新输入!
请输入两个整数,用空格分开:
100
输入整数不够,请重新输入!
请输入两个整数,用空格分开:
100 14
两个整数相除的结果:100 / 14 = 7

显然,3 种异常都被捕捉到并进行了处理。程序中的第 13~17 行是例 10-1 中的主要内容,包括从控制台读入输入,计算并输出结果。本题中使用 try 语句将第 13~18 行包围起来构成 try 语句块,块中的代码可能出现异常以及发生异常时跳过的代码,如果块中的第 16 行计算出错,就不会执行第 17 行的显示计算结果。

当 try 块中发生异常时,程序开始寻找第一个匹配的 catch 块,相应的 catch 块会捕获并处理异常。本程序的 try 块后面有 4 个 catch 块,catch 后面括号内用来指定异常参数,表示 catch 块可以处理的异常类型。如果不指定异常的类型,表示捕获所有的异常类型。

catch(DivideByZeroException)是第 1 个 catch 块,表示捕获除数为零的异常,catch 块内将输出提示信息:"除数不能为零,请重新输入!",表示对异常的处理。

第 24~27 行为第 2 个 catch 块,捕获 FormatException 异常,对出现的异常也显示一个提示信息："输入包含非数字字符，请重新输入！"。第 28~31 行为第 3 个 catch 块，捕获 IndexOutOfRangeException 异常，显示一个提示信息："输入整数不够，请重新输入！"。第 32~35 行，对于无法预知的异常情况进行捕获并输出提示信息："检查到未知异常，请重新输入！"。整块 try…catch 代码被放在一个 do…while 循环中，可实现捕获异常后的重新输入。

3. catch 块的异常捕获规则

在 C# 中，catch 语句块用于捕获异常。最常用的是带参数的 catch 语句块。

语法格式如下：

catch（异常类型，参数名）{…}

比如，例 10–2 中的 catch（DivideByZeroException e）表示捕获异常名为 DivideByZeroException 的异常。e 是 DivideByZeroException 类的实例。通过 e.ToString 方法返回当前异常的字符串表示形式；也可以用 E.Message 属性只返回异常信息的说明。

在 try…catch…finally 结构中，catch 语句块可有若干个。当有多个 catch 块存在时，C# 中规定 catch 块的异常类型必须从"最具体"（派生的异常类）到"最不具体"（异常的基类）排列。发生异常时，程序会跳转到与异常类型最匹配的 catch 语句块执行。例如，catch（Exception）{} 语句不能放在 catch（DivideByZeroException）{} 之前；否则编译器会警告。因为 DivideByZeroException 是 Exception 的派生类，也比它更具体。

Exception 类是异常类的基类，所以它会捕获 .NET Framework 的所有异常。然而，当捕获到 Exception 的所有派生类异常都采取相同的异常处理策略时，就可以只写一个 catch（Exception），既能够捕获所有异常又可以让异常处理的代码简洁。在例 10–2 中，如果对于除零异常、输入格式异常和数组越界异常都不提示具体错误信息只提示用户重新输入，就可以只写最后一个 catch 块。

不带参数的 catch 语句块又称为常规 catch 块。格式如下：

catch {…}

它可以捕获所有异常类型（包括不从 Exception 派生的异常），但它不会提供任何异常信息，无法帮助编程人员分析问题，一般不建议使用。

.NET 异常类的继承链决定了异常匹配的规则。这样做的好处是，可以编写专门的带参数的 catch 块来处理更具体的派生类型，从而获取有关异常的具体信息。

4. finally 语句块

在 try…catch…finally 语句中，无论是否捕获到异常，finally 语句块都必须执行。finally 最适合用来执行资源清理，如动态请求和释放资源、文件的关闭、内存的回收等，如果不执行这些操作，会造成系统资源的占用和不必要的浪费。

例 10–4 编写使用 finally 语句块的异常处理程序，程序的功能是打开一个文本文件，然后读出该文件的内容，最后将读出的内容显示出来，不论文件是否存在，都要执行文件的关闭操作。

```
using System;
using System.Collections.Generic;
using System.Linq;
```

```
04:    using System.Text;
05:    using System.IO;                    // 对文件操作时要使用 System.IO
06:    namespace CSHARP10_4
07:    {
08:        class Program
09:        {
10:            static void Main ( string[] args )
11:            {
12:                StreamReader file=null;                    // 定义文件流对象 file
13:                try
14:                {
15:                  file = new StreamReader ( new FileStream ( @"g: \123.txt",
                      FileMode.Open ) );                     // 打开文件
16:                  Console.WriteLine ( file.ReadLine () );  // 读出文件内容并显示
17:                }
18:                catch ( FileNotFoundException )            // 捕获文件不存在的异常
19:                {
20:                    Console.WriteLine ( " 文件没有找到 " );
21:                }
22:                finally
23:                {
24:                    if ( file != null ) file.Close ();
25:                    Console.WriteLine ( "finally 中的语句被执行,文件被关闭 " );
26:                }
27:            }
28:        }
29:    }
```

本例只涉及文件的简单操作,代码的第 12 行定义文件流对象 file,第 15 行用来打开文本文件 “g: \123.txt”,第 16 行用来从文件中读出内容,第 24 行用来关闭文件,这几条语句的详细内容见第 13 章,本章只要知道其功能即可。

假定在 G: 盘中有一个文本文件 “123.txt”,其内容为一行字符 “hello”,如图 10–2 所示。

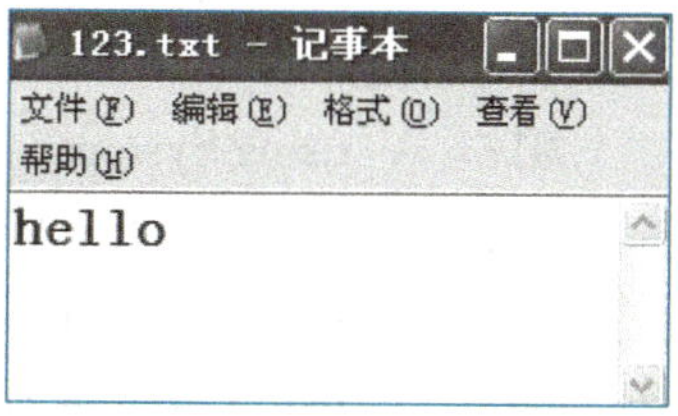

图 10–2　文本文件的内容

程序中第 13~17 行为 try 块,其中有两条语句,第 15 行为打开文件 “123.txt”,第 16 行从该文件中读出一行字符串并输出显示。

如果该文件存在,则程序的执行结果如下:

hello

finally 中的语句被执行，文件被关闭

如果该文件不存在，则程序显示如下：

文件没有找到

finally 中的语句被执行，文件被关闭

第 18~21 行的 catch 块捕获文件不存在的异常“FileNotFoundException”，如果捕获到，则显示“文件没有找到”的信息。

第 22~26 行是 finally 块，其中含有两条语句，分别是关闭文件和显示信息，不论异常是否捕获到，这两条语句都要执行。

使用 finally 语句的注意事项如下：

（1）finally 语句中不能出现 return 语句，return 语句在执行 finally 块之后执行。

（2）try 语句块中定义的局部变量在对应的 finally 语句块中无法访问。

（3）在 catch 语句块中如果有 return 语句，程序的执行流程还是会继 return 语句执行后，跳转到 finally 语句块。如果想要从 catch 语句块直接跳出，可使用 Application.Exit()。

（4）对于 catch 语句块未能捕获的异常，或 catch 语句块抛出的异常，finally 语句块正常执行完之后，由外层 try 语句块捕获这个异常（如果存在）。

10.4 throw 语句与抛出异常

微视频：异常（二）

前面各个例题中捕获到的异常，都是当程序遇到错误时，由系统自动通知运行环境异常的发生。C# 中也可以使用 throw 语句显示引发的异常。

一种方式是利用捕获的异常创建并抛出新的异常，其格式如下：

throw new [异常类型](参数列表);

通常，throw 语句使用 new 关键字生成 Exception 类或其派生类的异常对象。语句中带有异常对象时，则抛出指定的异常类，并显示异常的相关信息。该异常既可以是预定义的异常类，也可以是自定义的异常类。通过 throw 语句可再次引发捕获的异常，然后向重新引发的异常添加信息以在调试时提供详细信息，再用 catch 语句捕获。

例 10–5 使用 throw 语句抛出异常，用来处理使用数组时下标出界的错误，程序运行时，输入一个下标值，输出该下标对应的元素值，当输入的下标不在正确范围时，抛出异常，显示提示信息。

```
using System;
using System.Collections.Generic;
using System.Linq;
using System.Text;
namespace CSHARP10_5
{
```

```
    class Program
    {
        static void Main(string[] args)
        {
            int week;
            string b;
            while(true)
            {
                try
                {
                    Console.WriteLine("请输入星期的值:");
                    b = Console.ReadLine();
                    week = int.Parse(b);
                    switch(week)
                    {
                        case 1:
                            Console.WriteLine("星期一");
                            break;
                        case 2:
                            Console.WriteLine("星期二");
                            break;
                        case 3:
                            Console.WriteLine("星期三");
                            break;
                        case 4:
                            Console.WriteLine("星期四");
                            break;
                        case 5:
                            Console.WriteLine("星期五");
                            break;
                        case 6:
                            Console.WriteLine("星期六");
                            break;
                        case 7:
                            Console.WriteLine("星期日");
                            break;
                        default:
```

```
44:                                 throw new IndexOutOfRangeException(
                                     "星期整数应包含在1到7之间!  "); // throw
45:                             }
46:                         }
47:                         catch(IndexOutOfRangeException e)
48:                         {
49:                             Console.WriteLine(e.Message);
50:                         }
51:                     }
52:                 }
53:             }
54:     }
```

输入下标正确时和输入不正确时程序的运行结果如下：

```
请输入星期的值：
4
星期四
请输入星期的值：
1
星期一
请输入星期的值：
9
星期整数应包含在 1 到 7 之间!
```

第 43~45 行当输入的下标值不在正常范围时抛出异常错误，错误类型为下标超出范围异常，即 IndexOutOfRangeException。第 47~50 行捕获该异常，如果捕获到则显示相应的信息。

另一种方式是直接抛出异常，其格式如下：

```
throw ;
```

或

```
throw ex;
```

当 catch 语句块捕获了异常却不能完整处理时，可以向外层调用方通知异常，也可以在 catch 块中使用 throw 语句重新引发异常。通常使用一个单独的 throw 语句，不要指定任何的异常，这样做的好处是保持了异常中的调用栈信息。而 throw ex 将原始调用栈信息替换成了当前调用栈信息，不利于调试查看。

10.5 用户定义异常类

大多数情况下，使用 .NET Framework 的现有异常就可以满足程序的需求。但有时希望针对程序中发生的问题创建更满足自己需求的异常类型，就可以考虑创建用户定义的异常类。用户定义异常类时从 System.Exception 或其他异常类型派生即可。建议如下：

（1）所有自定义异常以“Exception”为后缀，利于识别。

（2）所有自定义异常都应该包含 3 个构造方法：无参构造方法、一个用 string 字符串指定错误消息的构造函数，以及可同时接受 string 字符串指定错误消息和引发此异常的内部异常的构造方法。

（3）创建自定义异常的前提是，用现有的 CLR 异常无法描述错误。

例 10-6 创建用户自定义的 TwoDigitalMulException 类，构建一个只能处理两位数及以下的乘法运算，TwoDigitalMulException 作为异常类用于处理数字大于两位数的乘法。

```
using System;
namespace CSHARP10_6
{
    class TwoDigitalMulException : Exception// 声明异常
    {
        public TwoDigitalMulException(){}
        public TwoDigitalMulException(string message):base(message){}
        public TwoDigitalMulException(string message, Exception inner):base(message, inner){}
    }
    class DigitalMul
    {
        public static int mul(int a, int b)
        {
            if(a > 100 || b > 100)
                throw new TwoDigitalMulException("只能处理最多两位数乘法"); // 引发异常
            return(a * b);
        }
        public static void Main()
        {
            try
            {
                Console.WriteLine("请输入第一个整数:");
                int x = Convert.ToInt32(Console.ReadLine());
                Console.WriteLine("请输入第二个整数:");
                int y = Convert.ToInt32(Console.ReadLine());
                Console.WriteLine("两个数相乘结果:{0} * {1} = {2}", x, y,
```

```
                              mul(x, y));
27:                       }
28:                       catch(FormatException)
29:                       {
30:                           Console.WriteLine("输入包含非数字字符！ ");
31:                       }
32:                       catch(TwoDigitalMulException e)// 捕获自定义的异常
33:                       {
34:                           Console.WriteLine("产生异常:{0}", e.Message);
35:                       }
36:                   }
37:               }
38:       }
```

程序运行，如果输入数字符合要求，运行结果如下：

请输入第一个整数：

15

请输入第二个整数：

13

两个数相乘结果：15 * 13 = 195

程序运行，如果输入包含非数字字符，则抛出 FormatException 异常：

请输入第一个整数：

16

请输入第二个整数：

4g

输入包含非数字字符！

程序运行，如果输入数字不符合要求，则抛出 TwoDigitalMulException 异常：

请输入第一个整数：

234

请输入第二个整数：

34

产生异常：只能处理最多两位数乘法！

第 4 行是用户自定义的 TwoDigitalMulException 异常类，这里没有设置构造函数，只用于自定义异常的抛出和捕获过程。

第 12~17 行定义 mul 方法，用来计算两个参数的乘积，如果参数大于两位数，则抛出 TwoDigitalMulException 异常，表示当前的方法只能处理两位数的乘法。

第 22~26 的 try 块中输入两个整数，然后调用 mul 方法计算两个整数的乘积，如果输入的内容包含非数字符号，则抛出发生 FormatException 异常，第 28~31 行处理这个异常。

如果输入的数字大于两位数，则 mul 方法抛出 TwoDigitalMulException 异常，第 32~35 行处理这个异常。

习题

1. 用继承创建异常基类和各种异常派生类，编写程序演示指定基类的 catch 可以捕获派生类异常。

2. 编程演示异常处理器顺序的重要性，演示一个正确顺序的 catch 块，即基类异常处理器放在所有派生类异常处理器之后和一个错误的 catch 块，即基类异常处理器放在所有派生类异常处理器之前，这时编译第二个程序会发生什么情况？

3. 编程演示再次抛出异常。

4. 用异常表示构造对象时发生的问题，编程显示构造函数，将构造函数故障信息传递给异常处理器。抛出的异常也应包含发给构造函数的形参。

5. 编程，输入里程数和耗油量，计算每升的里程数，程序中使用异常处理器，当输入的里程数或耗油量无法转换成 double 值时，处理 FormatException 异常。

第 11 章

图形界面编程

微视频：Windows 编程概述

11.1 Windows 编程概述

Windows 编程遵循事件驱动的程序设计思想。在事件驱动的程序结构中，程序的控制流程不再由事件的预定发生顺序来决定，而是由运行时各种事件的实际发生来触发，而事件的发生可能是随机的、不确定的，即并没有预定的顺序。对于需要用户交互的应用程序来说，事件驱动的程序设计有着传统程序设计方法无法替代的优点。其允许用户用各种合理的顺序来安排程序的流程。事件驱动是一种面向用户的程序设计方法，在程序设计过程中除了完成所需要的程序功能之外，更多地考虑了用户可能的各种输入（消息），并有针对性地设计相应的处理程序。事件驱动程序设计也是一种“被动”式的程序设计方法，程序开始运行时，处于等待消息状态，然后取得消息并对其做出相应反应，处理完毕后又返回处于等待消息的状态。使用事件驱动原理的程序的工作流程如图 11-1 所示。

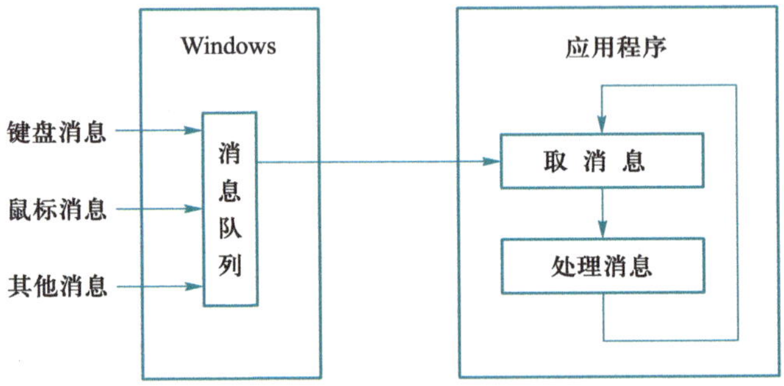

图 11-1　事件驱动原理示意图

事件驱动围绕着消息的产生与处理展开，事件驱动是靠消息循环机制来实现的。消息是一种报告有关事件发生的通知。Windows 应用程序的消息来源有以下 4 种。

（1）输入消息：包括键盘和鼠标的输入。这一类消息首先放在系统消息队列中，然后由 Windows 将它们送入应用程序消息队列中，由应用程序来处理消息。

（2）控制消息：用来与 Windows 的控制对象，如列表框、按钮、检查框等进行双向通信。当用户在列表框中改动当前选择或改变了检查框的状态时发出此类消息。这类消息一般不经过应用程序消息队列，而是直接发送到控制对象上去。

（3）系统消息：对程序化的事件或系统时钟中断做出反应。一些系统消息，像DDE消息（动态数据交换消息）要通过Windows的系统消息队列，而有的则不通过系统消息队列直接送入应用程序的消息队列，如创建窗口消息。

（4）用户消息：这是程序员自己定义并在应用程序中主动发出的，一般由应用程序的某一部分内部处理。

11.1.1 窗体

窗体是应用程序的编程窗口和对话框。窗体可包含多个控件。窗体就像包含多个控件的容器。几乎每个应用程序都要包含一个窗体，如果一个应用程序中需要包含多个窗体，必须给它们不同的名称。对于用户来说，窗体的界面就是应用程序，程序的可用性完全依赖于窗体界面。掌握主窗体常用项目的设置是非常重要的，有利于按照要求快速构建应用程序框架。

11.1.2 事件处理

微视频：消息驱动机制演示

Windows利用事件（或称之为消息）来驱动程序运行。事实上，多数程序都是事件驱动的，即执行流程是由外界发生的事件所确定的。事件是一个信号，它告知应用程序有重要情况要发生。例如，用户单击窗体上的某个控件时，窗体引发一个Click事件并调用一个处理该事件的过程。事件还允许在不同任务之间进行通信。例如，应用程序脱离主程序执行一个排序任务，若用户取消这一排序，应用程序可以发送一个取消事件让排序过程停止。

理解Windows的事件驱动是理解Windows程序运行机制的关键。Windows事件驱动指的是程序的控制流程不再由事件的预定发生顺序来控制，而是由运行时各种事件的实际发生来控制，所有的事件是无序的。事件驱动的程序允许用户用各种合理的顺序来安排程序的流程。正因为用户触发的事件是无预定顺序的，所以在程序设计中除了完成所需要的程序功能之外，更多地考虑了用户可能的各种输入（消息），并有针对性地设计相应的处理程序。事件驱动程序设计是密切围绕消息的产生和处理展开的。程序开始运行时，处于等待消息状态，然后取得消息并对其做出相应反应，处理完毕后又返回处于等待消息的状态。下面用一个例子来进一步对事件进行说明。

例11-1 创建含有两个文本框的例子，当在第一个文本框中输入字符时，第二个文本框的内容始终和第一个文本框的内容保持一致。

当在一个文本框中输入字符时，会触发文本框中的TextChanged事件。为该事件编写代码，将第一个文本框中的内容复制到第二个文本框中。这样就达到了目的。按照以下步骤来完成程序。

（1）开始一个新的Windows窗体应用项目，命名为CSHARP11_1，在Form1窗体上添加两个文本框控件，同时添加两个Label标签控件，添加Label标签的目的是标识这两个文本框，并设置属性如表11-1~表11-4所示。将控件添加到窗体上的办法是，从控件工具箱中选择需要的控件，拖动到窗体上即可。选中控件后可以调整控件的大小。调整好控件的大小和位置后，窗体如图 11–2 所示。

表 11–1　Label1 控件的属性

属性	值
Name	LblInput
Text	输入的字符

表 11–2　Label2 控件的属性

属性	值
Name	LblCopy
Text	复制的字符

表 11–3　TextBox1 控件的属性

属性	值
Name	textInput

表 11–4　TextBox2 控件的属性

属性	值
Name	textCopy
ReadOnly	true

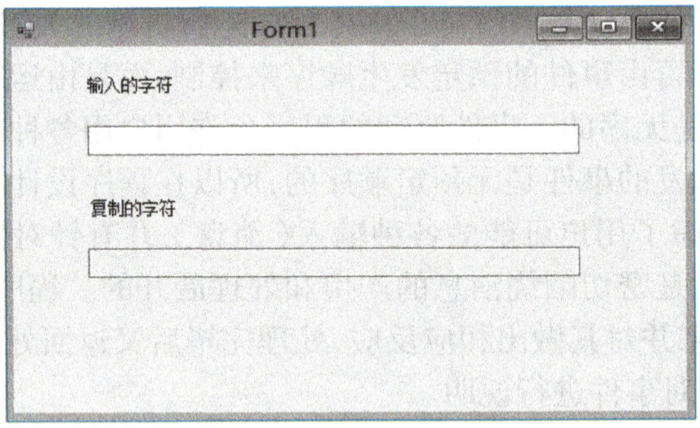

图 11–2　程序窗体界面

（2）在输入字符的 textBox 上右击，重新打开“属性”窗格，然后单击如图 11–3 中所框出的类似雷电的图标，切换到消息列表。在消息列表中列出了所有 Windows 已经预先定义好的消息事件。textInput 控件可以处理这些事件。

拉动“属性”窗格右边的滑块，选择 TextChanged 栏，这是将要处理的事件。在 TextChanged 栏的右侧双击鼠标左键添加消息处理程序，Visual Studio 2017 自动在代码窗口添加了处理该事件的代码框架。在事件处理方法中添加代码：

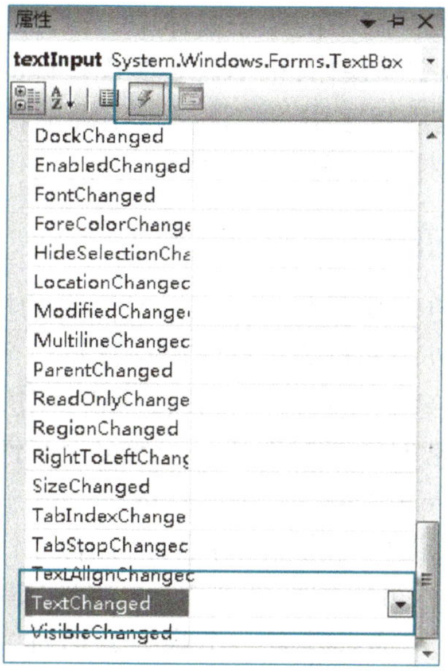

图 11-3 “属性”窗格

```
// 鼠标双击 TextChanged，Visual Studio 2017 自动生成代码框架
private void textInput_TextChanged(object sender, EventArgs e)
{
    textCopy.Text=textInput.Text; // 将 textInput 控件中的内容(用属性 Text 表示)，复制到
                                  //textCopy 控件的 Text 属性中
}
```

由于所举的例子较为简单，所以整个程序只需要添加这一行代码就够了。现在运行程序，可以看到，在文本框 Input 中的任何改变，文本框 Copy 始终和它保持一致。

上面的程序是如何工作的呢？实际情况是这样的：每当在输入字符的文本框中输入字符或者删除字符时，文本框的内容被改变，此时，系统（Windows）发送 TextChanged 消息到应用程序。由于存在有该消息的处理程序，应用程序将调用该处理程序，即会调用 textInput_TextChanged(object sender, EventArgs e)函数，因此语句

textCopy.Text=textInput.Text;

被执行，文本框 Input 中的内容被复制到文本框 Copy 中。

11.2 常用控件 1

控件是对数据和方法的封装。控件可以有自己的属性和方法。属性是控件数据的简单访问者。方法则是控件的一些简单而可见的功能。

使用现成的控件来开发应用程序时，控件工作在两种模式下：设计时态和运行时态。

在设计时态下，控件显示在开发环境下的一个窗体中。设计时态下控件的方法不能被调用，控件不能与最终用户直接进行交互操作，也不需要实现控件的全部功能。运行时态下，控件工作在一个确实已经运行的应用程序中。控件必须正确地将自身表示出来，它需要对方法的调用进行处理并实现与其他控件之间有效的协同工作。

▶ 11.2.1 控件的属性和布局

微视频：常用控件（一）

控件的属性控制着对象的外观和行为。通过对同类的控件设置不同的属性，可以使它们表现出不同的外观和行为。许多属性是每一个控件都有的，还有一些是大部分控件都有的。这些属性对每一个控件来讲，用法是相同的。

将控件添加到窗体后，通常要设置控件的一个或多个属性。对于例 11-1 所添加的文本框控件，要设置它的 Name 和 Text 属性。

Name 属性非常重要，用来获取或设置控件名称，在程序代码中，它用来指明控件。由于程序一般有多个同类控件，所以可以用控件的 Name 属性来唯一标识某一特定的控件。除此之外，特定窗体上的每个控件都必须有一个唯一的名称。Visual C# 为窗体上放置的每一个控件都分配了一个默认名称。例如，在窗体上添加一个 TextBox 控件，它的 Name 属性默认为 TextBox1，如果再添加一个 TextBox 控件，它的 Name 属性默认为 TextBox2。默认的 Name 一般规则是控件名称加数字，更改默认控件的名字使其更加具有现实意义，这是一个良好的编程习惯。

在“属性”窗格中可以设置控件的属性。被选中的控件名字出现在“属性”窗格上部的下拉框中。该控件的属性被分类后列出。左边一栏是属性的名称，右边是属性的值。单击属性的名称，可以在下方看到对该属性的简单提示。要改变属性的值，只需单击原有属性的值，做相应的改变即可。

控件在窗体上应当排列整齐。要移动控件，只需选中该控件，简单地用鼠标拖动即可。如果想更改控件尺寸，首先必须选中它（用鼠标单击一个控件即可选中），令其可缩放的控制点显示出来。然后利用鼠标，通过拖动控制点的方式，更改控件的尺寸。控件顶部和底部边缘的控制点用于更改控件的高度。左边和右边的控制点则用于更改控件的宽度。控件四角的控制点同时更改其高度和宽度。

默认状态下，有的控件（如文本框控件）只有两个控制点是可用的（一共有 8 个）。其余的呈灰色不可用。这是因为文本框控件的 AutoSize 属性在默认状态下被设置为 true。AutoSize 属性会根据控件即将显示的文本字体大小自动调整文本框的高度。因此，调整高度大小的控制点不可用。如果需要控制文本框控件的高度，可以将 AutoSize 属性设置为 False，此时 8 个控制点就全部可用了。

另外，还可以在“属性”窗格中分别修改 Size 和 Location 属性，从而修改对象的大小和位置。Size 属性由两个值组成，分别表示控件的高度和宽度。Location 的两个值则分别表示的是控件相对于容器的 x、y 坐标。

如果控件不是对得很齐，还可以这样做：将要对齐的控件选中，为了做到这一点，可以先选中一个，再按住 Ctrl 键用鼠标选中其余的。例如，要对齐例 11-1 中的 LblInput、LblCopy

标签控件和 textInput、textCopy 文本框控件。首先用上述的方法将这 4 个控件选中，然后在菜单中选择“格式”->“对齐”->“左对齐”命令，如图 11-4 所示。

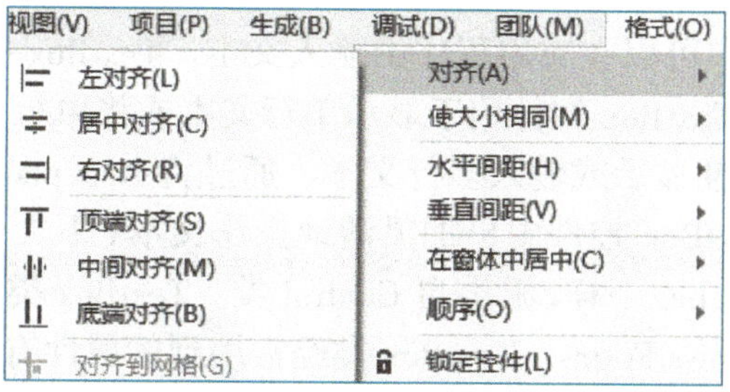

图 11-4　对齐控件的菜单

微视频：常用控件（二）

11.2.2　标签、文本框和按钮

控件是可以和用户或程序实现互动的一个对象。绝大多数程序都是可以互动的——它们需要从用户那里获取信息，并向用户反馈信息。基于 Windows 的程序通过程序窗体的控件实现与用户的交互。正如例 11-1 通过文本框控件得到用户输入的字符，同时利用另一个文本框控件将结果显示给用户。Visual C# 的许多控件都可以用于获取用户信息。下面介绍最常用的 3 种控件。

（1）Label（标签）控件，其功能是为控件和窗体的其他组成部分提供标识。使用 Label，可以给用户提供窗体功能的有关信息。从广义上说，窗体中的每一条文字都是一个 Label 控件。Label 控件通常用于提供控件的描述性文字。 例如，可以使用 Label 控件给 TextBox 控件添加描述性文字，以提示用户给相关控件输入正确的数据类型。Label 控件还可用于向窗体添加描述性文字，给用户提供有用的信息。可以将 Label 控件添加到 Form 的顶部，可以为用户提供如何对窗体上的控件进行输入数据的说明。Label 控件还可用来显示应用程序状态的运行时信息。例如，将 Label 控件添加到窗体，用于显示处理一系列文件时每个文件的状态。Label 控件由 Label 类描述，Label 类继承自 Control 类。在名字空间

System.Windows.Forms

中，Label 类经常用到的属性有以下几种。

① AutoEllipsis：获取或设置一个值，指示是否要在 Label 的右边缘显示省略号（…）以表示 Label 文本超出 Label 的指定长度。

② AutoSize：获取或设置一个值，该值指示是否自动调整控件的大小以显示其完整内容。

③ BorderStyle：获取或设置控件的边框样式。

④ Image：获取或设置显示在 Label 上的图像。

⑤ Text：获取或设置与此控件关联的文本。

⑥ TextAlign：获取或设置标签中文本的对齐方式。

（2）TextBox（文本框）控件，一个应用程序中会多次用到该控件。TextBox 控件的应用范围非常广，例如，可用来显示一个由多行文本组成的版本信息。实际上，TextBox 能容纳的

文本数量是没有限制的，当文本数量超出文本框的尺寸时，文本框还会添加自己的滚动条。TextBox 和 Label 控件之间的差别在于：TextBox 控件中的文本可以被编辑，而 Label 控件中的文本不能被编辑。

用 TextBox 控件，用户可以在应用程序中输入文本。TextBox 控件包括多行编辑和密码字符屏蔽等功能。通常，TextBox 控件用于显示单行文本或将单行文本作为输入。可以使用 MultiLine 和 ScrollBars 属性显示或输入多行文本。通过将 AcceptsTab 和 AcceptsReturn 属性设置为 true，可在多行 TextBox 控件中更加灵活地操作文本（下文介绍）。TextBox 类继承自 TextBoxBase 类，后者同 Label 一样，派生自 Control 类。TextBox 类所在的名字空间和 Label 类是一样的：System.Windows.Forms。TextBox 类经常用到的属性有以下几种。

① AcceptsReturn：获取或设置一个值，该值指示在多行 TextBox 控件中按 Enter 键时，是在控件中创建一行新文本还是激活窗体的默认按钮。

② AcceptsTab：获取或设置一个值，该值指示在多行文本框控件中按 Tab 键时，是否在控件中输入一个 Tab 字符，而不是按选项卡的顺序将焦点移动到下一个控件。

③ BackColor：获取或设置控件的背景色。

④ Focused：获取一个值，该值指示控件是否有输入焦点。

⑤ Font：获取或设置控件显示的文字的字体。

⑥ MultiLine：获取或设置一个值，该值指示此控件是否为多行 TextBox 控件。

⑦ PasswordChar：获取或设置字符，该字符用于屏蔽单行 TextBox 控件中的密码字符。

⑧ ReadOnly：获取或设置一个值，该值指示文本框中的文本是否为只读。

⑨ RightToLeft：获取或设置一个值，该值指示是否将控件的元素对齐以支持使用从右向左的字体的区域设置。

⑩ SelectedText：获取或设置一个值，该值指示控件中当前选定的文本。

⑪ Text：获取或设置 TextBox 中的当前文本。

⑫ TextAlign：获取或设置 TextBox 控件中文本的对齐方式。

⑬ TextLength：获取控件中文本的长度。

⑭ WordWrap：指示多行文本框控件在必要时是否自动换行到下一行的开始。

在 TextBox 中经常用到的事件有以下几种。

① Click：在单击文本框时发生。

② Enter：进入控件时发生。

③ GotFocus：在控件接收焦点时发生。

④ KeyDown：在控件有焦点的情况下按键时发生。

⑤ KeyUp：在控件有焦点的情况下释放键时发生。

⑥ Leave：在输入焦点离开控件时发生。

⑦ LostFocus：在控件失去焦点时发生。

⑧ TextChanged：在 Text 属性值更改时发生。

（3）Button（按钮）控件，用户可以单击按钮控件触发程序动作。Button 类从 ButtonBase 类继承，后者继承自 ContentControl 类。而 ContentControl 类和其他大多数控件一样，是从

Control 类派生的。Button 类常用的属性如下。

① Text：用于指定显示在按钮表面的文本。

② FlatStyle：改变按钮的外观。有 4 种属性。

a. Flat：按钮不显示成三维外观；

b. Popup：如果用户将鼠标指针移过按钮，则按钮外观会从平变为凸出形；

c. Standard：三维外观；

d. System：按钮的外观由操作系统控制。默认值为 Standard。

Button 最主要的一个事件就是 Click 事件了，在鼠标单击按钮时发生。当在设计视图中双击按钮时，系统会自动产生这个事件。

微视频：常用控件（三）

11.2.3 组框、面板、复选框和单选按钮

几乎每个程序都需要为用户提供选项，选项的作用是根据用户的实际情况，在程序运行时调整程序的状态或行为。下面介绍常用的 GroupBox、Panel、CheckBox 和 RadioButton 控件的使用。

RadioButton（单选按钮）控件是用来让用户在一组选项中选定一项且只能选定一项。若窗体内仅有一组选项按钮控件时，将它们直接放置在这个窗体内即可。但当有两组或多组选项时，RadioButton 应该被放置到一个 GroupBox（组框）控件（下面将要介绍）内。

在窗体或框架内创建一个 RadioButton 时，在 Visual Studio 的工具箱内单击 RadioButton 对象，鼠标指针变为十字形状，按住鼠标左键，拖动鼠标移至窗体上或框架内的合适位置，释放鼠标左键即可。

RadioButton 有许多属性，其中最常用的有以下几种。

（1）Text 属性：设定 RadioButton 旁边的文本内容。

（2）CheckAlign 属性：设定控件按钮与文本的位置关系。

（3）Checked 属性：设定 RadioButton 的状态。

① True：RadioButton 被选定。

② False：RadioButton 未被选定，默认设置。

RadioButton 最常见的事件是 CheckedChanged。当每次选中或者不选中单选按钮时产生。在 Visual Studio 的设计模式下，双击单选按钮控件时，会自动添加该事件的事件处理程序。

CheckBox（复选框）控件是让用户在一组选项中选定一项或选定多项。若窗体内仅有一组 CheckBox 控件时，可将它们放置在这个简单的窗体内，但当有两组或多组 CheckBox 时，CheckBox 通常也被放置到一个 GroupBox 控件内。

CheckBox 的属性中也有 Text 属性、CheckAlign 属性和 Name 属性等，这些属性的用法几乎每个控件都大同小异。CheckBox 最重要的属性是 Checked 属性。通过 Checked 属性可以检查或设定 CheckBox 是否被选中。

（1）Checked = true，被选中。

（2）Checked = false，未被选中。

CheckBox 中还有一个 CheckState 属性用来指示 CheckBox 目前的状态。

（1）CheckState = Checked，被选中状态。

（2）CheckState = UnChecked，未被选中状态。

（3）CheckState = Indeterminate，不可用状态（当 ThreeState 属性设置为 true 时有效）。

复选框的常见事件如下。

（1）CheckedChanged：当复选框的 Checked 属性发生变化时产生。这是复选框的默认事件，也就是当在设计视图双击复选框控件时，会产生该事件的空白方法。

（2）CheckStateChanged：当复选框的 CheckState 属性发生变化时产生。

RadioButton 控件在一组中只能选定一项，怎样对 RadioButton 控件分组呢？其中一个方法就是利用 GroupBox 控件（GroupBox 控件在工具箱的“容器”组中）。可以先将一个 GroupBox 控件放置在窗体上，然后将 RadioButton 控件放在 GroupBox 控件中即可。在一个 GroupBox 控件中的 RadioButton 控件自动成为一组。另外，还可以设定 GroupBox 的 Text 属性，对分组做一个说明。

CheckBox 也可以放在一个 GroupBox 控件中，但 CheckBox 并没有类似 RadioButton 分组的类似概念。将 CheckBox 放入一个 GroupBox 的作用主要是说明和装饰作用。

和 GroupBox 类似，用于在程序界面中安排控件的容器类控件还有 Panel（面板）；也可以将一组控件放入到 Panel 中。设计时，当移动组框或者面板时，其中的所有控件也会跟着一起移动。而且，组框和面板还可以用来同时显示和隐藏一组控件，只需要改变组框和面板的 Visible（可见）属性就可以了。

组框和面板的主要不同在于：组框可以显示标题（文本）但是没有滚动条，而面板可以包含滚动条却没有标题。在默认情况下，组框的边框较细，面板可以通过 BorderStyle 属性改变边框。

组框常用的属性如下。

（1）Controls：组框包含的控件集。

（2）Text：在组框的顶部显示的标题文本。

面板常用的属性如下。

（1）AutoScroll：当面板由于太小而无法显示所有的控件时，这个属性指定是否出现滚动条。默认值为 false。

（2）BorderStyle：设置面板的边界样式。默认值为 None。其他选项有 Fixed3D 和 FixedSingle。

（3）Control：和组框类似，表示面板包含的控件集。

例 11–2 利用上述的控件，组织用户界面，并从用户处收集一些数据。设计的界面如图 11–5 所示。

在图 11–5 中，1 的地方使用了一个 Label，对下面一组控件进行了说明；2 是一个组框（GroupBox），框定了 4 个单选按钮（图中的 3）。这 4 个单选按钮形成了 1 组，在这 4 个单选按钮中只能选择一个。同样的，后面还有“价格”和“运营商”两组单选按钮。这 3 个组框被放在了一个面板（图中的 4）中。表 11–5~ 表 11–8 显示各个控件的属性值。“提交”按钮的 Name 属性值为 submitButton，事件 Click 为 submitButton_Click。

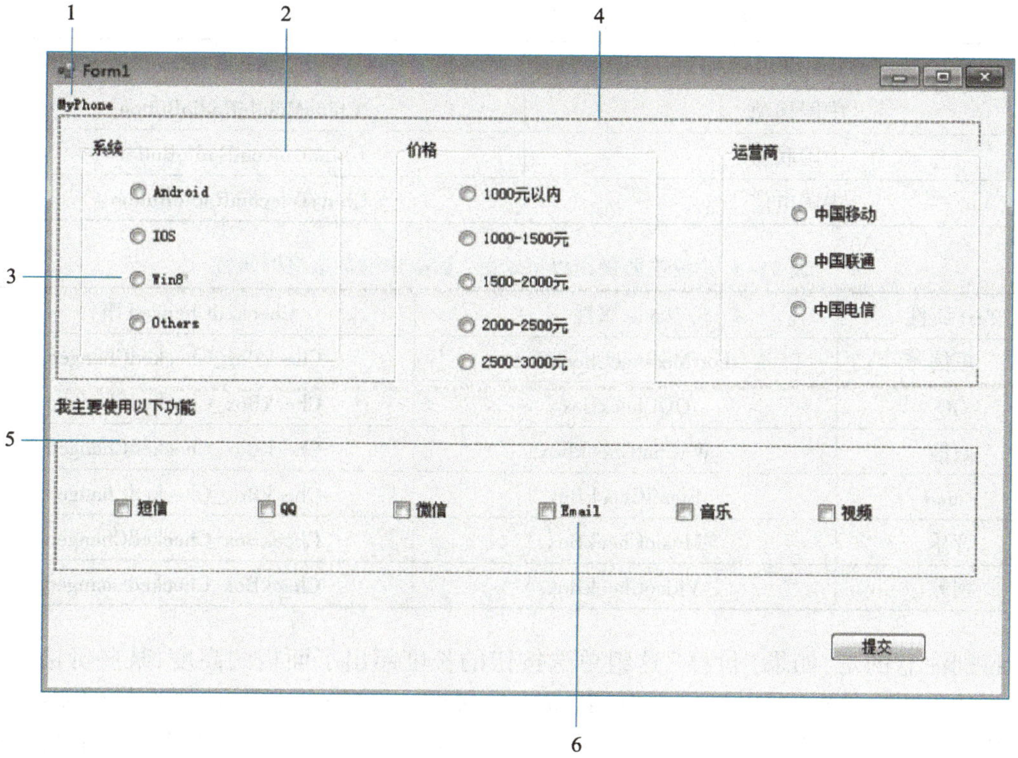

图 11-5　控件的使用与演示

表 11-5　“系统”组框中的单选按钮的属性

Text 属性	Name 属性
Android	androidRadioButton
IOS	iosRadioButton
Win8	win8RadioButton
Others	othersRadioButton

表 11-6　“价格”组框中的单选按钮的属性

Text 属性	Name 属性
1 000 元以内	low1000RadioButton
1 000~1 500 元	btw1000_1500RadioButton
1 500~2 000 元	btw1500_2000RadioButton
2 000~2 500 元	btw2000_2500RadioButton
2 500~3 000 元	btw2500_3000RadioButton
3 000 元以上	over3000RadioButton

表 11-7 “运营商”组框中的单选按钮的属性

Text 属性	Name 属性
中国移动	ChinaMobileRadioButton
中国联通	ChinaUnicomRadioButton
中国电信	ChinaTelecomRadioButton

表 11-8 “我主要使用以下功能”面板中的复选框的属性

Text 属性	Name 属性	CheckedChanged 事件
短信	shortMessageCheckBox	CheckBox_CheckedChanged
QQ	QQCheckBox	CheckBox_CheckedChanged
微信	WeChatCheckBox	CheckBox_CheckedChanged
Email	EmailCheckBox	CheckBox_CheckedChanged
音乐	MusicCheckBox	CheckBox_CheckedChanged
视频	VideoCheckBox	CheckBox_CheckedChanged

特别注意的是，如果“价格”这组单选按钮的长度超出了面板的高度，某些价格被遮挡住了无法看见。这时，可以设定面板（Panel）的属性 AutoScroll 为 true，当有控件超出时，会自动添加滚动条（如图 11-6）。图 11-5 中的 5 仍然是一个面板，读者可以试试拖动面板，可以带动面板上的所有控件一起移动，这样便于更好地组织界面。图 11-5 中的 6 是一组复选框，允许用户有多个选择。

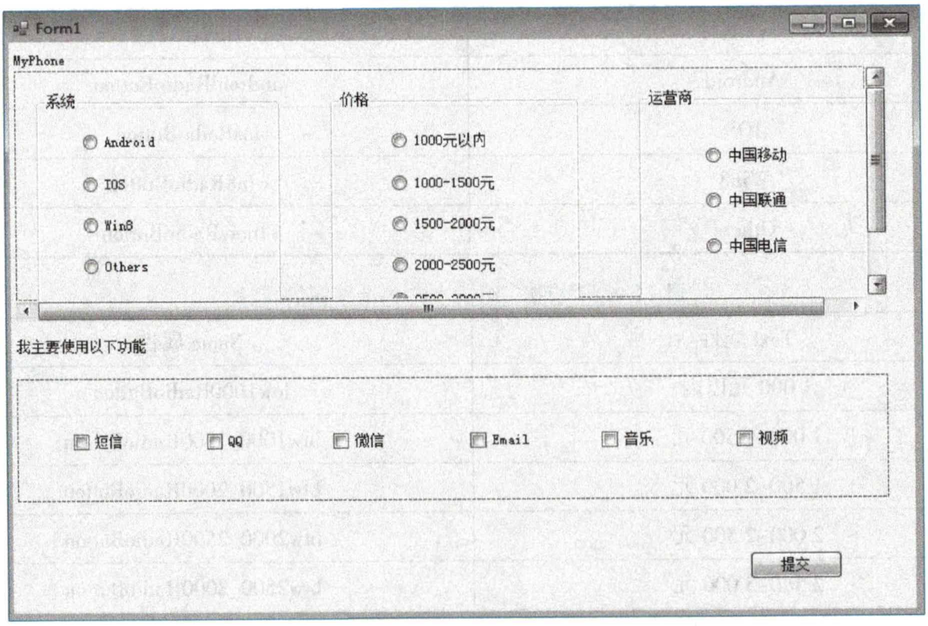

图 11-6 面板的 AutoScroll 属性为 true

此时，运行程序，如图 11–7 所示。拖动滚动条，可以看到“价格”的其余部分。面板控件可以设置滚动条，但组框不能设置滚动条。

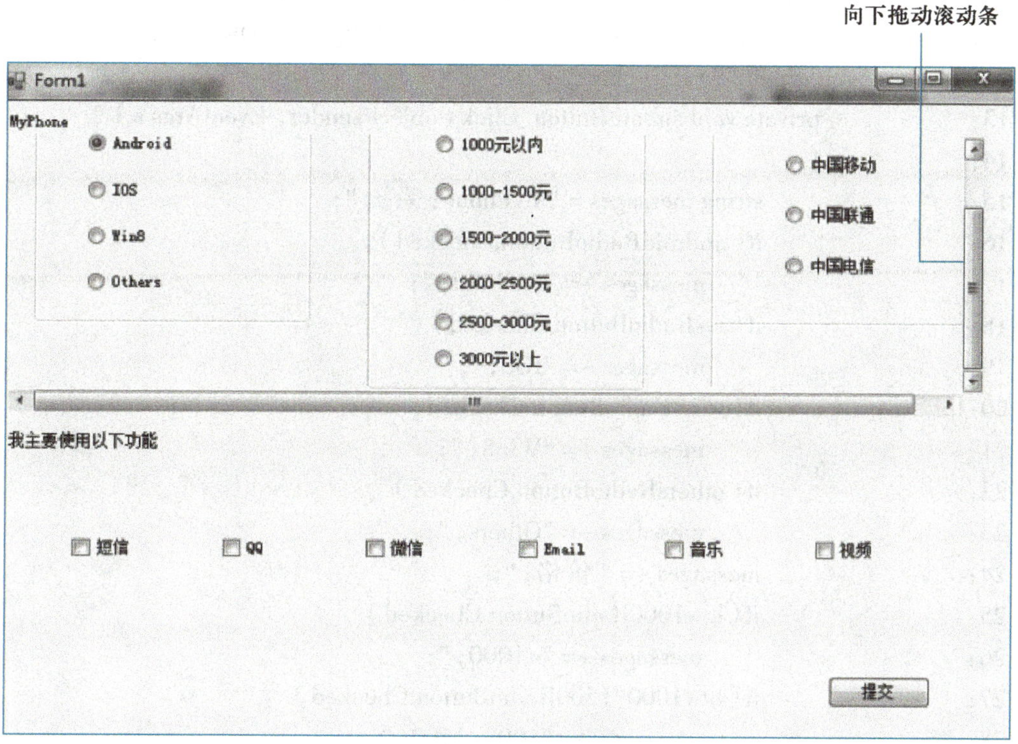

图 11–7　拖动滚动条

下面，为这个程序添加一些事件代码作为测试。首先，添加“提交”按钮的 Click 事件代码。“提交”按钮的功能是，单击按钮后，收集用户在单选按钮和复选框中的选择，并整理为一条信息通过一个 MessageBox 展现出来。在添加代码前，还将各个控件的 Name 属性改得更具有意义一些，如表 11–5~ 表 11–8。注意：为按钮添加事件代码是在按钮所在的窗体 Form1.cs 中。整个程序的代码如下，其中 Button 的 Click 事件处理在第 13~51 行。复选框的 CheckedChanged 事件处理在第 52~66 行。

```
01:  using System;
02:  using System.Windows.Forms;
03:  namespace CSHARP11_2
04:  {
05:      public partial class Form1 : Form
06:      {
07:          public Form1()
08:          {
```

```
            InitializeComponent();
        }
        int[] check = new int[6] {-1, -1, -1, -1, -1, -1 };
        string[] str = new string[6] { " 短信 ", "QQ", " 微信 ", "Email", " 音乐 ",
        " 视频 " };
        private void submitButton_Click( object sender, EventArgs e )
        {
            string messages = "MyPhone: 系统 ";
            if( androidRadioButton.Checked )
                messages += "Android; ";
            if( iosRadioButton.Checked )
                messages += "IOS; ";
            if( win8RadioButton.Checked )
                messages += "Win8; ";
            if( othersRadioButton.Checked )
                messages += "Others; ";
            messages += " 价格: ";
            if( low1000RadioButton.Checked )
                messages += "<1000; ";
            if( btw1000_1500RadioButton.Checked )
                messages += "1000-1500; ";
            if( btw1500_2000RadioButton.Checked )
                messages += "1500-2000; ";
            if( btw2000_2500RadioButton.Checked )
                messages += "2000-2500; ";
            if( btw2500_3000RadioButton.Checked )
                messages += "2500-3000; ";
            if( over3000RadioButton.Checked )
                messages += ">3000; ";
            messages += " 运营商: ";
            if( ChinaMobileRadioButton.Checked )
                messages += " 中国移动 ";
            if( ChinaUnicomRadioButton.Checked )
                messages += " 中国电信 ";
            if( ChinaTelecomRadioButton.Checked )
                messages += " 中国联通 ";
```

```
44:                 messages += " \n 我常用的功能模块: ";
45:                 for( int i=0; i<check.Length; i++ )
46:                 {
47:                     if( check[i] == 1 )
48:                         messages += str[i] + " ";
49:                 }
50:                 MessageBox.Show( messages );
51:             }
52:             private void CheckBox_CheckedChanged( object sender, EventArgs e )
53:             {
54:                 if( sender == shortMessageCheckBox )
55:                     check[0] = shortMessageCheckBox.Checked ? 1 : 0;
56:                 if( sender == QQCheckBox )
57:                     check[1] = QQCheckBox.Checked ? 1 : 0;
58:                 if( sender == WeChatCheckBox )
59:                     check[2] = WeChatCheckBox.Checked ? 1 : 0;
60:                 if( sender == EmailCheckBox )
61:                     check[3] = EmailCheckBox.Checked ? 1 : 0;
62:                 if( sender == MusicCheckBox )
63:                     check[4] = MusicCheckBox.Checked ? 1 : 0;
64:                 if( sender == VideoCheckBox )
65:                     check[5] = VideoCheckBox.Checked ? 1 : 0;
66:             }
67:         }
68:     }
```

程序分析：

在按钮事件的处理程序中，依次判断了每一个单选按钮的状态是否被选中。根据单选按钮的状态，组织了一行文本在 messages 中，最后通过一个 MessageBox 将其显示了出来。

有时需要将选择的状态存储下来供后续的处理使用，为此，用复选框来示例。首先在代码第 11 行处声明了一个整数数组，用来记录复选框的状态，初始值都为 -1。一共有 6 个复选框，哪一个复选框被选中，则将对应的数组置为 1，没选中则置为 0。复选框的状态改变时，会产生 CheckedChanged 事件，可以为每个复选框编写该事件的处理程序，改变 check 数组的值。但是这样会有 6 个差不多的事件处理程序，稍显凌乱。因此，可以编写一个事件处理程序，6 个复选框共用。为此，首先添加第一个复选框的 CheckedChanged 事件处理代码，在上面的例子中，没有使用 Viusal Studio 默认给出的方法名称，而是改为了一个更一般的名称 CheckBox_CheckedChanged（代码第 52 行）。在这个事件处理方法中，检测了参数 sender 来判定哪个复选框触发了该事件，随后对 check 数组做出相应的改变。而为剩余的 5 个复选框添加 CheckedChanged 事件处理程序时，没有产生新的处理程序，而是在复选框的属性窗口中的 CheckedChanged 事件中单击下拉箭头，在已有的事件处理程序中选择了 CheckBox_CheckedChanged 事件。

程序运行结果如图 11-8 所示。

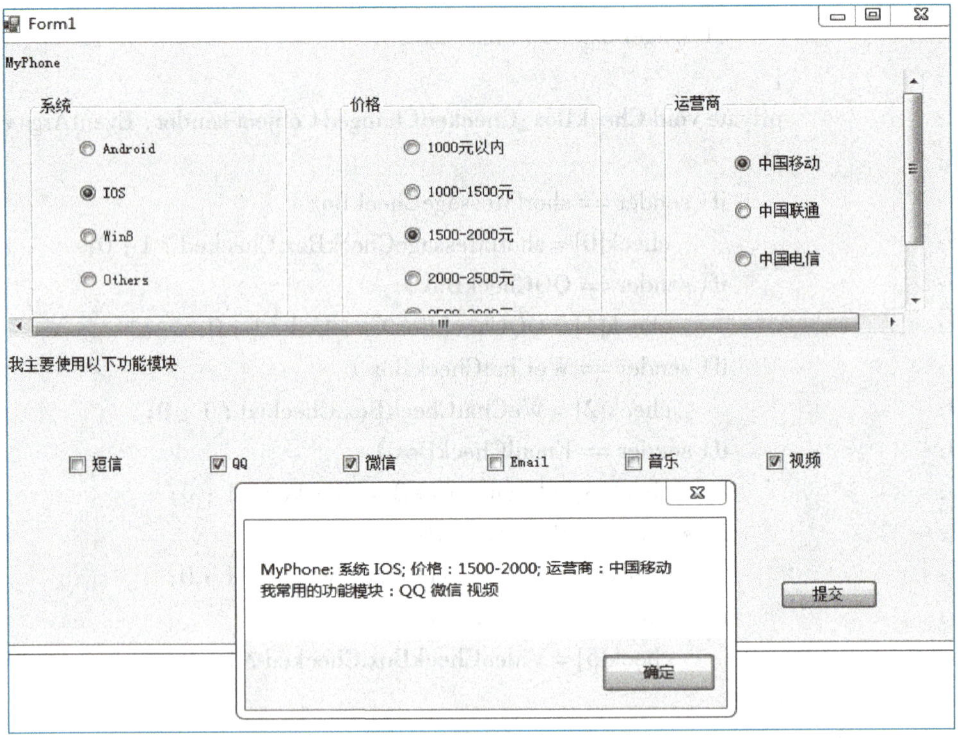

图 11-8　程序运行结果

▶ 11.2.4　图片框

众所周知，一幅图片中的信息量相当于上千个词，而实际上许多程序也都用图片来传递信息。此外，在程序中，图片的使用还可以使程序更加生动。有若干方法可以显示图片，其中最常见的方法是使用图片框（PictureBox）控件。

PictureBox 控件可以显示来自位图、图标或者元文件以及来自增强的元文件、JPEG 或 GIF 文件的图形。如果控件不足以显示整幅图像，则裁剪图像以适应控件的大小。

PictureBox 常用的属性如下。

（1）Image：PictureBox 控件充当一个图片容器。可以通过设置 Image 属性来选择要显示的图片。Image 属性可以在“属性”窗口中设置，也可以编写代码，告诉程序显示哪幅图片。

（2）ImageLocation：要在图片框中显示的图片的路径或 URL。

（3）SizeMode：用于 PictureBox 控件中伸展、居中对齐或者缩放图像。这是一个枚举值，可以是 Normal、StretchImage、AutoSize、CenterImage 和 Zoom。Normal（默认值）将图像放在图片框的左上角，而 CenterImage 会将图像放在中间。如果图像比图片框大，则这两个选项只会显示部分图像。StretchImage 选项将图像调整为适合图片框的大小，AutoSize 将图片框的大小调整为能容纳图像，Zoom 将图像大小调整为适合图片框，但保持图像的长宽比不变。

图片框的默认事件是 Click 事件。在设计模式双击 PictureBox 控件，会产生该事件的空白处理方法。

例 11-3　有 01.jpg、02.jpg 和 03.jpg 3 个图像文件，使用图片框显示这 3 个文件，并且在单击图片框时，在 3 个图片之间轮流切换。

如果使用 Image 属性来设置图片，则首先需要将图片文件构建为一个 Bitmap 对象。而 Bitmap 是从 Image 类派生的，因此可以将 Bitmap 对象转换为父类 Image 对象。也可以直接使用 PictureBox 控件的 ImageLocation 属性，给出一个 string 型的路径。本例先使用了设置 ImageLocation 属性的方法，然后示例了 Bitmap 方法。

建立工程，右击项目名称，选择“添加”->“新建文件夹”命令，将新建的文件夹命名为 Images，在此文件夹上右击，选择“添加”->“现有项”命令，选择图片文件，添加到该文件夹下。选择工具箱，将一个 PictureBox 控件放置到窗体上，设置 SizeMode 的属性为 Zoom。添加 Click 事件处理程序，整个程序代码如下：

```
using System;
using System.Windows.Forms;
namespace CSHARP11_3
{
    public partial class Form1 : Form
    {
        public Form1()
        {
            InitializeComponent();
        }
        private int imageNum = -1;    // 显示哪一个图片
        private void pictureBox1_Click(object sender, EventArgs e)
        {
            imageNum = (imageNum + 1) % 3;
            switch (imageNum)
            {
                case 0:
                    pictureBox1.ImageLocation = @"..\..\Images\01.jpg";
                    break;
```

```
20:                     case 1:
21:                         pictureBox1.ImageLocation = @"..\..\Images\02.jpg";
22:                         break;
23:                     case 2:
24:                         pictureBox1.ImageLocation = @"..\..\Images\03.jpg";
25:                         break;
26:                 }
27:             }
28:         }
29: }
```

PictureBox 控件的 Click 事件的代码是第 14 行到第 25 行，实现的功能是单击 PictureBox 时，分别在 3 个图片之间轮流切换，显示效果如图 11-9 所示。

图 11-9　使用图片框显示图像效果

如果使用 Bitmap 对象，则 Click 事件的代码如下：

```
private void pictureBox1_Click(object sender, EventArgs e)
{
    imageNum =(imageNum + 1)% 3;
    System.Drawing.Bitmap bitmap = null;
    switch(imageNum)
    {
      case 0:
        bitmap = new System.Drawing.Bitmap(@"..\..\Images\01.jpg");
        break;
      case 1:
        bitmap = new System.Drawing.Bitmap(@"..\..\Images\02.jpg");
        break;
```

```
            case 2:
                bitmap = new System.Drawing.Bitmap( @"..\..\Images\03.jpg" );
                break;
        }
        pictureBox1.Image = bitmap;
}
```

在上面的代码中，如果图片缺失，或者图片不在正确的目录中，则程序就无法正确显示图片。之前的做法是在项目中新建一个文件夹，添加图片。但是要在程序中写图片的相对路径，如 @"..\..\Images\01.jpg" 相对比较麻烦。因此，可以将图片文件作为资源添加到项目中。一旦在项目中添加了某项资源，便可以根据需要任意重复使用该资源。例如，可以在多个位置显示同一图片。可以不用担心程序移动到不同位置时的图像显示问题。

在创建一个工程后，可以用如下步骤将图像作为资源添加到工程中。

（1）在解决方案资源管理器中，找到项目下的 Properties 节点，右击并选择“打开”命令，便进入到该工程的属性页面。

（2）选择左边窗格中的“资源”选项。

（3）在“资源”选项卡的顶部单击“添加资源”按钮旁边的下拉箭头，选择添加已存在的文件。找到 3 个图片文件，依次添加进来，如图 11-10 所示。

（4）添加后的资源默认有一个名字，可以通过这个名字访问它（图 11-11）。

（5）最后保存工程。

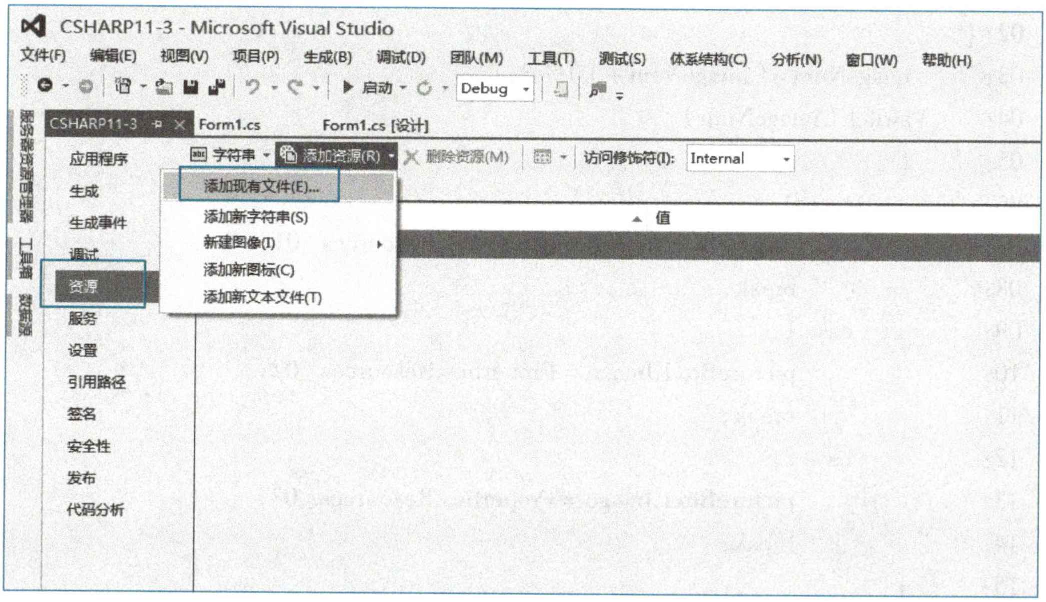

图 11-10　打开项目属性中的“资源”选项卡

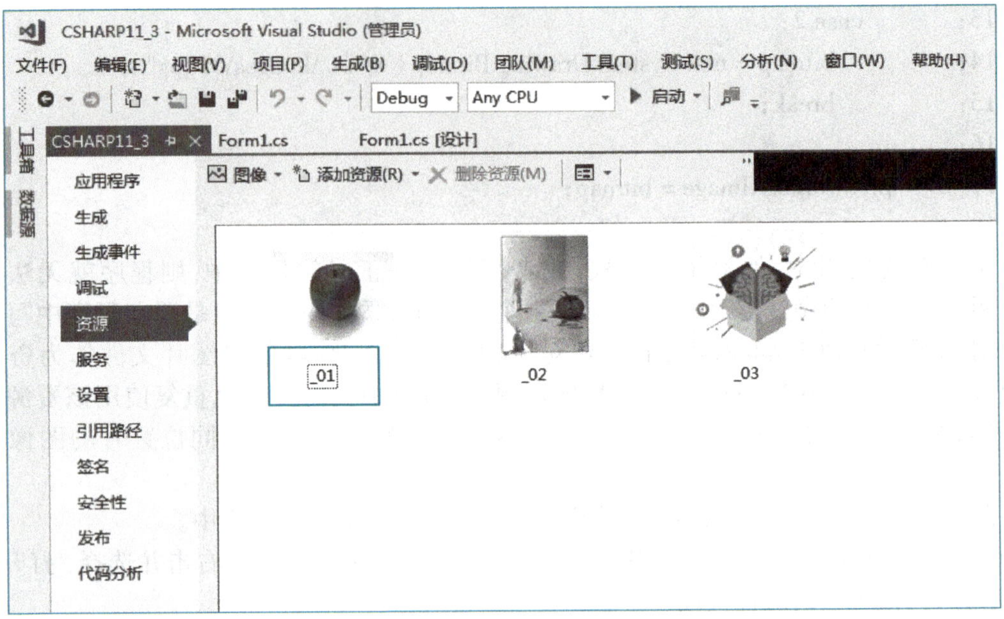

图 11-11　添加图片到资源中

添加后的资源本身就是一个 Bitmap 类型的对象，通过 Properties 名字空间中的 Recourses 对象可以直接给 PictureBox 的 Image 属性赋值，并且也不用操心程序运行时图片在哪了，其实图片已经嵌入到了程序中。此时，Click 事件的代码如下：

```
private void pictureBox1_Click(object sender, EventArgs e)
{
    imageNum = (imageNum + 1) % 3;
    switch(imageNum)
    {
        case 0:
            pictureBox1.Image = Properties.Resources._01;
            break;
        case 1:
            pictureBox1.Image = Properties.Resources._02;
            break;
        case 2:
            pictureBox1.Image = Properties.Resources._03;
            break;
    }
}
```

11.2.5 工具提示

工具提示（ToolTip）就是当鼠标指针在某特定区域上停留时显示的一个矩形窗口，一般起提示作用。工具提示窗口包含一些编程者想要显示的文本。在这点上，工具提示同状态栏的作用是一样的，所不同的是当单击或者远离指定区域时工具提示就会消失。一般熟知的是与工具栏相关联的工具提示，如 Word 的工具提示可以帮助使用者确定程序图标的用途。

ToolTip 类通常用来向用户提示控件的预期用途。比如，可以为一个 TextBox 控件指定工具提示文本，用来给用户提示应给文本框输入什么数据，同时也指定了要输入到 TextBox 控件中的数据的格式。除了提供提示外，还可使用 ToolTip 类提供运行时状态信息。例如，当用户将鼠标移动到显示 Internet 连接状态的 PictureBox 控件上时，可以使用 ToolTip 类显示连接速度和线路质量数据。

ToolTip 常用的属性如下。

（1）AutomaticDelay：工具提示的自动延迟（毫秒）。

（2）AutoPopDelay：当鼠标指针在具有指定工具提示文本的控件内保持静止时，工具提示出现的时间（毫秒）。

（3）InitialDelay：工具提示显示之前鼠标指针必须悬停在控件上的时间（毫秒）。

（4）ReshowDelay：当鼠标指针从一个控件移到另一控件时，必须经过多长时间才会出现后面的工具提示窗口（毫秒）。

（5）ShowAlways：指示是否显示工具提示窗口，甚至是在其父控件不活动时。

常见的事件如下。

（1）Draw：当绘制工具提示并将 OwnerDraw 属性设置为 true 以及 IsBalloon 属性为 false 时发生。

（2）Popup：在工具提示最初显示之前发生。这是 ToolTip 类的默认事件。

例 11-4 使用 ToolTip 工具提示。在窗体上将放置两个按钮，当鼠标移动到按钮上时，出现不同的提示。

建立一个新的项目后，在窗口上放置两个按钮。然后将一个 ToolTip 控件拖动到窗体上，ToolTip 会出现在设计模式中的窗体下方，而不是在窗体上，如图 11-12 所示。

一旦有工具提示控件加入到窗体，回到按钮的“属性”窗格，会出现一个名为“toolTip1 上的 ToolTip”的新的属性。将 ToolTip 控件的 Name 改为“helpSaveToolTip”，则按钮“属性”窗格对应的新的属性为“helpSaveToolTip 上的 ToolTip”。要使得鼠标指向按钮时有提示，只需单击该属性旁的下拉箭头，设置要提示的值即可。将第 1 个按钮的提示设置为“保存文件”，将第 2 个按钮的提示设置为“将文件另存为一个新文件”。本例没有添加任何代码，程序的运行结果如图 11-13 所示。

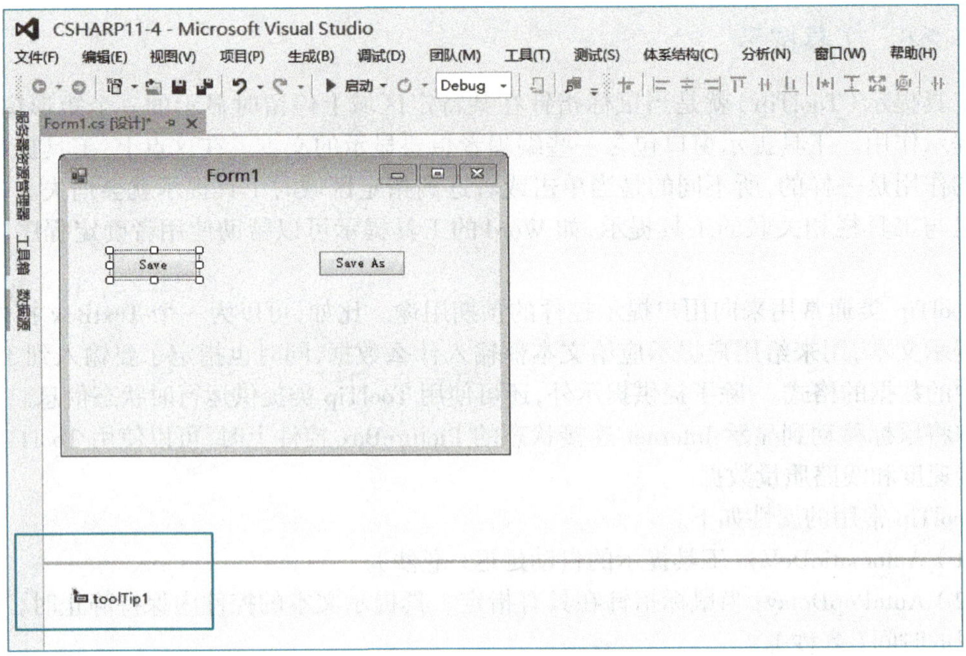

图 11-12　ToolTip 出现的位置

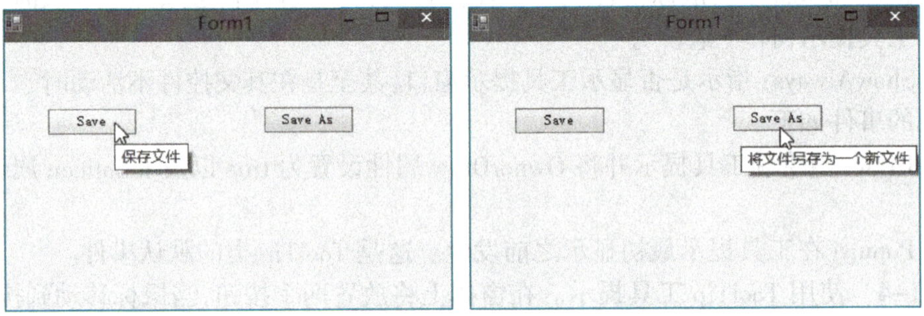

图 11-13　ToolTip 程序的运行结果

11.2.6　数字调节控件

微视频：常用控件（四）

有时，希望将用户的输入范围限制在某个特定的数字范围内，这时可以使用数字调节控件（NumericUpDown）来完成。NumericUpDown 控件看起来像是一个文本框与一对箭头的组合，用户可以单击箭头来调整值。该控件显示并设置选择列表中的单个数值。用户可以通过单击向上和向下按钮、按键盘上的向上键和向下键或在 NumericUpDown 控件中输入一个数字来改变选取的数字值。按向上键时，值沿最大值方向增加；按向下键时，位置沿最小值方向减少。一个典型的例子就是音乐播放器上的音量控件。NumericUpDown 类中常见的属性如下。

（1）DecimalPlaces：NumericUpDown 控件中可以显示多少位小数。

（2）Increment：单击向上或向下按钮时，NumericUpDown 控件递增或递减的值。

（3）Maximum：NumericUpDown 控件的最大值。

（4）Minimum：NumericUpDown 控件的最小允许值。

（5）ReadOnly：指示是否只能使用向上或向下按钮更改文本。

（6）UpDownAlign：控件中向上和向下按钮的对齐方式。这个属性可用来将控件的这两个按钮显示在控件的左边或者右边。

（7）Value：控件的值。

控件的常见事件如下。

ValueChanged：在以某种方式更改 Value 属性后发生。这是 NumericUpDown 控件的默认事件。

控件的数值类型是 decimal 类型，最大值和最小值使用属性 Maximum 和 Minimum 指定。

例 11-5　数字调节控件的演示。在文本框中输入本金和利率，通过 NumericUpDown 控件输入年数，范围是 1~5，然后根据输入计算本息的和。程序的界面如图 11-14 所示。

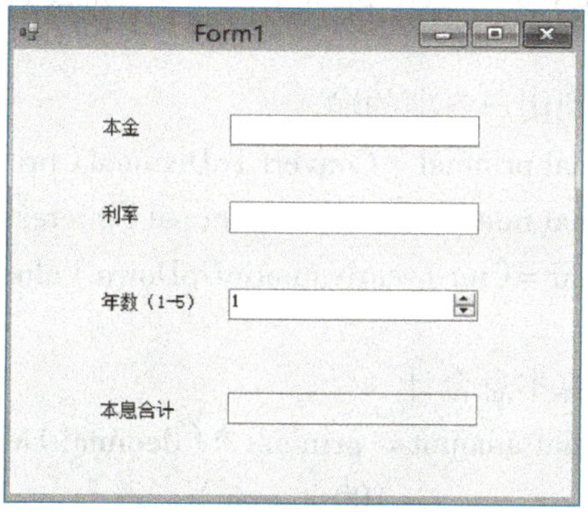

图 11-14　程序的设计界面

微视频：计算利率

将显示本息合计的文本框 ReadOnly 属性设置为 true；对于 NumericUpDown 控件，设置 Minimum=1，Maximum=5；同时，对各个控件重新命名。具体命名如表 11-9 所示。

表 11-9　为窗体中的控件命名

控件	控件名称
“本金”文本框	principalTextBox
“利率”文本框	interestTextBox
NumericUpDown 控件	yearNumericUpDown
“本息合计”文本框	balanceTextBox

程序响应 NumericUpDown 控件 ValueChanged 事件，在 NumericUpDown 控件上双击，系统自动生成该事件响应函数。当 NumericUpDown 控件的值一发生改变，便立刻调用该函数

计算新值并显示。

```
using System;
using System.Windows.Forms;

namespace CSHARP11_5
{
        public partial class Form1 : Form
        {
                public Form1()
                {
                        InitializeComponent();
                }

                private void yearNumericUpDown_ValueChanged(object sender, EventArgs e)
                {
                        //得到用户各项的输入
                        decimal principal = Convert.ToDecimal(principalTextBox.Text);
                        decimal rate = Convert.ToDecimal(interestTextBox.Text);
                        int year = (int)yearNumericUpDown.Value;

                        //计算本息合计
                        decimal amount = principal * (decimal)Math.Pow((double)(1 + rate/
                                100), year);
                        balanceTextBox.Text = amount.ToString();
                }
        }
}
```

11.2.7 Timer 组件

Timer 是定期引发事件的组件,也称为定时器组件。Timer 有两个重要的属性。

(1) Enabled:设置计时器是否启动。

(2) Interval:设置两次 Tick 事件的间隔。

Timer 组件的事件如下。

Tick:每隔 Interval 指定的时间就执行一次该事件。

时间间隔的长度由 Interval 属性定义,其值以毫秒为单位。若启用了该组件,则每个时间间隔引发一个 Tick 事件。Timer 组件的主要方法包括 Start 和 Stop,这两种方法可打开和关闭定时器(和直接设置 Enabled 属性的值的效果是一样的)。定时器在关闭时重置,不存在暂停 Timer 组件的方法。

11.3 鼠标事件处理

在程序运行中，产生事件的主体很多，而程序的大部分输入是来自键盘或者鼠标的，当用户通过鼠标和控件进行交互时，就会产生关于鼠标的事件。从 Control 类派生的控件都可以处理鼠标事件。事件处理方法具有两个参数，第一个是 object 类型的对象，指出事件产生的主体，第二个参数则包含了事件的参数。对于鼠标事件而言，第二个参数有两种类型：EventArgs 和 MouseEventArgs。而最主要的鼠标事件有以下 6 种，其中前 3 种的参数是 EventArgs，后 3 种是 MouseEventArgs。

微视频：常用控件（五）

（1）MouseEnter：当鼠标指针进入控件的边界时产生此事件。

（2）MouseHover：当鼠标指针悬停在控件上时产生。

（3）MouseLeave：当鼠标指针离开控件时产生。

（4）MouseDown：当鼠标指针位于控件内，且按下鼠标键（无论哪一个）时产生。

（5）MouseUp：当鼠标指针位于控件内，松开鼠标键（无论哪一个）时产生。

（6）MouseMove：当鼠标指针位于控件内，并且移动鼠标指针时产生。

MouseEventArgs 的主要成员有以下几个。

（1）Button：按下的是哪个鼠标键。

（2）Clicks：按下并释放鼠标键的次数。

（3）Delta：鼠标轮已转动的制动器数（鼠标轮的齿轮）的有符号计数。当旋转鼠标轮时，每碰到一个齿就会发送一个鼠标轮消息。Windows 常数 WHEEL_DELTA 定义了一个鼠标轮总齿数，标准值为 120。正值指示鼠标轮向前（远离用户的方向）转动；负值指示鼠标轮向后（朝着用户的方向）转动。

（4）Location：鼠标在产生鼠标事件时的位置。

（5）X：鼠标在产生鼠标事件时的 x 坐标。

（6）Y：鼠标在产生鼠标事件时的 y 坐标。

例 11-6　演示鼠标事件。程序的界面设计如图 11-15 所示。当鼠标在红、绿、蓝 3 个 Panel 控件停留时，右边的正方形 Panel 控件显示当前所选的颜色。当鼠标在右边的 Panel 控件上停留时，则不显示颜色。当鼠标在窗体空白处，单击左键时，两个文本框分别显示当前位置的横、纵坐标。

首先在窗体上放置了一个横贯窗体的 Panel 控件。为了看清楚这个控件，设置其边框属性 BorderStyles 为 FixedSingle（单行边框）。接着在这个 Panel 控件上连续放置 4 个大小一样的 Panel 控件，并将左边的 3 个 Panel 控件的背景颜色 BackColor 属性分别设置为 Red、Green 和 Blue。最右边的 Panel 控件不设置背景色，为了和其他 3 个 Panel 控件区别开，边框 BorderStyles 设置为 Fixed3D。

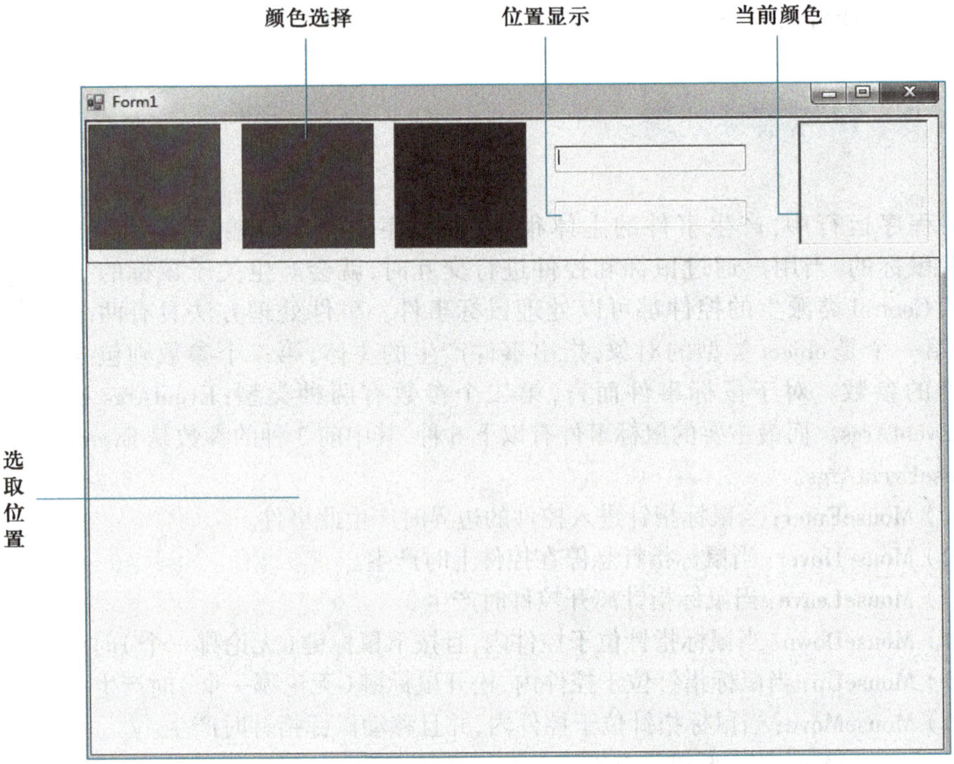

图 11-15　程序的界面设计

设置红色 Panel 控件的 Name 属性为 redPanel，绿色 Panel 控件的 Name 属性为 greenPanel，蓝色 Panel 控件的 Name 属性为 bluePanel，显示当前颜色的 Panel 控件的 Name 属性为 pickedColorPanel；设置两个文本框的 Name 属性分别为 xValueTextBox、yValueTextBox，并且设置两个文本框为只读，即 ReadOnly 属性为 true。

为 3 个颜色 Panel 控件生成鼠标进入响应事件，例如，选中红色 Panel 控件属性中的 MouseEnter 事件双击，系统便在 Form1.cs 中生成 private void redPanel_MouseEnter(object sender, EventArgs e)代码。用相同的方式为显示当前颜色的 Panel 控件添加 MouseHover 事件，为 Form 窗体添加 MouseDown 事件。

```
using System;
using System.Drawing;
using System.Windows.Forms;

namespace CSHARP11_6
{
    public partial class Form1 : Form
    {
```

```
        private Color pickedColor;                 // 当前选择的颜色
        public Form1()
        {
            InitializeComponent();
            pickedColor = this.BackColor;          // 初始颜色和窗体背景色一致
        }

        private void redPanel_MouseEnter(object sender, EventArgs e)
        {
            pickedColor = Color.Red;
            pickedColorPanel.BackColor = pickedColor;
        }

        private void greenPanel_MouseEnter(object sender, EventArgs e)
        {
            pickedColor = Color.Green;
            pickedColorPanel.BackColor = pickedColor;
        }

        private void bluePanel_MouseEnter(object sender, EventArgs e)
        {
            pickedColor = Color.Blue;
            pickedColorPanel.BackColor = pickedColor;
        }

        private void pickedColorPanel_MouseHover(object sender, EventArgs e)
        {
            pickedColor = this.BackColor;
            pickedColorPanel.BackColor = pickedColor;
        }

        private void Form1_MouseDown(object sender, MouseEventArgs e)
        {
            if(e.Button == MouseButtons.Left)
            {
                xValueTextBox.Text = e.Location.X.ToString();
                yValueTextBox.Text = e.Location.Y.ToString();
```

```
46:                }
47:            }
48:        }
49:    }
```

代码第 16~32 行分别是鼠标指针进入 3 个颜色面板的事件处理代码，这些代码的作用是将最右边一个面板的背景色设置为与鼠标指针进入的面板背景色一致。代码第 34~38 行是鼠标指针在显示当前颜色面板上停留的事件处理代码，作用是当鼠标在该控件上停留时，背景色置为初始颜色。在鼠标在窗体点击的事件处理代码中（代码第 40~47 行），先判断是否是鼠标左键按下，当鼠标左键按下后，记录该点坐标，并显示在文本框中。

11.4 键盘事件处理

和鼠标事件一样，凡是从 Control 类派生的控件都可以处理键盘事件。键盘事件在按下和释放键盘上的键时发生。键盘事件有以下 3 个。

（1）KeyDown：在按下键时产生。

（2）KeyUp：在释放（松开）键时产生。

（3）KeyPress：在按下键时产生，出现在 KeyDown 事件之后，KeyUp 事件之前。

KeyPress 事件处理方法传递事件参数时，使用 KeyPressEventArgs 类。在这个类中有两个属性。

（1）Handle：用于指示该事件是否被处理过，如果未处理事件，则会将它发送到操作系统进行默认处理。将 Handled 设置为 true，则可以取消 KeyPress 事件。

（2）KeyChar：返回按下键的 ASCII 码字符。

KeyDown 和 KeyUp 消息则使用类 KeyEventArgs 传递消息参数，这个类的主要属性如下。

（1）Alt：该值指示是否按 Alt 键。

（2）Control：该值指示是否按 Ctrl 键。

（3）Handled：该值指示是否处理过此事件。

（4）KeyCode：获取 KeyDown 或 KeyUp 事件的键盘代码。

（5）KeyData：获取 KeyDown 或 KeyUp 事件的键数据。

（6）KeyValue：获取 KeyDown 或 KeyUp 事件的键盘值。

（7）Modifiers：获取 KeyDown 或 KeyUp 事件的修饰符标志。这些标志指示按的 Ctrl、Shift 和 Alt 键的组合。

（8）Shift：该值指示是否按 Shift 键。

KeyDown 和 KeyPress 的主要区别：KeyPress 主要用来接收字母、数字等字符，并且只能捕获单个字符。KeyPress 不显示键盘的物理状态（Shift 键），而只是传递一个字符。

KeyPress 将每个字符的大、小写形式作为不同的键代码解释，即作为两种不同的字符，并且 KeyPress 不区分小键盘和主键盘的数字字符。

KeyDown 和 KeyUp 事件过程通常可以捕获键盘除了 PrScrn 键（在键盘右上角）的所有按键。KeyDown 和 KeyUp 可以捕获组合键，但是不能判断键值字母的大小，返回的总是大写字母。KeyDown 和 KeyUp 区分小键盘和主键盘的数字字符。

在 KeyDown 事件中，KeyEventArgs 有 3 个主要的属性传递键值，主要区别是，KeyCode（最为常用）记录了键盘上按了哪个键。例如，当使用组合键 Ctrl+A 时，其值是“A”；KeyData 也可以记录组合键，当使用组合键 Ctrl+A 时，其值为“A，ctrl”；KeyValue 则是 KeyCode 的数字值，当使用组合键 Ctrl+A 时，其值为 65（A），注意不是 97（a）。

例 11-7 键盘按键测试。建立一个新项目，对窗体的 3 个键盘事件编写代码并测试。在窗体的属性窗口中，分别双击 KeyDown、KeyPress、KeyUp 控件，生成事件处理代码，添加具体代码，并将测试的结果使用 MessageBox 来显示。

```
using System.Windows.Forms;

namespace CSHARP11_7
{
    public partial class Form1 : Form
    {
        public Form1()
        {
            InitializeComponent();
        }
        private string eventMsg;        // 要显示的内容
        private void Form1_KeyDown(object sender, KeyEventArgs e)
        {
            eventMsg += "KeyDown: \n" +
                    "    Alt: " + (e.Alt ? "Yes" : "NO") + '\n' +
                    "    Shift: " + (e.Shift ? "YES" : "NO") + '\n' +
                    "    Ctrl: " + (e.Control ? “Yes” : "NO") + '\n' +
                    "    KeyCode: " + e.KeyCode + '\n' +
                    "    Keydata: " + e.KeyData + '\n' +
                    "    KeyValue: " + e.KeyValue + '\n';
        }

        private void Form1_KeyPress(object sender, KeyPressEventArgs e)
        {
```

```
            eventMsg += "KeyPerss: \n" + "        " +e.KeyChar + '\n';
        }

        private void Form1_KeyUp(object sender, KeyEventArgs e)
        {
            eventMsg += "KeyUp: \n";
            MessageBox.Show(eventMsg);
            eventMsg = "";
        }
    }
}
```

在测试中，分别按H键、F12键、Shift+K键和小键盘的数字7键，显示的结果如图11-16所示。

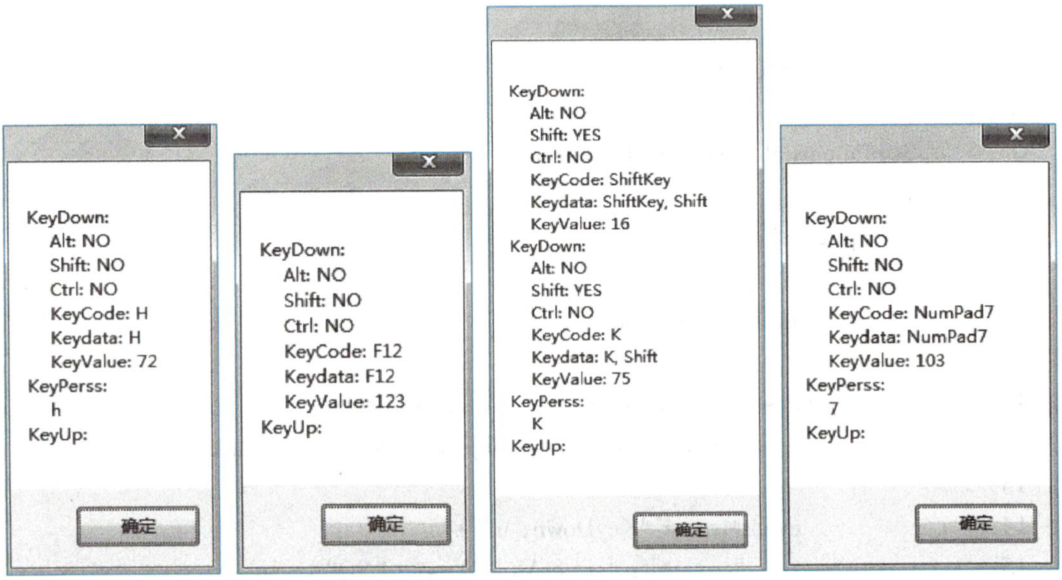

(a) 按H键　(b) 按F12键　(c) 按Shift+K键　(d) 按数字键盘7键

图11-16　按不同的按键组合程序的输出

当按H键并松开时，会依次激发KeyDown、KeyPress和KeyUp事件。在KeyDown事件中，返回的是大写字母H，而在KeyPress中传递的是小写的h。按F12键时，因为没有对应的字符，所以不会产生KeyPress事件。按Shift+K键时，KeyDown事件发送了两次，Shift键按下和K键按下。KeyPress事件得到了大写的K。按数字键盘7键时，KeyPress发生，但不区分是数字键盘的7还是键盘上的7，而KeyDown事件是区分的，传递的是NumPad7。

11.5 常用控件 2

11.5.1 MonthCalendar 和 DateTimePicker 控件

MonthCalendar（月历控件）和 DateTimePicker（日期 / 时间控件）都是用来选取时间的。Windows 窗体 MonthCalendar 控件为用户查看和设置日期信息提供了一个直观可视的图形界面。该控件以网格形式显示日历：网格包含月份的编号日期，这些日期排列在周一到周日下的 7 个列中，并且突出显示选定的日期范围。可以单击月份标题任何一侧的箭头按钮来选择不同的月份。该控件可以选择多个日期，而 DateTimePicker 控件只能选择一个日期。MonthCalendar 控件如图 11-17 所示，DateTimePicker 控件如图 11-18 所示。

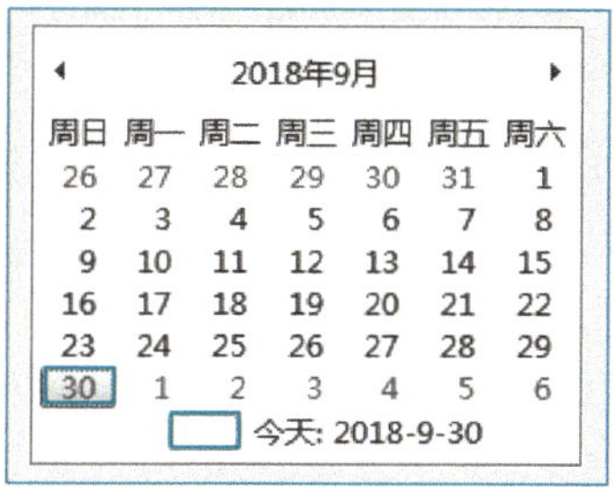

图 11-17　MonthCalendar 控件

图 11-18　DateTimePicker 控件

MonthCalendar 控件的外观具有很高的可配置性。默认情况下，今天的日期用长方形框框起来，并且在网格的底部加以说明。通过将该控件的 ShowToday 和 ShowTodayCircle 属性设置为 false，可以去掉底部的说明以及今天日期的外框。还可以通过将 ShowWeekNumbers 属性设置为 true，在日历中添加周编号。通过设置 CalendarDimensions 属性，可以水平和垂直显示多个月份。默认情况下，星期日显示为每周的第一天，不过可以使用 FirstDayOfWeek 属性将任何一天指定为第一天。

此外，还可以通过向 BoldedDates、AnnuallyBoldedDates 和 MonthlyBoldedDates 属性添加 DateTime 对象，将某些日期设置为一次、每年或每月显示为粗体。MonthCalendar 控件的主要属性是 SelectionRange，即该控件中选定的日期范围。SelectionRange 值不能超过 MaxSelectionCount 属性中设置的最大可选择天数。用户可以选择的最早和最晚日期由 MaxDate 和 MinDate 属性确定。

使用 Windows 窗体 DateTimePicker 控件，用户可以从日期或时间列表中选择单个项。在用来表示日期时，它显示为两部分：一个下拉列表（带有以文本形式表示的日期）和一个网格（在单击列表旁边的向下箭头时显示）。该网格看起来很像可用于选择多个日期的 MonthCalendar 控件。

DateTimePicker 作为选取或编辑时间（而不是日期）的控件出现，将 ShowUpDown 属性设置为 true，并将 Format 属性设置为 Time。当 ShowCheckBox 属性设置为 true 时，该控件中的选定日期 / 时间旁边将显示一个复选框。当勾选该复选框时，选定的日期时间值可以更改。当不勾选复选框时，值显示为不可用。

DateTimePicker 控件的 MaxDate 和 MinDate 属性确定日期和时间的范围。Value 属性包含由该控件设置的当前日期和时间。用户所选择的日期或时间的值可以按以下 4 种格式显示（这些格式通过 Format 属性设置）：Long、Short、Time 或 Custom。如果选择自定义格式（Custom），则必须将 CustomFormat 属性设置为适当的字符串。

例 11-8 DateTimePicker 的简单示例。从窗体的 DateTimePicker 控件中选择一个日期，然后在下方的文本框中显示 5 个工作日后是哪一天。在 DateTimePicker 控件属性窗口中双击 ValueChanged 事件，系统生成事件相应代码。

```
using System;
using System.Windows.Forms;

namespace CSHARP11_8
{
    public partial class Form1 : Form
    {
        public Form1()
        {
            InitializeComponent();
        }

        private void dateTimePicker1_ValueChanged(object sender, EventArgs e)
        {
            DateTime pickedDate = dateTimePicker1.Value;

            // 向后加 5 天
            int j = 0;
            DateTime fiveDays = pickedDate;
            while(j<5)
            {
                fiveDays = fiveDays.AddDays(1);
                // 跳过周六和周日
                if(fiveDays.DayOfWeek != DayOfWeek.Saturday &&
                    fiveDays.DayOfWeek != DayOfWeek.Sunday)
                    j++;
```

```
                    }
                    textBox1.Text = fiveDays.ToLongDateString();
               }
          }
}
```

程序运行结果如图 11-19 所示。

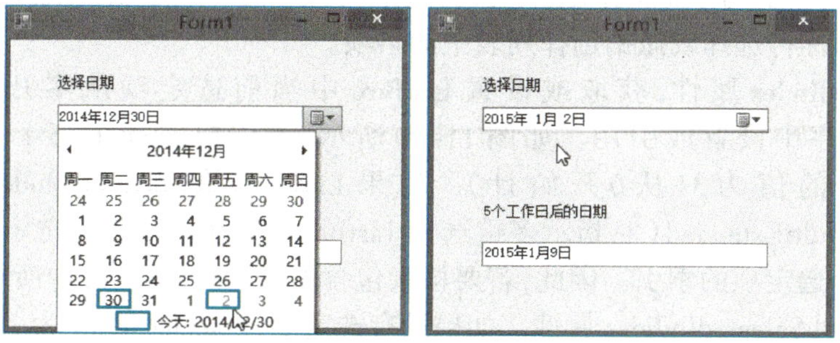

图 11-19　DateTimePicker 的运行结果

微视频：常用控件（六）

11.5.2　ListBox、CheckedListBox 和 ComboBox

RadioButton（单选按钮控件）和 CheckedBox（复选框控件）可以显示多个选项供用户选择，但每个单选按钮或复选框都要占据窗体上的空间。窗体上单选按钮或复选框出现得越多，选项也就越混乱。此时，可以使用 ListBox（列表框）、CheckedListBox（复选列表框）和 ComboBox（组合列表框），向用户提供选项。它们均可显示多个选项，而且比多个单选按钮或复选框占据的空间要少一些。

ListBox 控件用来显示选项列表，用户可从中进行选择一项或选择多项的操作。要在设计时为 ListBox 添加选项，可以使用属性窗口中的 Items 属性（位于 Data 类别中）。打开 ListBox 的属性窗口，单击 Items 属性项右边的带有 3 个小黑点的按钮。Visual Studio 系统会打开一个字符串集合编辑器。将相应的选项内容输入到字符串集合编辑器中。每输入一个选项后，按 Enter 键换行。全部选项输入完毕后，单击 OK 按钮结束，ListBox 控件如图 11-20 所示。如果项总数超出可以显示的项数，则系统会自动向 ListBox 控件添加滚动条。

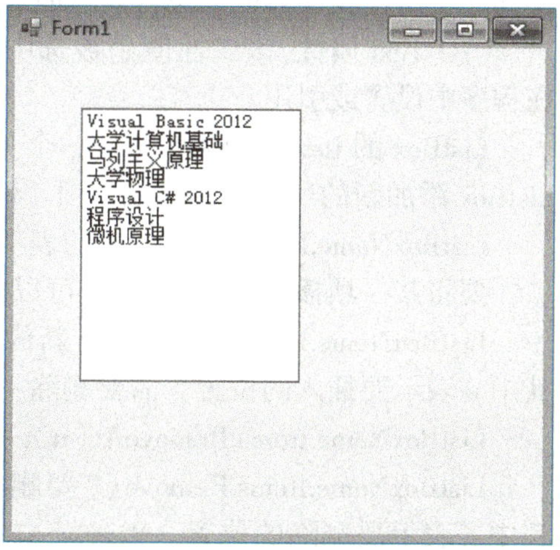

图 11-20　ListBox 控件

ListBox 的常用属性如下。

（1）SelectionMode 属性，该属性可以让用户在列表中选择多个项，有 4 个可选的值：One、

None、MultiSimple 和 MultiExtended，分别表示如下含义。

① One，一次只能选择一项，不接受多项选择。此时如果再选择了第二项，则前一项的选定被取消。

② None，用户不能在列表框中选择项。

③ MultiSimple，鼠标单击或按空格键将选择或撤销选择列表中的某项。

④ MultiExtended，按 Shift 键的同时单击鼠标或者同时按 Shift 键和箭头键之一（上箭头键、下箭头键、左箭头键和右箭头键），会将选定内容从前一选定项扩展到当前项。按 Ctrl 键的同时单击鼠标将选择或撤销选择列表中的某项。

（2）SelectedIndex 属性，获取或设置 ListBox 中当前选定项从零开始的索引。该属性只能在程序中设置或引用。如图 11-20 所示，若用户选择了第 4 项“大学物理”，则 SelectedIndex 的值为 3（从 0 开始计）。如果 ListBox 的 SelectionMode 属性设置为 MultiSimple 或 MultiExtended（它指示多重选择 ListBox），并在该列表中选定多个项，则此属性返回任意一个选定项的索引。因此，若要检索包含多重选择 ListBox 中所有选定项的索引的集合，需要使用 SelectedIndices 属性。如果没有选定项，SelectedIndex 为 –1。

（3）SelectedItem 属性，获取或设置 ListBox 中的当前选定项。SelectedIndex 返回索引，而 SelectedItem 返回项中实际的内容。例如，当 SelectedIndex 的值为 3 时，SelectedItem 的值为“大学物理”。同样，若要检索包含多重选择 ListBox 中所有选定项的集合，需使用 SelectedItems 属性。

（4）SelectedIndices 属性，获取一个集合，该集合包含 ListBox 中所有当前选定项的从零开始的索引（集合的概念在第 5 章中讲述）。

（5）SelectedItems 属性，对于多重选择 ListBox，此属性返回一个集合，该集合包含 ListBox 中选定的所有项。

（6）Sorted 属性，该属性决定列表框中的项目在程序运行期间是否按字母顺序排列显示。当 Sorted 值为 True 时，项目按字母顺序排列显示；为 False 时，项目按加入的先后顺序排列显示。该属性只能在设计状态时设置。

（7）Text 属性，该属性值是被选中的列表项的内容，类似于 SelectedItem。该属性只能在程序中设置或引用。

ListBox 的 Items 属性本身是一个集合对象，可以利用 Items 的方法在程序运行期间为 ListBox 添加新的项目或删除某一项。例如，用 Add 方法在 ListBox 中添加一项：

```
ListBoxName.Items.Add("新的表项");
```

要将某一项插入到指定位置，可以使用 Insert 方法：

```
ListBoxName.Items.Insert(n,"新的表项");
```

其中 n 表示要插入的位置。需要删除一项时，可以使用 Remove 方法：

```
ListBoxName.Items.RemoveAt(n);
ListBoxName.Items.Remove("要删除的项");
```

其中 n 表示要删除的位置。RemoveAt 方法中的参数是项目的索引值；Remove 方法中的参数是项目本身的值，即 Remove 方法是通过项目本身的值来删除该项。还可以使用 Clear 方法一次将所有项全部删除。

例 11–9 ListBox 示例,完成的功能:① 在 ListBox 中选中一项,其内容复制到“当前选中的课程”文本框;② 在 ListBox 中选中一项,通过单击“删除”按钮将它删去;③ 在“添加课程”文本框中输入新项,单击“添加”按钮将此项添加到 ListBox 中。建立一个新的项目,对控件重新命名,如表 11–10 所示。将“添加课程”文本框的 ReadOnly 属性改为 true。

微视频:ListBox 的演示(一)

表 11–10 为窗体中的控件命名

控件	控件 Name
“删除”按钮	delButton
“添加”按钮	addButton
ListBox	courseListBox
“当前选中的课程”文本框	selectedTextBox
“添加课程”文本框	addTextBox

编写两个按钮的 Click 事件方法以及 ListBox 的 SelectedIndexChanged 事件方法,代码如下:

微视频:ListBox 的演示(二)

```
using System;
using System.Windows.Forms;

namespace CSHARP11_9
{
    public partial class Form1 : Form
    {
        public Form1()
        {
            InitializeComponent();
        }

        private void delButton_Click(object sender, EventArgs e)
        {
            if(courseListBox.SelectedIndex >= 0)
                courseListBox.Items.RemoveAt(courseListBox.SelectedIndex);
        }

        private void addButton_Click(object sender, EventArgs e)
```

```
        {
            if( addTextBox.Text != "" )
                courseListBox.Items.Add( addTextBox.Text );
        }

        private void courseListBox_SelectedIndexChanged( object sender, EventArgs e )
        {
            if( courseListBox.SelectedIndex>=0 )
            {
                selectedTextBox.Text = courseListBox.
                Items[courseListBox.SelectedIndex].ToString();
            }
            else
            {
                selectedTextBox.Text = "";
            }
        }
    }
}
```

程序的运行结果及界面如图 11–21 所示。

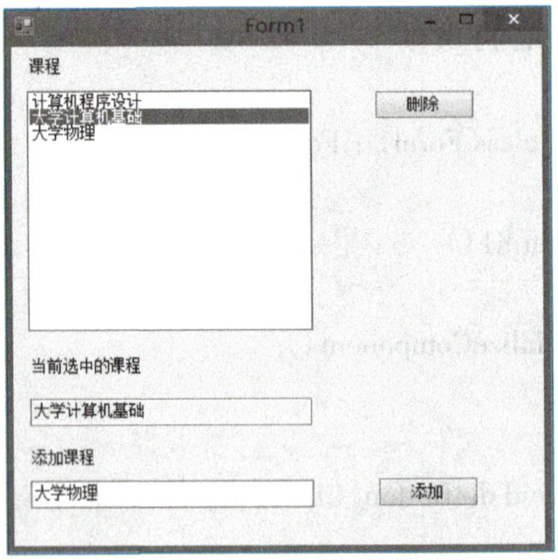

图 11–21　列表框的运行结果

CheckedListBox(复选列表框)的使用本质上与 ListBox 是一样的,只是选项在列表中显示的样式稍有不同。每个选项前有一个方框,当要选中该项时,单击前面的方框即可,单击结束,方框内会显示一个对勾。图 11–22 是一个 CheckedListBox 控件的示例。

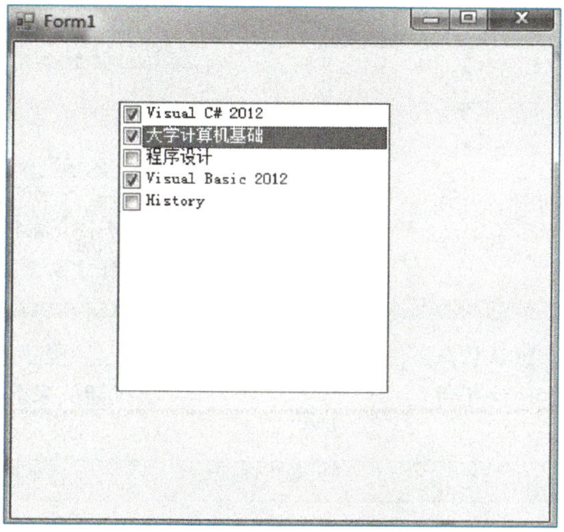

图 11-22　CheckedListBox 控件的示例

可以看到，方框里面有对勾的表示已经选中的项。另外还有一项有蓝色的长条（图 11-22 是"大学计算机基础"项）表示目前突出显示的项。需要注意的是，属性 SelectedItems 和 SelectedIndices 并不确定哪些项已选中，它们确定的是哪些项是突出显示的项。如果要确定哪些项被选中，则需要分别对每一项调用方法 GetItemChecked 来做判断，若调用结果为 true，表示被选中；反之，则未被选中。调用时，采用索引号指定某一项。对图 11-22 的 CheckedListBox 而言，若有

CheckListBoxName.GetItemChecked（0）

CheckListBoxName.GetItemChecked（2）

由于第一项被选中，所以第一个式子的结果为 True；而第三项未被选中，因此第二个式子结果为 False。CheckedListBox 控件的添加项、删除项等的方法与 ListBox 是一样的。

ComboBox（组合框）控件结合了文本框和列表框两者的特点。ComboBox 控件的功能是从下拉列表框中选取一个（一次只能选取一个）选项，并显示在文本框或在文本框中输入数据。默认情况下，ComboBox 控件分两个部分显示：顶部是一个允许用户输入列表项的文本框；第二个部分是列表框，它显示用户可以从中进行选择项的列表。组合框在其列表框中列出可供用户选择的项。当列表框中没有所需的选项时，允许用户在文本框中输入一个新的项，但输入的内容不能自动添加到列表框中。若用户选中列表框中的某项，该项内容会自动装入文本框中。默认的 ComboBox 控件如图 11-23 所示。

ComboBox 控件和 ListBox 控件一样，可以在 Items 属性中输入选项。程序运行后可以单击 ComboBox 控件的下拉箭头看到供选择的项，如图 11-24 所示。

可以通过设置 DropDownStyle 属性使得 ComboBox 控件有 3 种不同的外观和运行方式，3 种方式分别是 DropDown、Simple 和 DropDownList，如图 11-25 所示。

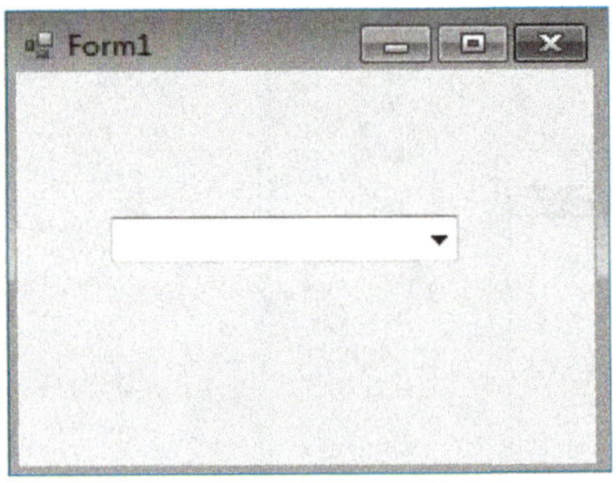

图 11-23　默认状态下的 ComboBox 控件

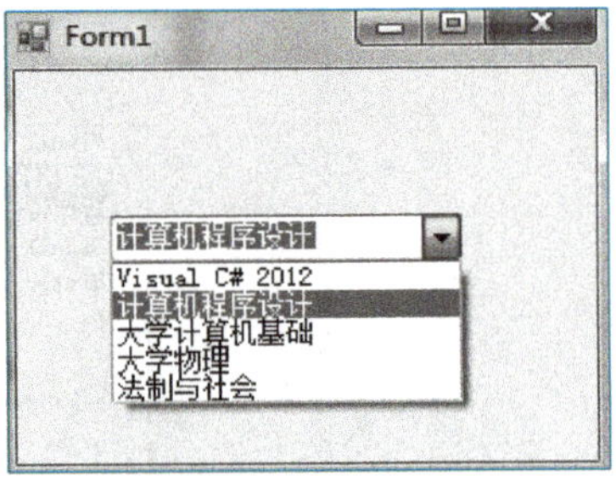

图 11-24　程序运行时通过单击下拉箭头来选择需要的项

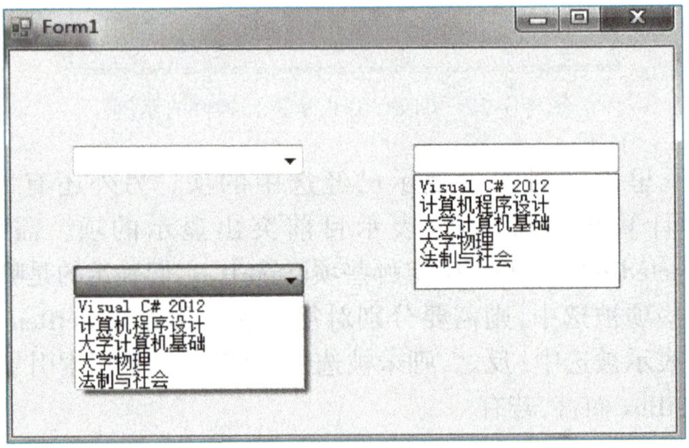

图 11-25　ComboBox 的 3 种模式

图 11-25 的左边最上方是 DropDown 模式，前面使用的都是这种模式，通过单击下拉箭头可以做出选择，也可在文本框中输入新的项。图 11-25 的左下方是 DropDownList 模式，和 DropDown 模式的区别在于用户只能选择，不能输入新的项。图 11-25 的右上方是 Simple 模式，没有了下拉箭头，直接将选项显示了出来，也可在文本框中输入新的项。很明显，这种方式比较占空间。ComboBox 控件的添加项、删除项等的方法与 ListBox 是一样的。

11.5.3　TreeView 和 ListView

微视频：常用控件（七）

TreeView 控件用树显示层次节点。传统上，节点对象包含值，也可以引用其他节点。父节点包含子节点，子节点又可以是其他节点的父节点。具有相同父节点的子节点是同胞节点。树是节点集合，以层次方式组织树的第一个父节点是根节点（TreeView 控件可以有多个根）。例如，计算机的文件系统可以表示为树。顶级目录（可能是 C：）是根，C：的每个子目录是子节点，每个子文件夹又可以有自己的子节点。

将 TreeView 控件放置到窗体上时是空白的，里面不包含任何节点。打开 Visual Studio 的“属性”窗口，单击 Nodes 属性右边的按钮（或者选中 TreeView 控件右击，在弹出的快捷菜单中选择“编辑节点”命令),会弹出如图 11-26 的编辑器,单击“添加根”按钮可以增加一个根节点,单击“添加子级”按钮可以在当前选中的级别下添加一个子节点。节点的属性,如 Name 和 Text 可以在窗口右边修改。

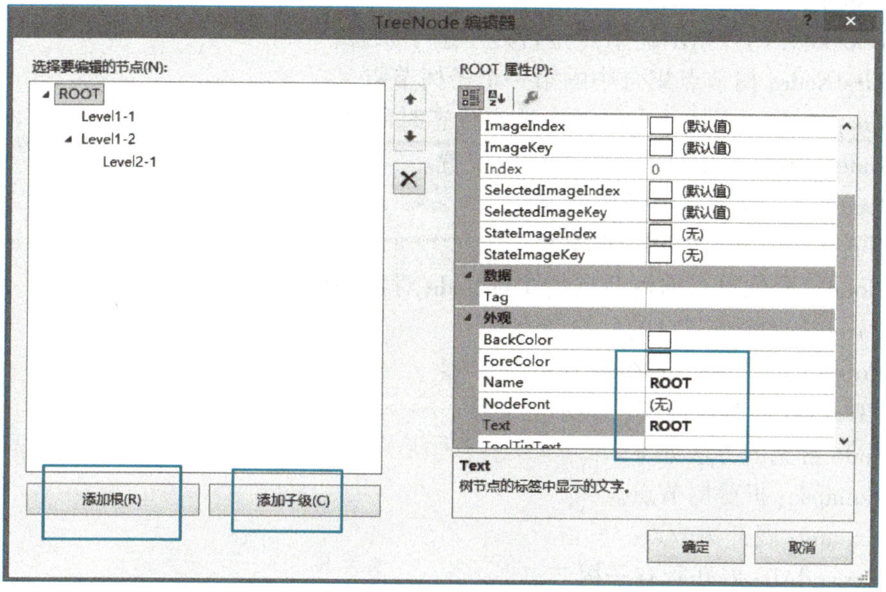

图 11-26　在 Visual Studio 中编辑 TreeView 节点

添加了数据的 TreeView 节点以层次的方式表示数据间的关系。默认情形下,单击父节点旁边的加号框和减号框可以展开或者折叠一个节点。如果节点不包含子节点则没有这些框。图 11-27 显示了图 11-26 中编辑的 TreeView 节点的运行情况,单击加号可以展开节点。

TreeView 控件中的节点是 TreeNode 类的实例。每个 TreeNode 具有 Nodes 集合(类型 TreeNodeCollection),包含一列其他 TreeNode,是其子节点。TreeNode 的 Parent 属性返回父节点的引用(根节点返回 null)。下面是 TreeView 和 TreeNode 的常见属性、事件和方法。

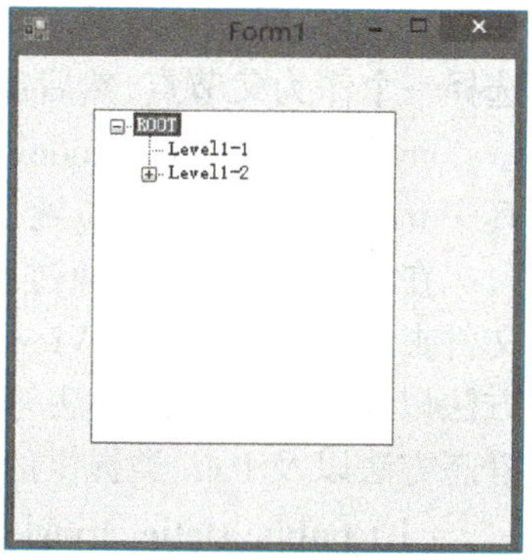

图 11-27　TreeView 控件的运行情况

TreeView 的常见属性如下。

(1) CheckBoxes:指示是否在树视图控件中的树节点旁显示复选框,true 表示显示,默认值是 false。

(2) ImageIndex:树节点显示的默认图像的图像列表索引值。

(3) ImageList:包含树节点所使用的 Image 对象。ImageList 是一个包含 Image 对象的集合。

(4) Indent:每个子树节点级别的缩进距离。

(5) Nodes:控件的树节点集合。集合中的每一个对象是 TreeNode 对象，包含有 Add 方法可以添加一个节点，Remove 方法删除一个节点，Clear 方法删除全部节点。注意，删除父节点的同时会删除该父节点下的所有子节点。

（6）SelectedNode：当前在控件中选定的节点。

TreeNode 的常见属性如下。

（1）Checked：用以指示树节点是否处于选中状态。

（2）FirstNode：树节点集合中的第一个子树节点。

（3）ImageIndex：当树节点处于未选定状态时所显示图像的图像列表索引值。

（4）Index：树节点在树节点集合中的位置。

（5）LastNode：最后一个子树节点。

（6）NextNode：下一个同级树节点。

（7）Nodes：分配给当前树节点的 TreeNode 对象的集合。

（8）Parent：当前树节点的父树节点。

（9）PrevNode：上一个同级树节点。

（10）Text：在树节点标签中显示的文本。

TreeNode 常见的方法如下。

（1）Collapse：折叠树节点。

（2）Expand：展开树节点。

（3）ExpandAll：展开所有子树节点。

（4）GetNodeCount：返回子树节点的数目。

（5）Remove：从控件中移除当前树节点。

在设计模式中，TreeView 的默认事件是 AfterSelect。当所选节点发生变化时，触发该事件。当通过程序向 TreeView 控件添加节点时，首先需要创建根节点。使用 Add 方法，加入一个新的 TreeNode 对象：

```
myTreeView.Nodes.Add(new TreeNode(rootLabel));
```

其中 myTreeView 是 TreeView 控件的 Name 属性值；rootLabel 是 string 类型，表示在节点上要显示的内容。注意，Add 方法有多个重载，也可以直接给 Add 方法传递一个 string 类型的参数，表示要添加节点的文本。要将一个节点增加为某个节点的子节点，则在已有的节点中选择一个作为父节点，然后加入：

```
myTreeView.Nodes[index].Nodes.Add(new TreeNode(ChildLabel));
```

其中 index 是父节点的位置。

在下面的示例中，通过在文本框中输入一个路径（文件夹），取得该文件夹下所有的子文件夹填充到一个 TreeView 控件中。除了上述提到的方法外，还需使用获得文件夹信息的方法以及处理路径的方法等。这需要引用 System.IO 名字空间中的 Directory 类提供的两个静态方法以及 Path 类提供的一个静态方法。

（1）public static string[] GetDirectories(string path)：参数 path 为返回子目录（文件夹）名称的路径。返回值为在指定路径中的子目录的全名称（包括路径）的数组。

（2）public static bool Exists(string path)：参数 path 为要测试的路径。返回值：如果 path

目录存在，则为 true；否则为 false。

（3）public static string GetFileNameWithoutExtension（string path）：参数 path 为文件的路径。返回值为字符串含有文件或文件夹名，但不包括最后的句点“.”以及之后的所有字符。

例 11-10 使用目录信息填充 TreeView 控件。在窗体上放置一个 TreeView 控件、一个文本框和一个 Button 按钮。它们的 Name 属性如表 11-11 所示。在文本框中输入一个路径信息，在 TreeView 中将输入的路径作为根节点，填充整个 TreeView 控件。

表 11-11 窗体中控件的 Name 属性

控件	Name 属性
TreeView 控件	dirTreeView
“确定”按钮	okButton
文本框	dirTextBox

```
using System;
using System.Windows.Forms;
using System.IO; // 新增加

namespace CSHARP11_10
{
    public partial class Form1 : Form
    {
        public Form1()
        {
            InitializeComponent();
        }
        /// <summary>
        /// 该函数是一个递归方法，取得当前文件夹中的所有
        /// 子文件夹，填充 TreeView 控件，并且递归调用该过程
        /// </summary>
        /// <param name="directory"> 当前的文件夹路径 </param>
        /// <param name="paprentNode"> 父节点 </param>
        private void PopualteTreeView( string directory, TreeNode parentNode )
        {
            // 得到当前文件夹中的所有子文件夹
            // 并存储到一个 string 数组中
            var directoryArray = Directory.GetDirectories( directory );
```

```
24:                 // 填充到 TreeView 控件中
25:                 try
26:                 {
27:                     if( directoryArray.Length!=0 )
28:                     {
29:                         foreach( var dir in directoryArray )
30:                         {
31:                             // 得到不包含路径的文件夹的名称
32:                             var subDirectory =
                                    Path.GetFileNameWithoutExtension( dir );
33:                             TreeNode myNode = new TreeNode( subDirectory );
34:                             parentNode.Nodes.Add( myNode );
35:                             PopualteTreeView( dir, myNode );
36:                         }
37:                     }
38:                 }
39:                 catch( UnauthorizedAccessException )
40:                 {
41:                     parentNode.Nodes.Add( "Access denied" );
42:                 }
43:             }
44:
45:             private void okButton_Click( object sender, EventArgs e )
46:             {
47:                 // 清除 TreeView
48:                 dirTreeView.Nodes.Clear();
49:                 if( Directory.Exists( dirTextBox.Text ) )
50:                 {
51:                     dirTreeView.Nodes.Add( dirTextBox.Text );
52:                     PopualteTreeView( dirTextBox.Text, dirTreeView.Nodes[0] );
53:                 }
54:             }
55:         }
56:     }
```

在上述代码中，“确定”按钮触发的事件中首先清除了 TreeView 控件中的内容（第 48 行），随后判断文本框中输入的路径是否存在（第 49 行）。如果存在，则作为根节点加入到 TreeView 中（第 51 行），随后调用方法 PopulateTreeView 将所有的子节点加入。注意，

PopulateTreeView 是一个递归方法，对于每一个节点，递归调用该方法，将该节点下的所有子节点加入。程序的运行结果如图 11-28 所示。

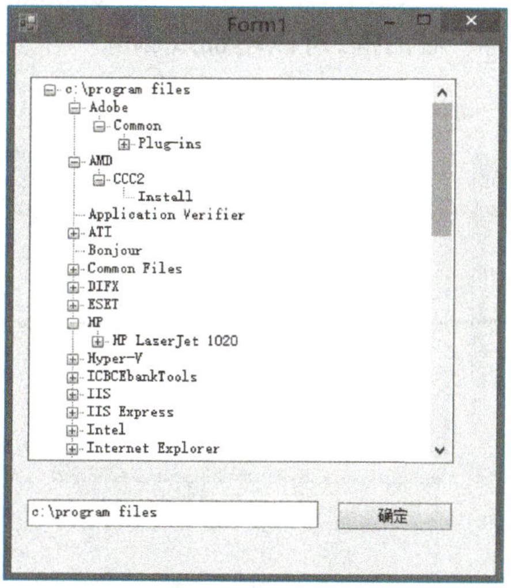

图 11-28　用目录填充 TreeView 的结果

ListView 控件与 ListBox 相似，都显示一个清单，让用户选择一个或几个项目。这两个类的重要差别是，ListView 可以在清单项目旁边显示图标（由 ImageList 属性控制）。MultiSelect 属性（布尔值）确定可否选择多个项目；将 CheckBoxes 属性（布尔值）设置为 true 可以包括复选框，使 ListView 的样子类似 CheckListBox。Activation 属性确定用户如何激活项目。这个属性取值为 ItemActivation 枚举，包括 OneClick（单击激活）、TwoClick（双击激活，项目选中时改变颜色）和 Standard（双击激活，项目选中时不改变颜色）。

ListView 可以定义图像，作为 ListView 项目内容要显示图像，需要 ImageList 组件。ImageList 组件可以从工具箱中下拉到窗体上。然后在“属性”窗口选择 Images 属性打开图像集合编辑器（ImageCollectionEditor）。这里可以浏览需要加入 ImageList 的图像，图像嵌入应用程序（成为资源），发布应用程序时不需要另外提供。

11.5.4　TabControl 控件

TabControl 显示多个选项卡，这些选项卡类似于档案柜文件夹中的标签。选项卡中可包含图片和其他控件。TabControl 控件可用来产生多页对话框。这种对话框出现在 Windows 操作系统中的许多地方，如显示器控制面板中。

TabControl 控件最重要的属性是 TabPages，它包含单独的选项卡。每个单独的选项卡是一个 TabPage 对象。单击选项卡时，将为相应的 TabPage 对象引发 Click 事件。如果要创建多行选项卡，将 TabControl 控件的 MultiLine 属性设置为 true。如果选项卡尚未以多行方式显示，则设置 TabControl 控件的 Width 属性，使其比所有的选项卡都窄。如果要在控件一侧排列选项卡，将 TabControl 控件的 Alignment 属性设置为 Left 或 Right。一个简单的

TabControl 设计如图 11–29 所示。在设计模式中，给窗体添加了一个 TabControl 控件，随后为这个控件添加了 3 个 TabPage 页面。在每个页面上添加了一组 RadioButton 按钮。这里仅展示了 TabControl 的设计和样式，没有编写代码。在 TabControl 的属性中选择 TabPage 属性，弹出“TabPage 集合编辑器”对话框，可以增加或删除一个页，也可以调整页的前后顺序等，如图 11–30 所示。

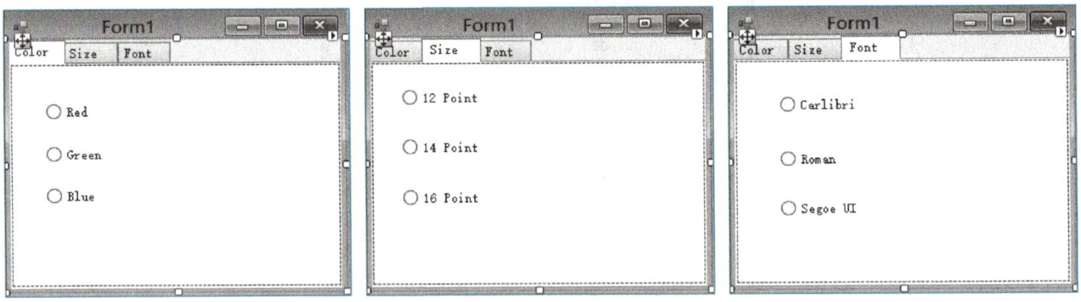

图 11–29　含有 3 个页面的 TabControl 控件

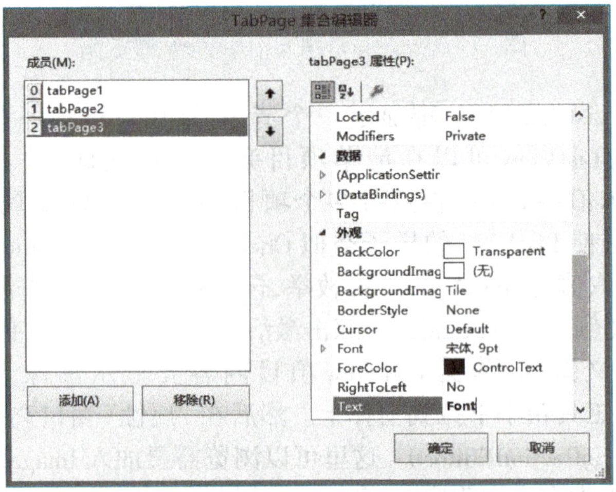

图 11–30　“TabPage 集合编辑器”对话框

在添加 RadioButton 按钮时，TabPage 可以作为一个 RadioButton 逻辑组的容器，保证 RadioButton 之间会互相排斥。如果要将多个 RadioButton 组放在一个 TabPage 中，则应该在 TabPage 中用 Panel 或 GroupBox 来分组。

11.6　可视化继承

第 8 章介绍了通过继承其他类创建新类。在本章用继承创建显示 GUI 的窗体，新的 Form 类从 System.Windows.Forms.Form 类派生。这是可视化继承的例子。派生的 Form 类包含 Form 基类的功能，包括基类的属性、方法、变量与控件。派生类还继承所有可视化特性，如缩放、组件布局、GUI 组件间距、颜色与字体等。

可视化继承可以在程序间达到视觉一致性的效果。例如，定义一个基类 Form，包含产品徽标、特定背景颜色、预定义菜单栏和其他元素。然后可以在整个程序中使用同一基类 Form，达到统一性和品牌标识。也可以创建控件来继承其他控件。例如，可以创建定制 UserControl（见 11.7 节），从现有控件派生出来新的控件。

在下面的例子中，将定制一个窗口的基类 myBaseForm。类 myBaseForm 必须为公有类，如果类不是公共的，则它只能在同一汇编中被其他类使用，也就是说，要编译进同一个 dll 文件或者 exe 文件。该基类是由 Form 类派生而来的。在后续的程序创建中，使用 myBaseForm 类为基类创建新的窗体程序。要使类能在多个程序中使用，则需要将它放入到类库中，使它可以复用。

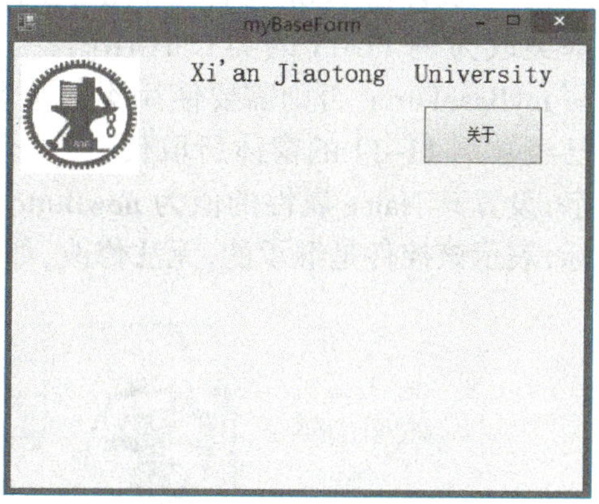

图 11-31　创建基类的窗口

例 11-11　创建基类。先按原先的方法创建一个正常的 Windows 应用程序，包含有 1 个 Label 控件，其 Text 值如图 11-31 所示；1 个 PictureBox 控件，显示一个徽标图片（操作方法见例 11-3）；1 个"关于"按钮，单击后会显示一些信息，将按钮的 Name 属性的值改为 aboutButton。将默认的类名 Form1 改为 myBaseForm（可以在窗体的"属性"窗格更改其 Name 属性为 myBaseForm），程序结果如图 11-31 所示。

```
using System;
using System.Windows.Forms;

namespace CSHARP11_11
{
    public partial class myBaseForm : Form
    {
        public myBaseForm()
        {
            InitializeComponent();
        }

        private void aboutButton_Click(object sender, EventArgs e)
        {
            MessageBox.Show("CopyRight C# Programming");
        }
```

```
        }
}
```

该程序可以正确运行后，将其打包为 dll 文件，也就是动态链接库。具体操作如下：在解决方案资源管理器中的项目上右击，选择“属性”命令，在弹出的页面左侧选择“应用程序”选项，在右侧的“输出类型”下拉列表中选择“类库”选项，重新编译项目。这样就可以由原来的 exe 文件生成为 dll 文件。

例 11–12 使用 myBaseForm。新建一个 Windows 应用程序项目。添加引用，在解决方案资源管理器中的项目上右击，选择“添加”->“引用”命令，在弹出的窗口中单击“浏览”按钮，定位到例 11–11 生成的 dll 文件（通常在项目文件夹的 bin 文件夹中的 debug 文件夹内）。在设计器 Form 窗体上右击，在弹出的快捷菜单中选择“查看代码”命令，将 Form1 的基类改为例 11–11 的类 CSHARP11_11.myBaseForm。除非使用了 Using CSHARP11_11，只写 myBaseForm，否则需要使用类的全名。回到窗体设计器，可以看到原来默认的空白窗体已经被例 11–11 的窗体所取代，在这个窗体上再增加一个 Button 按钮，单击后显示一行文字，设置其 Name 属性的值为 newButton。注意，设计中，继承的控件的左上角有一个小的图标，表示该控件是继承的，无法修改，如图 11–32 所示。

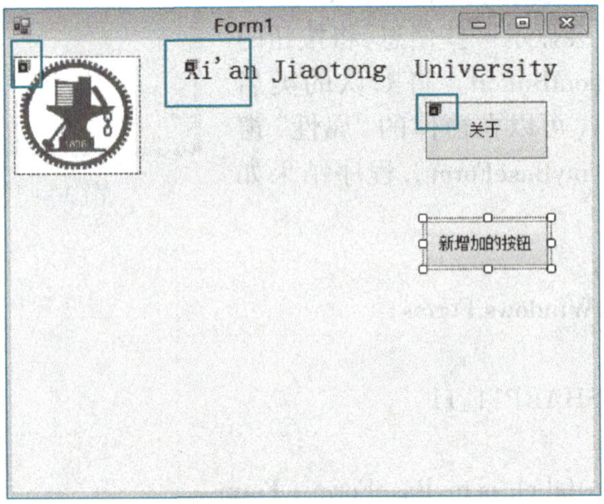

图 11–32 从 myBaseForm 中可视化继承的 Form 窗体

```
using System;
using System.Windows.Forms;

namespace CSHARP11_12
{
    public partial class Form1 : CSHARP11_11.myBaseForm
    {
        public Form1()
```

```
        {
            InitializeComponent();
        }

        private void newButton_Click(object sender, EventArgs e)
        {
            MessageBox.Show("New Button!");
        }
    }
}
```

11.7 用户定义的控件

.NET 框架允许创建定制控件。这些定制控件放在用户的工具箱中,可以像按钮、标签和其他预定义控件一样加进窗体面板和组框中。创建定制控件的最简单方法是从现有控件(如标签)派生。这样可以在现有控件中增加功能,而不必重新实现现有控件,得到所要功能。例如,可以创建新型标签,与普通标签的外观不同。为此可以从 Label 类派生并覆盖 OnPaint 方法。所有控件都包含 OnPaint 方法,系统在重画组件时调用这个方法(如组件缩放时)。OnPaint 方法接受 PantEventArgs 对象,其包含图形信息:属性 Graphics 是要画的图形对象,属性 ClipRectangle 定义控件的矩形边界。系统发出 Paint 事件时,控件基类捕获这个事件,通过多态调用控件的 OnPaint 方法。基类的 OnPaint 实现没有调用,因此要从 OnPaint 实现中显式调用基类的 OnPaint 实现之后再执行定制绘图代码。大多数情况下,这样可以保证先执行原先的绘图代码,再执行定制控件类中定义的代码。如果不让基类 OnPaint 方法执行,则不必调用。

要创建现有控件构成的新控件,用 UserControl 类。加进定制控件的控件称为成分控件。例如,编程人员可以创建 UserControl 类,包括按钮、标签和文本框,各有不同功能(例如,按钮将标签文本设置成文本框中的文本)。UserControl 类是加进的控件的容器。UserControl 类包含成分控件,因此不确定这些成分控件如何显示。UserControl 的 OnPaint 方法不能覆盖。要控制每个成分控件的样子,就要处理每个控件的 Paint 事件。Paint 事件处理器接受一个 PaintEventArgs 对象,可以在成分控件上画图(直线、矩形等)。

使用另一方法,编程人员可以从 Control 类派生全新的控件。这个类不定义任何特定行为,要用户来定义。Control 类处理与所有控件相关联的项目,如事件和缩放句柄。OnPaint 方法包含对基类 OnPaint 方法的调用,其调用 Paint 事件处理器,然后要增加代码,在绘制控件时在覆盖 OnPaint 方法中绘制。定制图形这种方法可以得到巨大的灵活性,但也需要更多的规划。以下是 3 个方法的总结。

(1)从 Windows 窗体继承。可以将功能加进现有控件。如果覆盖方法 OnPaint,需要调用基类的 OnPaint 方法。注意，只能对原控件外观进行补充，不能重新设计。

（2）创建一个 UserControl。可以创建 UserControl 类，包括多个现有控件（即组合其功能）。注意，不能覆盖定制控件的 OnPaint 方法，而要把绘图代码放进 Paint 事件处理器中。只能对原控件外观进行补充，不能重新设计。

（3）从 Control 类继承。定义全新的控件。覆盖 OnPaint 方法，然后调用基类 OnPaint 方法，包括绘制控件的方法。这个方法可以定制控件外观和功能。

在 Paint 事件中传递 PaintEventArgs 参数，在 PaintEventArgs 对象中含有两个重要的属性。

（1）Graphics 属性：控件的图形对象（图形对象在第 12 章讲述），用来绘制控件的外观。

（2）ClipRectangle 属性：指定了控件边界的矩形。

有关自定义控件具体的例子请参考其他书籍。

习题

一、选择题

1. Windows 窗体应用程序的编程模型主要由（　　）三部分组成。

A. 窗体　　B. 控件　　C. 事件　　D. 元素

2. 构建 Windows 窗体以及其所使用空间的所有类的命名空间是（　　）。

A. System.IO　　B. System.Data

C. System.Text　　D. System.Windows.Forms

3. 所有 Windows 窗体控件都是从 System.Windows.Forms.Control 类继承而来，它公开的成员不包含（　　）。

A. 属性　　B. 事件　　C. 方法　　D. 窗体

4. 改变窗体 / 控件的标题，需要修改的属性是（　　）。

A. Text　　B. Name　　C. Title　　D. Index

5. 在 C# 中，可以标识不同的对象的属性是（　　）。

A. Text　　B. Name　　C. Title　　D. Index

6. 在 Winform 程序中，如果复选框控件的 Checked 属性值设置为 True，表示（　　）。

A. 该复选框被选中

B. 该复选框不被选中

C. 不显示该复选框的文本信息

D. 显示该复选框的文本信息

7. Button 控件的属性 ClickMode 可以获取 Click 事件，这里的 Click 模式有（　　）。

A. 经过　　B. 悬停　　C. 按下　　D. 释放

8. 当鼠标悬停在控件上方时，触发的事件是（　　）。

A. MouseEnter　　B. MouseUp　　C. MouseHover　　D. MouseMove

9. 以下控件可以将其他控件进行分组的是（　　）。

A. GroupBox　　B. TextBox　　C. ComboBox　　D. Label

10. 以下不属于 ListBox 控件 Items 属性的方法的是(　　)。

A. Add()　　B. Insert()　　C. Count()　　D. Remove()

二、判断题

1. 所有的窗体、组件和控件都是类。(　　)
2. 在 C# Winform 程序中,新建的窗体后台 CS 代码自动继承了 Form 窗体。(　　)
3. 所有的鼠标事件都使用 MouseEventArgs 类。(　　)
4. Timer 控件的 Interval 属性用来指定时钟空间触发时间的时间间隔,单位是毫秒。(　　)
5. 让控件可用的属性是 visible,可见的属性是 enabled。(　　)
6. 图片框 PictureBox 中用于定义图片路径的属性是 ImagePath。(　　)

三、编程题

1. 使用文本框、标签和按钮,编写一个计算年利息的程序。用户输入本金、年利率、年限,计算应得的利息。

2. 编写程序在窗体上放置 1 个 TextBox 控件和 4 个 Button 控件。分别单击这 4 个按钮,可以把文本框的背景色分别设置为红色、蓝色、黑色和绿色。

3. 在窗体上放置 4 个排成矩形的按钮,每个按钮的标题都是 PushMe！。当用户单击其中一个按钮时,此按钮便会消失,其他 3 个依然存在。

4. 窗体有两个文本框,用户可以在其中输入信息,单击其中一个文本框,会变成空白,其中的信息转移到另一个文本框。

5. 在窗体上放置 3 个文本框,按 Tab 键后,3 个文本框会依次在红、绿、黄 3 种颜色之间循环显示,如同十字路口的红绿灯一样。最初,其中一个文本框是绿色,其他两个是灰色。每当其中一个文本框显示有颜色时(灯亮),其余两个变为灰色(灯灭)。

6. 编写一个程序,含有 1 个 ComboBox 控件和 1 个 ListBox 控件。在 ComboBox 中显示 9 种状态名。从 ComboBox 中选择一个项目时,将其从 ComboBox 删除并加入 ListBox 中。程序要保证 ComboBox 中至少有一个项目;否则用消息框打印一个消息,然后在用户关闭消息框时终止执行程序。

7. 编写一个程序,让用户在文本框中输入字符串。每个字符串输入加进 ListBox 中。每个字符串加进 ListBox 中时,保证该字符串排序(注:用属性 Sorted)。

第 12 章 GDI+、菜单、窗体和对话框

12.1 绘图基础知识

12.1.1 坐标系

在 Visual Studio 中，控件放置在窗体对象中，而窗体又放置在屏幕对象中，这些能够放置其他对象的对象称为容器，如窗体、屏幕都是容器。

每个容器都有一个坐标系统，以便为对象的定位提供参考。容器坐标系统的默认设置是容器的左上角为坐标原点，横向向右为 *X* 轴方向，纵向向下为 *Y* 轴方向。窗体的原点在紧靠菜单和工具栏（如果有）的下方。系统默认的长度单位为像素（pixel）。

可以使用 Point 结构来描述 *X* 和 *Y* 坐标的有序对，来定义二维平面上的一个点。成员 X 代表 *X* 坐标，成员 Y 代表 *Y* 坐标。例如：

```
Point  pt1=new Point(30, 30);
Point  pt2=new Point(110, 110);
int x = pt1.X;   // 值为 30
```

12.1.2 GDI+ 绘图

微视频：GDI+ 绘图系统（一）

Visual C# 的图形系统 GDI+（graphics device interface，图形设备接口）是应用程序编程接口，可以理解为用来与特定设备进行交互的一些类。GDI+ 可以创建图形、绘制文本以及将图形图像作为对象操作。GDI+ 目前是在 Windows 窗体应用程序中以编程方式呈现图形的唯一方法。

所有的 GDI+ 相关的类主要分布在 System.Drawing、System.Drawing.Imaging 和 System.Drawing.Drawing2D 名字空间中。GDI+ 绘图中最核心的类是 Graphics 类，最主要的对象是 Graphics 对象。Graphics 对象表示 GDI+ 绘图表面，是用于创建图形图像的对象，它封装了 GDI+ 图画板。一般在窗体上绘图的流程是，需要先创建 Graphics 对象，然后使用 GDI+ 绘制线条和形状，呈现文本或显示与操作图像。

创建 Graphics 对象有多种方法，最简单的方法是在窗体的 Paint 事件处理中编写代码。Paint 事件在绘制窗体时发生。它通过接收 PaintEventArgs 参数中的 Graphics 对象来获得自

己的 Graphics 对象，代码如下：

```
private void Form1_Paint( object sender, PaintEventArgs e )
{
    Graphics g = e.Graphics;
}
```

不仅是窗体，凡是有 Paint 事件的控件（如 ListBox 控件），都可以在该控件的 Paint 事件中取得该控件的 Graphics 对象。Graphics 对象在创建后，可用于绘制线条和形状，呈现文本或显示和操作图像。与 Graphics 对象一起使用的用户对象有以下几种。

（1）Pen：用来画线、多边形、矩形、弧等外围的轮廓部分。

（2）Brush：用指定颜色、样式、纹理等来填充封闭的图形。

（3）Font：用来描述字体的样式。

（4）Color：用来描述颜色，在 GDI+ 中，颜色可以是透明或半透明的。

12.2 在窗体上绘图

微视频：GDI+ 绘图系统（二）

在窗体上绘图时，需要设置对象的绘图属性以确定所绘制图形的特征，例如，所画线的颜色、宽度、图形的填充样式以及文字的字体等。

12.2.1 画笔和颜色

使用 Pen 对象可以画出不同颜色、样式和宽度的线条。可以在创建 1 个 Pen 对象时，通过构造函数来设定画线的宽度和颜色，例如：

```
Pen redPen=new Pen( Color.Red );
Pen bluePen=new Pen( Color.Blue, 5 );
```

第 1 行代码使用红色创建了一个画笔对象，而第 2 行代码则在创建了一个蓝色画笔的同时指定了画笔的宽度是 5 个像素。Pen 类的构造函数和主要属性如下。

1. 构造函数

（1）Pen(Brush)：用指定的 Brush（见 12.2.2 节）初始化 Pen 类的新实例。

（2）Pen(Color)：用指定颜色初始化 Pen 类的新实例。

（3）Pen(Brush, Single)：使用指定的 Brush 和宽度初始化 Pen 类的新实例。

（4）Pen(Color, Single)：用指定的颜色和宽度初始化 Pen 类的新实例。

2. 主要属性

（1）Brush：用于确定此 Pen 的画刷。

（2）Color：此 Pen 的颜色。

（3）DashCap：虚线终点的样式，Pen 绘制的虚线由一系列短画线构成。

（4）DashOffset：虚线的间隔距离。

（5）DashStyle：设置 Pen 绘制的虚线的样式。

（6）EndCap：Pen 绘制的直线终点使用的样式（如箭头、圆点等）。

（7）StartCap：Pen 绘制的直线起点使用的样式。

（8）Width：Pen 的宽度。

.NET 框架的 Color 结构用于表示不同的颜色。可以通过 Color 结构访问若干系统预先定义的颜色。例如：

```
Color myFavorColor;    // 注意 Color 和 Point 都是值类型的结构
myFavorColor=Color.Red;
myFavorColor = Color.Aquamarine
myFavorColor = Color.LightGoldenrodYellow
```

也可以通过红、绿和蓝 3 个分量的值（8 位，0~255）来创建一个自己定义的颜色：

```
Color myColor = Color.FromArgb（35, 255, 128）;
```

设置好画笔之后，可以使用 Graphics 中的方法 DrawLine 画直线，如下所示：

```
DrawLine（pen, x1, y1, x2, y2）;
```

其中 pen 是定义好的画笔。x1、y1 代表直线起始点的 X 坐标和 Y 坐标，x2、y2 代表直线结尾点的 X 坐标和 Y 坐标。或者用 Point 结构表示点的坐标，如下所示：

```
DrawLine（pen, pt1, pt2）;
```

pt1、pt2 是 Point 结构类型，分别代表起点和终点的坐标。还可以使用 DrawRectangle 方法绘制矩形：

```
DrawRectangle（pen, x, y, width, height）
```

其中 x、y 代表矩形的左上角的 X、Y 坐标值，width 和 height 分别代表这个矩形的宽度和高度。使用 DrawEllipse 方法画圆：

```
DrawEllipse（pen, x, y, width, height）;
```

其中 x、y 代表椭圆外接矩形的左上角的 X、Y 坐标值，width 和 height 分别代表这个外接矩形的宽度和高度。

例 12-1 画不同的线段。建立工程后，添加窗体的 Paint 消息处理函数，绘制一些不同的直线。

微视频：画笔、画刷、画图对象

```
using System.Drawing;
using System.Windows.Forms;
using System.Drawing.Drawing2D; // 新增

namespace CSHARP12_1
{
    public partial class Form1 : Form
    {
        public Form1()
        {
            InitializeComponent();
```

```
        }

        private void Form1_Paint(object sender, PaintEventArgs e)
        {
            Pen myPen = new Pen(Color.CadetBlue, 2);
            Graphics g = e.Graphics;
            // 画直线
            g.DrawLine(myPen, 10, 10, 200, 10);
            // 画虚线
            myPen.DashStyle = DashStyle.Dash;
            g.DrawLine(myPen, 10, 60, 200, 60);
            // 画点划线
            myPen.DashStyle = DashStyle.DashDot;
            g.DrawLine(myPen, 10, 110, 200, 110);
            // 设置宽度,线尾有箭头,实线
            myPen.DashStyle = DashStyle.Solid;
            myPen.Color = Color.Red;
            myPen.Width =5;
            myPen.EndCap = LineCap.ArrowAnchor;
            g.DrawLine(myPen, 10, 160, 200, 160);
            // 线头菱形,线尾没有箭头,改变颜色
            myPen.Color = Color.FromArgb(128, 0, 78);
            myPen.EndCap = LineCap.NoAnchor;
            myPen.StartCap = LineCap.DiamondAnchor;
            Point p1 = new Point(10, 210);
            Point p2 = new Point(200, 210);
            g.DrawLine(myPen, 10, 210, 200, 210);
        }
    }
}
```

程序运行的结果如图 12-1 所示。

12.2.2 画刷

封闭的图形都包括轮廓线和内部区域。Pen 对象定义轮廓线的属性，而内部区域的属性就由 Brush 对象来定义。GDI+ 提供了几种笔刷类来填充内部区域，包括 SolidBrush（实心笔刷）类、TextureBrush（纹理笔刷）类和 LinearGradientBrush（渐变笔刷）类等。这些类都派生自 Brush 类。

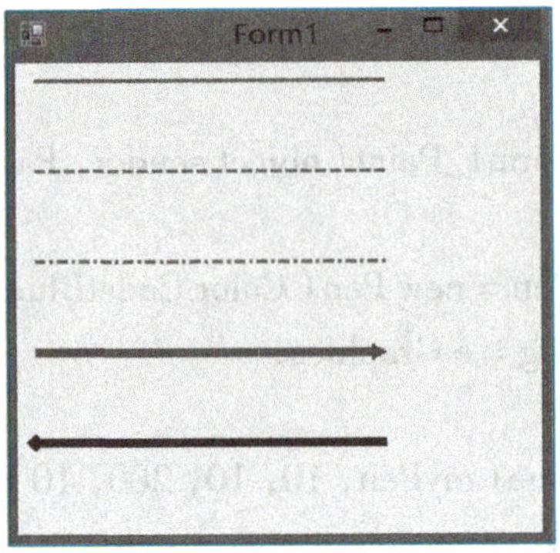

图 12–1　画不同的线段

单色刷对应着 SolidBrush 类，用一种颜色填充图形。SolidBrush 类只有一个属性，即 Color 属性。下面的代码声明了一个红色的 SolidBrush 对象：

```
SolidBrush  redBrush = new SolidBrush(Color.Red);
```

也可以使用一个图片来填充图形，需要用一个 Bitmap 对象作为 TextureBrush 类的构造方法的参数，具体代码如下：

```
TextureBrush bitBrush = new TextureBrush(new Bitmap("e:\\MyPhoto.jpg"));
```

其中，MyPhoto.jpg 是存放在 e 盘的一个标准的 JPG 文件。

12.2.3　文字属性

用 Graphics 类的 DrawString 方法可以在图形中引入文字。在引入文字之前可以先定义文字的格式。Font 类定义了文字的特定格式，如字体、大小、样式属性等。Font 类的构造方法需要 3 个参数，即字体名、字体的大小和字体样式（FontStyle）。例如：

```
Font  fontMyWord = new Font("Times New Roman", 26, FontStyle.Italic)
```

这条语句声明了一个字体为 Times New Roman、大小为 26pt（point，磅）、字体样式为斜体的文字格式。引入文字的 DrawString 方法代码如下：

```
DrawString(String, Font, Brush, x, y);
```

5 个参数分别是要输出的字符串、字体、颜色刷、字符串的起始位置坐标。例如：

```
g.DrawString("输出的文字信息", fontMyWord, redBrush, x, y);
```

其中，g 为 Graphics 对象，fontMyWord 为 Font 对象，redBrush 为 SolidBrush 对象，x 和 y 表示所绘制文本的左上角坐标。

12.2.4　绘图

设置好了绘图属性之后，就可以调用 Graphics 中的方法来绘制各种图形了。Graphics 类中提供了大量的方法帮助绘图，主要的绘图方法如下。

（1）Clear：清除整个绘图面并以指定背景色填充。

（2）DrawArc：绘制一段弧线。

（3）DrawBezier：绘制贝塞尔曲线。

（4）DrawEllipse：绘制椭圆。

（5）DrawIcon：绘制指定的 Icon 表示的图像。

（6）DrawImage：绘制指定的 Image。

（7）DrawImageUnscaled：使用图像的原始物理大小绘制指定的图像。

（8）DrawLine：绘制直线。

（9）DrawPie：绘制扇形。

（10）DrawPolygon：绘制多边形。

（11）DrawRectangle：绘制矩形。

（12）DrawString：绘制文本字符串。

（13）FillEllipse：填充椭圆的内部。

（14）FillPie：填充扇形区的内部。

（15）FillPolygon：填充多边形的内部。

（16）FillRectangle：填充矩形的内部。

需要注意的是，以上的绘图方法均有多个不同的重载方法版本，如 DrawImage 的重载方法有 30 个，可以根据自己的需求，选择最合适的版本。使用前可以参看 MSDN 的帮助文件。Graphics 类中除了有绘制方法外，还有对绘制区域裁剪、复制和变换等方法。

例 12–2 绘图的演示。在这个例子中，添加 Form 的 Paint 事件处理程序，在 Paint 事件处理程序中，示例了一些绘图方法以及画刷、字体、位图的绘制。

```
using System;
using System.Drawing;
using System.Windows.Forms;

namespace CSHARP12_2
{
    public partial class Form1 : Form
    {
        public Form1()
        {
            InitializeComponent();
            //需要重绘整个窗口
            this.ResizeRedraw = true; // 为 true 时，在调整窗体大小时重绘窗口
        }

        private void Form1_Paint(object sender, PaintEventArgs e)
        {
            Graphics g = e.Graphics;
```

```
            //刷子
            SolidBrush blackBrush = new SolidBrush(Color.Black);
            SolidBrush whiteBrush = new SolidBrush(Color.White);

            //需要显示的图像,图片的默认路径为项目文件夹的 Debug 目录下
            Bitmap photoBitmap = new Bitmap(".\\MyPhoto.jpg");
            //需要使用的字体
            Font myFavorFont = new Font("New Times Roman", 13, FontStyle.Italic);
            //窗体当前的大小
            int width = this.ClientSize.Width;
            int height = this.ClientSize.Height;
            //将窗体填充为黑色
            g.FillRectangle(blackBrush, 0, 0, width, height);

            int imageWidth = photoBitmap.Width;
            int imageHeight = photoBitmap.Height;
            //缩放图像,按比例显示在窗口的中间
            //图片显示在窗口中的左上角坐标
            double ratio = Math.Min((double)this.Height / imageHeight,
                (double)this.Width / imageWidth);
            int x = (int)(this.Width - imageWidth * ratio) / 2;
            int y = (int)(this.Height - imageHeight * ratio) / 2;
            Rectangle formRect = new Rectangle(x, y, (int)(imageWidth * ratio),
                (int)(imageHeight * ratio));
                Rectangle imageRect=new Rectangle(0, 0, imageWidth,
                imageHeight);
                //显示图片
              g.DrawImage(photoBitmap, formRect, imageRect,
                          GraphicsUnit.Pixel);
                //输出文字
              g.DrawString("Photo By Cui Shuning",
                    myFavorFont, whiteBrush, x+20, y+formRect.Height-20);

        }
    }
}
```
程序运行结果如图 12-2 所示。

图 12-2　在窗体上绘图的示例

在代码中，使用填充矩形方法 FillRectangle（第 31 行）用黑色刷子填充了背景。DrawImage 方法（第 43 行）将图片显示到窗口。在 DrawImage 方法中使用到了两个矩形区域。第一个矩形区域 formRect 是指定图像显示的位置和大小，将图像按比例进行缩放以适合该矩形（第 40 行）。第二个矩形区域 imageRect 指定要显示图片的哪一部分，此例子中是整个图片（第 41 行）。使用 DrawString 方法输出一个字符串（第 45 行）。

12.3　在控件上绘图

微视频：在窗体和控件上绘图

不但可以在窗体上绘图，也可以在大部分的控件上绘图。在控件上绘图之前，同样需要创建一个 Graphics 对象。此时 Graphics 对象通常都是通过可在上面绘图的控件的 CreateGraphics 方法来创建的。

例 12–3　在 TextBox 控件上绘图。在窗体上添加一个 Button 控件和一个 TextBox 控件，TextBox 控件 MutiLines 属性设置为 true。将 Button 的 Name 属性设置为 drawButton。为 Button 的 Click 事件编写代码，为窗体的 Paint 事件编写代码。

```
using System;
using System.Drawing;
using System.Windows.Forms;

```

```
namespace CSHARP12_3
{
    public partial class Form1 : Form
    {
        public Form1()
        {
            InitializeComponent();
        }
        bool drawing = false;
        private void drawButton_Click(object sender, EventArgs e)
        {
            drawing = true;
            Invalidate(new Rectangle(textBox1.Location, textBox1.Size));
        }

        private void Form1_Paint(object sender, PaintEventArgs e)
        {
            if(drawing)
            {
                Graphics g;
                SolidBrush brushRed = new SolidBrush(Color.Red);
                SolidBrush brushGreen = new SolidBrush(Color.Green);
                SolidBrush brushBlue = new SolidBrush(Color.Blue);

                g = textBox1.CreateGraphics();
                g.FillEllipse(brushRed, 42, 2, 28, 28);
                g.FillEllipse(brushGreen, 12, 2, 28, 28);
                g.FillEllipse(brushBlue, 72, 2, 28, 28);
            }
        }
    }
}
```

在上述程序中，下述语句：

```
g = textBox1.CreateGraphics();
```

通过调用 TextBox 控件的成员方法 CreateGraphics()得到了一个 Graphics 对象，随后利用该对象在 TextBox 控件内画 3 个圆。注意，此时的绘图函数的坐标原点在 TextBox 控件的左上角。程序运行结果如图 12-3 所示。

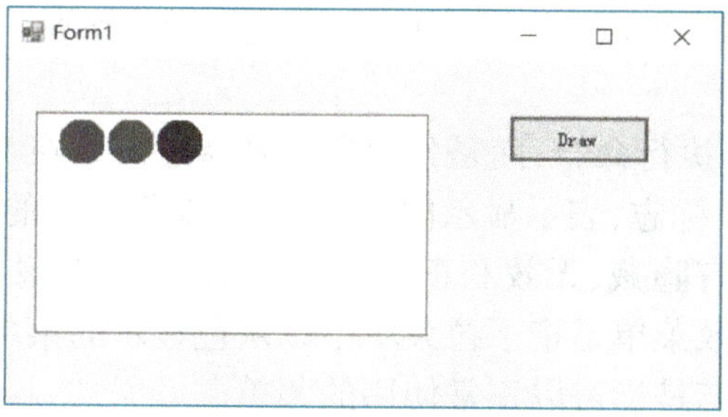

图 12-3　在控件上绘图

微视频：Invalidate的使用(一)

需要注意的是，不要把绘图代码放在按钮单击的事件处理中，原因是虽然这样单击按钮可以得到图 12-3 一样的效果，但是当应用程序被最小化后恢复时，就没有代码再来绘制这 3 个圆了，控件上是空白的。因此把绘制代码放入到了窗体的 Paint 事件中，使得窗口在改变时可以再次绘制。在按钮单击的代码中，使用布尔变量 drawing 控制是否绘制(第 13 行)，而第 17 行的 Invalidate 方法是通知窗体有所改变，需要重绘指定区域，也就是激发了窗体的 Paint 事件。Invalidate 中的矩形参数通知窗体需要重绘的区域，不含参数的 Invalidate 方法则重绘整个窗口。较小、更精确的重绘区域可以在重绘时减小窗体的闪烁。

微视频：Invalidate的使用(二)

12.4　菜单

一般来讲，菜单有两种形式：一种是位于应用程序顶部的，它提供了对应用程序所有功能的访问途径；还有一种是使用鼠标在某个对象上右击时，弹出的菜单称为上下文相关菜单(context menu)。

微视频：菜单

12.4.1　菜单的基本概念

所谓主菜单，就是可供选择的命令项目列表，它位于菜单栏上，例如，Visual Studio 集成开发环境界面中提供了“文件”“编辑”“视图”“窗口”“帮助”等多个菜单。单击某个菜单选项立刻会下拉出该菜单选项的列表。每个菜单标题的后面会提供一个带下画线的字符，按住 Alt 键不放并输入带下画线的字符也可拉出该菜单项的列表，例如，按 Alt+F 键和单击“文件”菜单标题的效果是一样的，都可以打开“文件”菜单。

在打开的下拉菜单中，若选择的是一个带有省略号“…”的命令，将打开一个对话框，在对话框中选择所需要的信息后单击“确定”按钮，即可执行该菜单命令。

在菜单项中，分隔线的作用就是将菜单项分组，使作用相近的菜单项放置在一起。例如，在“编辑”菜单中，常将“剪切”“复制”和“粘贴”命令用分隔线分为一组。建议在自己设计菜单时最好也遵守这个规则。这样用户在使用应用程序的菜单命令时会感到非常清晰和方便。

某些菜单项的右边有一个向右的小箭头 这是带有子菜单项的标志，当选取这样的菜单项时，将打开下一级子菜单，可以从子菜单中选择要执行的命令。在 Visual C# 中，最多可以使用 6 级子菜单。

还有一些菜单项并不执行命令，而是代表着一种状态。如在 Word 2003 中，“显示段落标记”菜单项前带有“√”标志，表示显示内容的状态，即将文档的段落标记显示出来。

在程序运行中，菜单有隐藏、无效和正常三种状态，其中隐藏菜单是在窗口运行时不出现在菜单栏上的菜单；无效菜单是指下拉菜单中以灰色显示的菜单项，它表示该菜单项目前状态下不能执行；正常状态是指可以正常使用的菜单。

12.4.2 设计并使用菜单

和设计窗体按钮的过程一样，首先在界面上放置好菜单，然后设置菜单的属性，最后是根据需要编写菜单命令所触发的事件的响应代码。

Visual C# 提供了一个 MenuStrip 菜单控件，使用 MenuStrip 控件创建下拉式菜单非常简便。

微视频：使用菜单

例 12-4 简单的文本编辑器。从工具箱中将 MenuStrip 控件拖放到窗体上。该控件会自动安置到窗体的顶端。同时在设计窗口的底部显示了控件名，如图 12-4 所示。将其 Name 属性设置为 MainMenu。

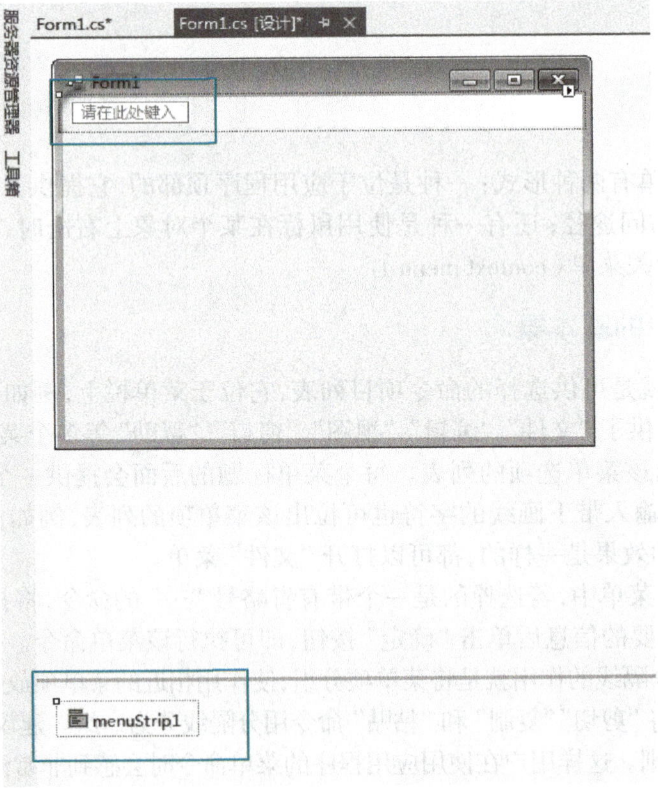

图 12-4 创建菜单

在该应用程序中创建菜单，菜单栏包含了 3 个菜单："文件""编辑"和"视图"以及一些菜单项和子菜单项。具体操作如下：单击窗体顶端标有"请在此处键入"框，选中它，然后再单击，使其处于编辑状态，输入"文件（& F）"，就创建了"文件"菜单。&F 表示在字符 F 下加下画线并将 F 作为"文件"菜单的快捷字符，这样就可以用 Alt 键和带下画线的字母来访问这个菜单。在刚才输入的菜单的下方有一个框，在框内输入"新建"，这样就建立了"新建"菜单项。若在输入框中输入减号（－），可以产生一个菜单项分隔符。设计好的"文件"菜单如图 12–5（a）所示。将"文件"菜单的 Name 属性设置为 fileMenu，随后分别选择"文件"菜单的各菜单项，打开属性编辑器，将各菜单项的 Name 属性分别设置为 fileNewMenu、fileOpenMenu 和 fileExitMenu。

以同样的方法设计"编辑"菜单。编辑菜单中共有 5 项，分别为"撤销""复制""剪切""粘贴"和"全选"。"编辑"菜单的 Name 属性为 editMenu，5 个菜单项的 Name 属性分别为 editUndoMenu、editCopyMenu、editCutMenu、editPasteMenu 和 editSelectAllMenu。可以给这 5 个菜单项建立快捷键，分别将它们的 ShortcutKeys 属性设定为快捷键 Ctrl+Z、Ctrl+C、Ctrl+X、Ctrl+V 和 Ctrl+A，如图 12–5（b）所示。

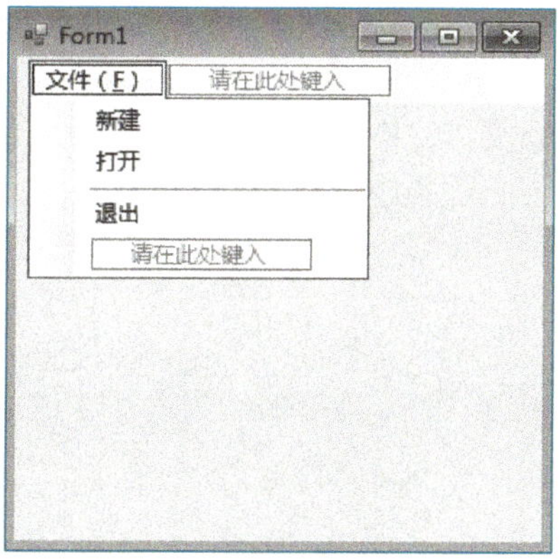

(a) "文件"菜单

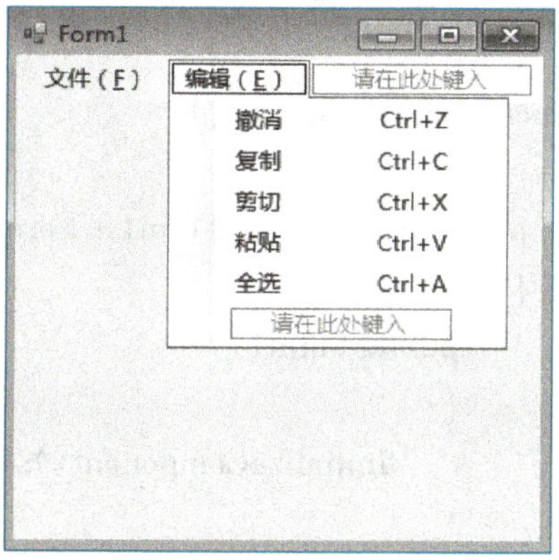

(b) "编辑"菜单

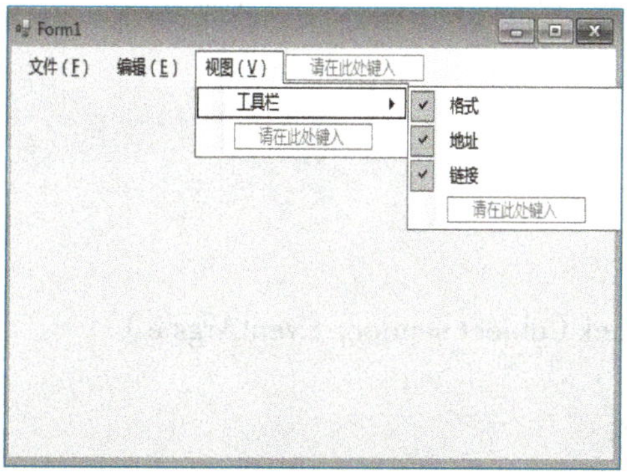

(c) "视图"菜单

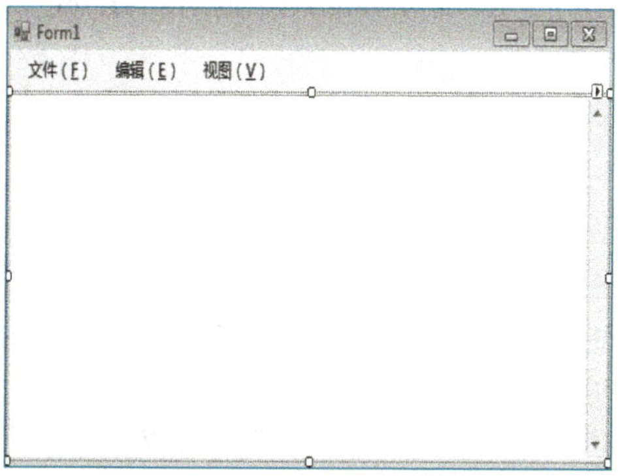

(d) 文本框

图 12–5 设计好的 Form1 窗体

最后建立一个“视图”菜单。“视图”菜单下只有一个菜单项“工具栏”。“视图”菜单的 Name 属性为 viewMenu。菜单项“工具栏”的 Name 属性为 viewToolMenu。“工具栏”菜单项下添加 3 个子菜单项，分别为“格式”“地址”和“链接”。其 Name 属性分别为 viewToolFormatMenu、viewToolAddressMenu 和 viewToolLinkMenu。这 3 项的目的是让用户选择是否显示这些工具栏，因此将它们的 Checked 属性设置为 true，即给菜单项加复选标记，表明该菜单项启动时是有效的，如图 12-5（c）所示。

在 Form1 窗体上（菜单下）放置一个 TextBox 控件，设置其 Name 属性的值为 txtEdit；Anchor 属性的值为 Top，Bottom，Left，Right；MultiLine 属性的值为 true；Scrollbar 属性的值为 Both。将 TextBox 的大小调整为充满这个窗体，如图 12-5（d）所示。TextBox 的 Anchor（锚定）属性的作用是在程序运行时，保证 Anchor 所指定的边和窗体的相对位置不变。由于指定了所有边，因此在程序运行时用户改变窗口的大小时，TextBox 控件也会随之改变（也可以将 Dock 属性设置为 Fill）。几乎所有的控件都有这个属性。

设计完成后，给各菜单项编制相应的事件处理代码，整个程序的代码如下：

```
using System;
using System.Windows.Forms;

namespace CSHARP12_4
{
    public partial class Form1 : Form
    {
        public Form1()
        {
            InitializeComponent();
        }

        private void fileNewMenu_Click(object sender, EventArgs e)
        {
            txtEdit.Text = "";
            txtEdit.Focus();
        }

        private void fileOpenMenu_Click(object sender, EventArgs e)
        {
            // 此处的内容在第 13 章
        }

        private void fileExitMenu_Click(object sender, EventArgs e)
```

```
        {
            Application.Exit();
        }

        private void editUndoMenu_Click(object sender, EventArgs e)
        {
            txtEdit.Undo();
        }

        private void editCopyMenu_Click(object sender, EventArgs e)
        {
            txtEdit.Copy();
        }

        private void editCutMenu_Click(object sender, EventArgs e)
        {
            txtEdit.Cut();
        }

        private void editPasteMenu_Click(object sender, EventArgs e)
        {
            txtEdit.Paste();
        }

        private void editSeletedAllMenu_Click(object sender, EventArgs e)
        {
            txtEdit.SelectAll();
        }

        private void viewToolFormatMenu_Click(object sender, EventArgs e)
        {
            viewToolFormatMenu.Checked = !viewToolFormatMenu.Checked;
        }

        private void viewToolAddressMenu_Click(object sender, EventArgs e)
        {
            viewToolAddressMenu.Checked = !viewToolAddressMenu.Checked;
```

```
62:             }
63:
64:             private void viewToolLinkMenu_Click(object sender, EventArgs e)
65:             {
66:                 viewToolLinkMenu.Checked = !viewToolLinkMenu.Checked;
67:             }
68:         }
69:     }
```

“文件”菜单中的“新建”菜单项添加一个单击事件处理过程（第13~17行），选择了“新建”菜单后，程序将文本框清空（第15行），并通过调用文本框的Focus方法给文本框设置焦点（第16行）。“编辑”菜单中的“撤销”菜单项的事件处理代码中直接调用了TextBox控件的Undo方法完成了撤销功能（第31行）。类似的可以使用TextBox的Copy方法、Cut方法、Paste等方法完成复制、剪切、粘贴等功能。“视图”菜单下的“工具栏”菜单项下有3个子菜单项，启动程序时，默认的它们有一个复选标记。单击这个菜单项时应该在有标记和无标记之间切换，因此在单击该子菜单项的事件处理代码中，使MenuViewToolFormat子菜单项的Checked属性在true与false间转换，即该子菜单项名旁的复选标记在被选中/不被选中之间转换（第66行）。

在某些情况下，应使相应的菜单有效或无效。如在没有选定任何文本的情况下，“剪切”和“复制”菜单项是无效（灰色）的。具体操作如下：为菜单的DropDownOpening事件编写程序，该事件在菜单弹出前发生。在这个事件代码中，检查txtEdit的属性SelectionLength。若为0，表示当前没有文本被选定，因此将“剪切”和“复制”菜单项的Enabled属性设为false，使它们弹出时是灰色的。代码如下：

```
private void editMenu_DropDownOpening(object sender, EventArgs e)
{
    if(txtEdit.SelectionLength == 0)
    {
        editCopyMenu.Enabled = false;
        editCutMenu.Enabled = false;
    }
    else
    {
        editCopyMenu.Enabled = true;
        editCutMenu.Enabled = true;
    }
}
```

12.4.3 设计上下文菜单

上下文菜单（ContextMenu）是右击时弹出的快捷菜单，也被称为弹出式菜单。它的设计方法与主菜单中的子菜单的设计方法相同。Visual C# 提供了一个标准的上下文菜单控件 ContextMenuStrip，来帮助编程人员使用 ContextMenu。ContextMenuStrip 控件需要与窗体上的其他控件关联，也可以与窗体本身关联。上下文菜单与窗体或控件关联的方法是使用窗体或控件的 ContextMenuStrip 属性。工具箱中的大多数控件都有 ContextMenuStrip 属性，把窗体或控件的 ContextMenuStrip 属性设置为前面定义的 ContextMenuStrip 菜单控件名即可。

可以在例 12-4 中添加一个 ContextMenu，当鼠标在 TextBox 上右击时出现该菜单。在视图设计器中，从工具箱中找到 ContextMenuStrip 控件，并将其放置到窗体上。与 MenuStrip 控件一样，它会被添加到开发环境的底部，将其命名为 editContextMenu。

选中 ContextMenuStrip 控件，会在窗体顶部出现上下文菜单的编辑器，和编辑 MenuStrip 一样，在上下文菜单中输入 5 项，分别为"撤销""复制""剪切""粘贴"和"全选"。设置这 5 项的 Name 属性分别为 undoCMenu、copyCMenu、cutCMenu、pasteCMenu 和 selectAllCMenu。同时将它们的 ShortcutKeys 属性设定为快捷键 Ctrl+Z、Ctrl+C、Ctrl+X、Ctrl+V 和 Ctrl+A。选中 txtEdit 控件，将它的 ContextMenuStrip 属性设置为 editContextMenu。这样 txtEdit 控件就和刚才建立的上下文菜单关联起来，即在 txtEdit 控件上右击会弹出这个上下文菜单。要使弹出菜单真正有用，还需要为每一个菜单项的 Click 事件编写代码。编写代码的方法和 MainMenu 是一样的，在此就不再重复了。也可以不用新建 Click 事件，而是直接将菜单项的 Click 事件选为之前为主菜单项建立好的菜单处理时间。例如，将 editContextMenu 中的"撤销"菜单项的 Click 事件设置为 editUndoMenu_Click。editUndoMenu_Click 是主菜单中"撤销"菜单项的 Click 事件。

微视频：窗口（一）

12.5 窗体

窗体是应用程序的一个重要对象，也是 Visual C# 可视化程序设计的基础。对于用户来说，窗体的界面就是应用程序，程序的可用性完全依赖于窗体界面。掌握主窗体常用项目的设置是非常重要的，有利于快速按照要求构建应用程序框架。

窗体分为单文档窗体和多文档窗体两种类型，所谓单文档窗体是指每次只能在窗体中打开一个画面，如 Windows 提供的记事本程序就是单文档窗体。多文档窗体是指一次能打开多个画面的窗体，如 Microsoft Word 即属于典型的多文档窗体应用程序。

12.5.1 在项目中加入新的窗体

微视频：窗体

在前面介绍的程序中，通常只需要设计一个窗体就能完成功能，但大多数程序不只需要一个窗体，往往需要给程序中加入多个窗体。Visual Studio 为应用程序的第一个窗体起的默认名是 Form1，其后默认为 Form2、Form3，依此类推。在设计 Windows 窗体时，应该给默认的窗体起一个合适的名字，这既有利于代码的编写和调试，也有利于程序的维护。

窗体的 Text 属性决定了窗体标题栏显示的内容，第一个窗体默认为 Form1，其后默认为 Form2、Form3……应该将其改为更有意义的内容。此外，在解决方案资源管理器中，可以看到对应某个窗体的文件名通常和该窗体的 Name 属性是一致的，同时也是和该窗体对应的类名一致。最好不要直接修改类名 Form1。在 Visual Studio 中要修改变量名、方法名、类名等，建议选中要修改的名称，右击，通过“重命名”命令来完成修改，这样系统可以将使用该名称的所有代码都进行修改。

要在项目中加入第二个窗体，在项目菜单中选择“添加新建项”命令，将弹出“添加新项”对话框。选择 Windows 窗体，并将名称改为 MySecond 后单击“确定”按钮。可以看到一个新的名称为 MySecond 的窗体加入到了项目中。

12.5.2 窗体的显示和隐藏

窗体提供了多个方法，可以通过这些方法对窗体进行加载、显示、隐藏、卸载等操作。Show 方法用来显示一个已经装入内存的窗体。如果调用 Show 方法时指定的窗体没有加载，将自动加载该窗体。例如，要显示窗体 Form2，可以使用下面的语句：

```
Form2.Show()
```

Hide 方法用来隐藏显示在屏幕上的窗体。隐藏窗体时，将从屏幕上删除窗体，并将其 visible 属性设置为 false。用户将无法访问隐藏窗体上的控件，但是运行中的应用程序仍然可以使用隐藏窗体的控件。如果调用 Hide 方法时窗体还没有加载，那么 Hide 方法将加载该窗体，但不显示它。

12.5.3 标准对话框

微视频：对话框

在应用程序开发过程中，对话框的设计往往是一个非常重要的内容，应用程序的许多交互和功能设置都是由它来实现的。例如，打开或保存文件，要求用户输入适当的数据和设置应用程序内容等情况出现时，都需要利用对话框来实现。.NET 提供了一些内置的对话框，这些对话框大多数是 Windows 应用程序中常见的标准对话框，可以利用这些对话框来完成一些常用的任务。

Visual Studio 在其工具箱中提供了多个对话框控件，大大方便了开发人员在自己的应用程序中使用打开文件、保存文件、打印设置、颜色和字体设置等常用的标准对话框。这些标准的对话框能够自动生成一些常用的设置项，而且能够按照常用的方式响应用户的操作。

在文件操作过程中，经常要打开或保存文件，所以大部分应用程序都需要设置一种方式来打开或保存文件。在 Visual C# 中提供了 OpenFileDialog 和 SaveFileDialog 两个控件，通过它们可以在文件的打开和保存中为用户选择文件提供方便。OpenFileDialog 是打开文件对话框控件，SaveFileDialog 是保存文件对话框控件。可以通过设置 OpenFileDialog 控件的属性来决定对话框的标题、默认路径和文件类型等内容。最主要的 Filter 属性是用来对文

件进行过滤。例如，要在对话框中只显示扩展名为 SYS 的文件，可以设定 Filter 的值为 SYS（*.SYS）|*.SYS，其中“|”号前的字符串指定用来显示设计者在文件类型列表中输入的文字说明部分，“|”号后边的字符串指定显示在文件列表中的文件类型。如果限定的类型为两种以上，各个类型还应以成对的方式建立。例如，要限定打开文件的类型为 *.TXT、*.EXE 和 *.SYS，在 Filter 属性栏中应输入如下代码：

Text（*.Text）|*.TXT | EXE（*.EXE）| *.EXE | SYS（*.SYS）| *.SYS

要显示一个 OpenFileDialog 对话框可以使用它的 ShowDialog 方法。具体使用如下代码：

OpenFileDialogName.ShowDialog();

当用户选择了某个文件并单击“确定”按钮后，对话框会关闭，选择的文件名（带有完整的路径）将保存在 OpenFileDialog 的 FileName 属性中。但是要注意的是，此时文件不会被真正打开。

SaveFileDialog 控件的使用和设置与 OpenFileDialog 控件基本相同，只是多了一些在保存文件时的属性。SaveFileDialog 控件不同于 OpenFileDialog 控件的属性主要有两个，其中 CreatePrompt 属性用于处理不存在的新文件。如果该属性的值为 true，则当用户指定的文件不存在时，询问用户是否建立新文件，默认该值为 False，即不询问用户。OverwritePrompt 属性用于处理已经存在的文件。如果该属性的值为 True，则当用户指定的文件已经存在时，询问用户是否覆盖文件；如果该值为 false，则不询问用户。SaveFileDialog 控件的方法与 OpenFileDialog 控件完全相同，可按照处理 OpenFileDialog 控件的方法来处理 SaveFileDialog 控件。例如，要显示一个 SaveFileDialog 控件，可使用 SaveFileDialog 控件的 ShowDialog 方法。

ColorDialog 控件是用于设置颜色的对话框。在一些具有图像处理和文本编辑功能的应用程序中，常常需要添加颜色设置对话框，以便于为图像或文本设置颜色。利用 ColorDialog 控件创建的颜色对话框是一个标准的 Windows 颜色设置对话框，它支持几百万种颜色。

FontDialog 控件用于选择字体的对话框。字体设置是大部分应用程序，特别是具有文本编辑能力的应用程序必备的功能。在应用程序中，字体设置是通过 FontDialog 控件调用一个名称为字体的对话框来实现的。利用这个对话框，可以完成所有关于字体的设置。

12.5.4 消息对话框

消息对话框，简称消息框（MessageBox），用来在应用程序运行时将提示、警告和错误等信息及时通知用户，并等待用户回应。例如，当修改了数据而没有保存就试图关闭应用程序时，系统就会显示带有信息、警告图标和按钮的消息框，提示将丢失未保存的数据。用户可单击某个按钮（如 OK 或 Cancel）来继续或取消这步操作。使用 MessageBoxIcon 枚举类型定义显示在消息框中的图标类型，表 12-1 列出了一些可以在消息框中显示的图标及取值。

微视频：窗口（二）

表 12–1　消息对话框中的图标

图标	常数	图标	常数
	Asterisk		Exclamation
	Information		Warning
	Hand		Question
	Stop		

使用 MessageBoxButtons 来设置消息对话框要显示的按钮的内容，MessageBoxButtons 也是枚举类型。表 12–2 列出了一些可以在消息框中显示的按钮。

表 12–2　消息对话框中的按钮

常数	说明
AbortRetryIgnore	显示“终止”“重试”和“忽略”按钮的消息框
OK	显示“确定”按钮的消息框
OKCancel	显示“确定”和“取消”按钮的消息框
RetryCancel	显示“重试”和“取消”按钮的消息框
YesNo	显示“是”和“否”按钮的消息框
YesNoCancel	显示“是”“否”和“取消”按钮的消息框

可以通过调用 Show 方法显示消息框，Show 方法有众多重载版本，最常用的定义如下：

DialogResult Show (string text, string caption, MessageBoxButtons buttons, MessageBoxIcon icon)

其中 text 代表所要显示的信息，该参数是必需的。caption 代表显示在消息框的标题栏中的字符串，该参数为可选的。buttons 参数可用来指定显示在消息框中的可用按钮。icon 参数可用来指定显示在消息框中的可用图标。具体调用如下：

MessageBox.Show (" 确定要删除么？ ", " 提示信息 ", MessageBoxButtons.OKCancel, MessageBoxIcon. Warning);

DialogResult 是个枚举类型，用来接收对话框或消息框的返回值。它的枚举值包括 None，表示从对话框返回了 Nothing，表明有模式对话框继续运行；OK，表示对话框的返回值是 OK（通常从标签为“确定”的按钮发送）；Cancel，表示对话框的返回值是 Cancel（通常从标签为“取消”的按钮发送）；Abort，表示对话框的返回值是 Abort（通常从标签为“中止”的按钮发送）；Retry，表示对话框的返回值是 Retry（通常从标签为“重试”的按钮发送）；Ignore，表示对话框的返回值是 Ignore（通常从标签为“忽略”的按钮发送）；Yes，表示对话框的返回值是 Yes（通常从标签为“是”的按钮发送）；No，表示对话框的返回值是 No（通常从标签为“否”的按钮发送）。具体使用如下：

DialogResult r=MessageBox.Show (" 确定要删除么？ ", " 提示信息 ", MessageBoxButtons.

```
OKCancel , MessageBoxIcon. Warning );
    if( r==DialogResult.OK )
    {
        //…当单击消息框的“确定”按钮后执行的代码
    }
    else
    {
      //…单击消息框其他按钮后执行的代码
    }
```

例 12-5 对话框的使用。这是一个简单的徒手绘图应用程序。该程序有 3 个顶层菜单:“文件”“颜色”和“线型”。在“文件”菜单下,共有 3 个项目。

(1)“新建”菜单(Name 属性为 fileNewMenu):将清除当前的图像,新建一个指定宽度和高度的图像,背景色为白色。

(2)“保存”菜单(Name 属性为 fileSaveMenu):将目前窗体中的图像保存为 JPG 文件。

(3)“退出”菜单(Name 属性为 fileExitMenu):退出程序。

在“颜色”菜单下只有 1 项:“选择颜色”(Name 属性为 colorSelectedMenu)。“线型”菜单下有两项互斥的选择:“选择虚线”(Name 属性为 lineDashMenu)或者“选择实线”(Name 属性为 lineSolidMenu)。

在程序中,当按下鼠标不放时,将沿着鼠标的轨迹,用指定的颜色和线型画线。默认的线型是实线,颜色是黑色。需要为每个菜单项编写消息处理方法以及鼠标的消息处理和窗体的 Paint 事件。

需要注意的是,如果在窗体上绘图,保存窗体上的内容需要和 Windows API 交互,这已经超出了本书的范围。而本程序是在一个 Bitmap 对象上绘图,然后将该对象显示在窗口中,Bitmap 对象可以新建,也可以是打开的一个图像文件。

程序运行时,单击“新建”按钮将弹出一个新的窗体,输入高度和宽度,如图 12-6 所示。

从 Visual Studio 的项目菜单中右击,在弹出的快捷菜单中选择“添加新建项”命令,选择 Windows 窗体,将窗体命名为 NewFile。在该窗体上有两个 TextBox(Name 属性分别为 widthTextBox 和 heightTextBox)和一个“取消”按钮以及一个“确定”按钮(Name 属性分别为 cancelButton 和 OKButton)。设置两个按钮的 DialogResult 属性分别为 Cancel 和 OK。这样当这个窗体使用 ShowDialog 方法显示时,单击不同的按钮会返回不同的值(程序第 27~29 行)。在 NewFile 这个窗体中设置了两个 public 的属性 ImageWidth 和 ImageHeight,当单击“确定”按钮后将文本框输入的值存储在这两个属性中。这是由于外部无法直接访问两个文本框的内容,因为其是 private 的。

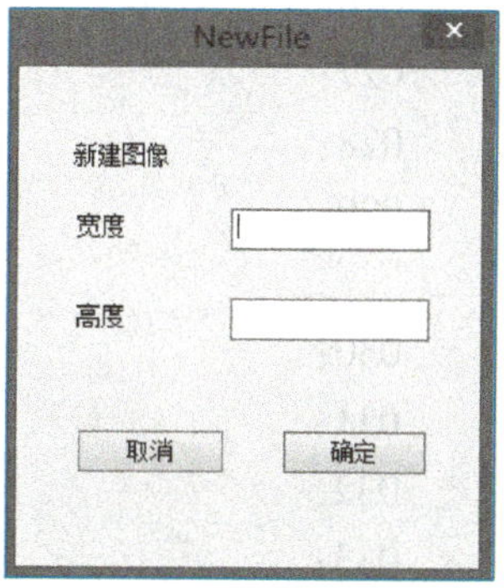

图 12-6 新建一个文件

Form1 程序代码如下：

```
using System;
using System.Drawing;
using System.Windows.Forms;
using System.Drawing.Drawing2D;

namespace CSHARP12_5
{
    public partial class Form1 : Form
    {
        private string saveFileName;
        private Color color = Color.Black;  // 默认黑色
        private DashStyle dashStyle = DashStyle.Solid;  // 默认实线
        private Bitmap bitmap;  // 打开的位图,如果没有值为 null
        private Point prePoint;  // 鼠标指针移动的前一个点
        private Point nextPoint;  // 鼠标指针移动的下一个点
        private bool mouseCapture = false;  // 鼠标指针捕获标记

        public Form1()
        {
            InitializeComponent();
        }

        private void fileNewMenu_Click(object sender, EventArgs e)
        {
            // 弹出新建图像对话框,让用户输入高度和宽度
            NewFile newFileDialog = new NewFile();
            if(newFileDialog.ShowDialog()==DialogResult.OK)
            {
                bitmap = new Bitmap(newFileDialog.ImageWidth,
                    newFileDialog.ImageHeight);
                Graphics g = Graphics.FromImage(bitmap);
                // 设置底色为白色
                Brush whiteBrush = new SolidBrush(Color.White);
                g.FillRectangle(whiteBrush, 0, 0, newFileDialog.ImageWidth,
                    newFileDialog.ImageHeight);
                Invalidate();
```

```
            }
        }

        private void fileSaveMenu_Click(object sender, EventArgs e)
        {
            SaveFileDialog saveFileDialog = new SaveFileDialog();
            saveFileDialog.Filter = "jpg(*.jpg)|*.jpg";
            if(saveFileDialog.ShowDialog()==DialogResult.OK)
            {
                saveFileName = saveFileDialog.FileName;
                //当前窗口的图像保存为jpg
                bitmap.Save(saveFileName);
            }

        }

        private void Form1_Paint(object sender, PaintEventArgs e)
        {
            if(bitmap!=null)
            {
                e.Graphics.DrawImage(bitmap, 0, 0);
            }
        }

        private void fileExitMenu_Click(object sender, EventArgs e)
        {
            Application.Exit(); //退出应用程序
        }

        private void colorSelectedMenu_Click(object sender, EventArgs e)
        {
            ColorDialog colorDialog = new ColorDialog();
            if(colorDialog.ShowDialog()==DialogResult.OK)
            {
                color = colorDialog.Color;
            }
        }
```

```
        private void lineSolidMenu_Click( object sender, EventArgs e )
        {
            lineSolidMenu.Checked = true;
            dashStyle = DashStyle.Solid;
            lineDashMenu.Checked = false;
        }

        private void lineDashMenu_Click( object sender, EventArgs e )
        {
            lineDashMenu.Checked = true;
            dashStyle = DashStyle.Dash;
            lineSolidMenu.Checked = false;
        }
        // 鼠标事件的处理
        private void Form1_MouseDown( object sender, MouseEventArgs e )
        {
            // 判断是否左键,并且在图像范围内按下
            if( e.Button == MouseButtons.Left && e.X < bitmap.Width
                && e.Y < bitmap.Height )
            {
                mouseCapture = true;
                prePoint = new Point( e.X, e.Y );
            }
        }

        private void Form1_MouseMove( object sender, MouseEventArgs e )
        {
            if( mouseCapture )
            {
                if( e.X < bitmap.Width && e.Y < bitmap.Height )
                {
                    Graphics g = Graphics.FromImage( bitmap );
                    nextPoint = new Point( e.X, e.Y );
                    Pen pen = new Pen( color, 1 );
                    pen.DashStyle = dashStyle;
                    g.DrawLine( pen, prePoint, nextPoint );
```

```
                        // 应该构造要刷新的矩形区域,减小闪烁,本程序未做
                        Invalidate();
                    }
                    prePoint = nextPoint;
                }
            }

            private void Form1_MouseUp(object sender, MouseEventArgs e)
            {
                mouseCapture = false;
            }
        }
    }
```

NewFile 这个窗体的代码如下:

```
using System;
using System.Windows.Forms;

namespace CSHARP12_5
{
    public partial class NewFile : Form
    {

        public int ImageWidth { get; set; }
        public int ImageHeight { get; set; }
        public NewFile()
        {
            InitializeComponent();
        }

        private void OKButton_Click(object sender, EventArgs e)
        {
            ImageWidth = Convert.ToInt32(widthTextBox.Text);
            ImageHeight = Convert.ToInt32(heightTextBox.Text);
        }
    }
}
```

新建了一个文件后,程序运行如图 12-7 所示。

图 12-7 程序的运行界面

在“颜色”菜单下单击选择颜色，弹出“颜色选择”对话框，选择一个颜色后保存在字段 color 中（Form1 代码第 64~71 行）。注意到本例是在一个 Bitmap 对象上绘图，而不是在窗体上，所以绘图的 Graphics 对象是从 Bitmap 对象创建的（Form1 代码第 103 行）。要保存图像，只需要调用 Bitmap 自己的 Save 方法即可（Form1 代码第 46 行）。在代码中可以看到，所有的对话框都是调用自身的 ShowDialog 方法来显示自己，确认用户是单击“确定”按钮后，将用户的选择保存在某个属性或者字段中。

12.5.5 多文档（MDI）程序

一个 MDI 程序至少需要用到两个窗体。其中一个窗体作为容器，另一个窗体作为模板。一般将作为容器的窗体称为父窗体。在 MDI 程序中可以同时打开多个文档，每个文档用一个单独的窗体显示。每一个这样单独的窗体称为一个子窗体。一般而言，所有的子窗体是类似的，使用窗体模板来创建。从类的角度讲，所有的子窗体是一个类的不同实例。下面通过一个例子来具体讲述 MDI 程序的创建。

例 12-6 创建一个 MDI 程序，它能够同时打开多幅图片。为 Form1 添加一个菜单，菜单的顶层具有两项：“文件”和“视图”。在“文件”菜单下，有两项，分别是“打开”（Name

属性为 fileOpenMenu）和“退出”（Name 属性为 fileExitMenu）。在“视图”的菜单下有 3 项，分别是“水平平铺”（Name 属性为 viewTileHorizontallyMenu）、“垂直平铺”（Name 属性为 viewTileVerticallyMenu）和“层叠”（Name 属性为 viewStackMenu）。

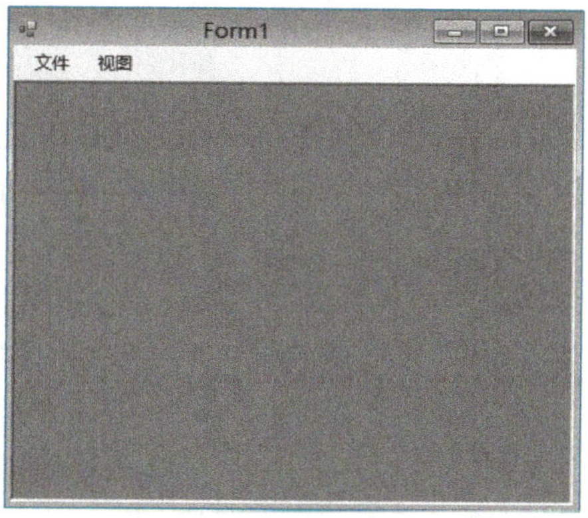

图 12-8　程序的界面设计

选中当前的窗体，它将成为父窗体或容纳子窗体的容器。欲使它成为容器，需要将窗体的 IsMdiContainer 属性设置为 true。此时，窗体的背景色变为深灰色，如图 12-8 所示。

从项目菜单中选择“添加新建项”命令，出现“添加新项”对话框，在模板中选择 Windows 窗体，在“名称”一栏中输入一个合适的名字，如 ChildWindows 后单击“打开”按钮。新的窗体将被加入到项目中。将新窗体的 AutoScroll 属性改为 true。将一个 PictureBox 控件放置到新窗体上，设置其 Name 属性为 pictureBox，并将它的 SizeMode 属性设置为 AutoSize。该选择使得 PictureBox 控件自动将大小调整和图片实际尺寸一样。将 Dock 属性设置为 Fill，即充满窗口。

为 Form1“文件”菜单下的“打开”项的 Click 事件编码。它显示一个文件打开对话框，用户的选择将存放在该控件的 FileName 属性中。在用户确定选择了一个图片文件后将对此做出响应。要显示图片的第一步是生成一个新的子窗口，通过创建子窗体类 ChildWindows 的实例 formChildWindows，得到一个新的窗体（Form1 代码第 18 行）。接下来需要指出该子窗体的父窗体是哪一个。在本例中，父窗体是 Form1 窗体。因此，将 formChildWindows 的 MdiParent 属性设置为 this（Form1 代码第 19 行）。随后在 PictureBox 控件中打开文件，并调用子窗体的 Show 方法显示新的窗体（Form1 代码第 20~21 行）。

Form1 程序代码如下：

```
01:  using System;
02:  using System.Windows.Forms;
03:
04:  namespace CSHARP12_6
05:  {
06:      public partial class Form1 : Form
07:      {
08:          public Form1()
09:          {
10:              InitializeComponent();
11:          }
12:
```

```
13:            private void fileOpenMenu_Click(object sender, EventArgs e)
14:            {
15:                OpenFileDialog openFileDlg = new OpenFileDialog();
16:                if(openFileDlg.ShowDialog()==DialogResult.OK)
17:                {
18:                    ChildWindows formChildWindows = new ChildWindows();
19:                    formChildWindows.MdiParent=this;
20:                    formChildWindows.LoadPicture(openFileDlg.FileName);
21:                    formChildWindows.Show();
22:                }
23:            }
24:
25:            private void fileExitMenu_Click(object sender, EventArgs e)
26:            {
27:                Application.Exit();
28:            }
29:
30:            private void viewTileHorizontallyMenu_Click(object sender, EventArgs e)
31:            {
32:                LayoutMdi(MdiLayout.TileHorizontal);
33:            }
34:
35:            private void viewTileVerticallyMenu_Click(object sender, EventArgs e)
36:            {
37:                LayoutMdi(MdiLayout.TileVertical);
38:            }
39:
40:            private void viewStackMenu_Click(object sender, EventArgs e)
41:            {
42:                LayoutMdi(MdiLayout.Cascade);
43:            }
44:        }
45:    }
```

可以通过调用父窗体的 LayoutMdi 方法对多个打开的子窗口进行排列(Form1 代码第 30~43 行),层叠窗口的效果如图 12–9 所示。

图 12-9　打开 3 个窗口并且层叠的效果

在 ChildWindows 窗口需要添加一个公开的方法 LoadPicture，添加这个方法的主要原因是 PictureBox 在 ChildWindows 中是私有变量，无法外部访问。通过添加该 Public 型的方法来调用。ChildWindows 类的代码如下：

```
using System.Drawing;
using System.Windows.Forms;

namespace CSHARP12_6
{
    public partial class ChildWindows : Form
    {
        public ChildWindows()
        {
            InitializeComponent();
        }
        public void LoadPicture( string fileName )
        {
            pictureBox.Image = Image.FromFile( fileName );
        }
    }
}
```

习题

一、选择题

1. 图形设备接口的缩写是（   ）。

   A. MDI　　B. GDI　　C. SDI　　D. CLR

2. 定义一个画笔对象，下列错误的是（   ）。

   A. Pen myPen=new Pen(Color.Red)

   B. Pen myPen=new Pen(new SolidBrush(Color.Red))

   C. Pen myPen=new Pen(Color.Red, 5)

   D. Pen myPen=new Pen(new Bitmap("e:\\1.jpg"))

3. 以下不是 Graphics 类中提供的绘图方法的是（   ）。

   A. DrawArc　　B. DrawCircle　　C. DrawLine　　D. DrawRectangle

4. 当调用 MessageBox.show()方法时，消息框返回值是（   ）。

   A. MessageResult　　B. DialogValue　　C. DialogResult　　D. DialogBox

5. 下列代码完成的功能，表述正确的是（   ）。

```
Pen myPen = new Pen(Color.Blue, 2);
Graphics g = e.Graphics;
g.DrawRectangle(myPen, 10, 10, 200, 10);
```

   A. 用蓝色的画笔画了一个左上角坐标为(10,10)，右下角坐标为(200,10)的矩形

   B. 用蓝色的画笔画了一个左上角坐标为(10,10)，宽为 200，高为 10 的矩形

   C. 用蓝色的画刷填充了一个左上角坐标为(10,10)，右下角坐标为(200,10)的矩形

   D. 用蓝色的画刷填充了一个左上角坐标为(10,10)，宽为 200，高为 10 的矩形

二、判断题

1. 使用 GDI+ 绘图接口可以在窗体上进行绘图，但不能在控件上进行绘图。（   ）
2. 上下文菜单 ContextMenu 是通过控件的 MenuStrip 属性进行关联。（   ）
3. 在 GDI+ 绘图接口中，必须先创建 Graphics 对象，才能用 GDI+ 进行绘图操作。（   ）
4. 当调用窗体的 Hide 方法，程序会直接将此窗体的对象删除。（   ）

三、编程题

1. 使用图形方法，在 Form 上画出 5 条不同颜色直线并形成一个多边形。
2. 使用图形方法，在 Form 上画一条经过(200,200)、(256,87)、(87,9)、(22,108)这 4 个点的折线。
3. 使用图形方法，在 Form 上画一个椭圆，并用纹理刷填充。
4. 将前面 3 题组合在一起，并设计一个菜单来完成各项功能。
5. 第 4 题的程序再增加一个“帮助”菜单。里面有“关于”一项，单击该项，显示一个关于版权的对话框。
6. 重新编写第 2 题的程序。使用颜色对话框让用户可以选择颜色。
7. 改写例 12-4，使它可以同时编辑多个文件。

第 13 章

文件和流

13.1 文件和流的基本概念

微视频：文本文件的读写

13.1.1 文件的概念

文件是指记录在外部介质上的数据的集合。Visual Studio 中与文件操作有关的类在命名空间 System.IO 中，因此在程序的开头需要引入这个命名空间。一般而言，文件可分为两类。

（1）文本文件：文本文件是完全由字符和与字符的显示格式有关的控制符（如空格符、回车符及换行符等）构成。文本文件很容易在不同的操作系统、不同的应用软件之间通用，只要这些系统和软件遵循相同的字符代码标准即可。文本文件常用 txt 作为扩展名，常见的文本文件扩展名还有 bat、htm 等。

（2）二进制文件：二进制文件为非文本文件，这类文件一般依赖特定的软件，有各种不同的内部格式。扩展名为 com 和 exe 的程序文件、存放图像数据的 bmp 文件、存放声音数据的 wav 文件等都是二进制文件。

13.1.2 流的概念

文件一般存放在磁盘上，将磁盘上的文件内容载入内存，称之为读文件。相反，将数据保存到磁盘上称为写文件。读写文件是通过文件流的方法来实现的。流是一个动态的概念，是指数据从出发地“流”到目的地。抽象地说，流就是一个字节序列，其最重要的特点就是对于流的操作是按照流中字节的先后顺序来进行的。事实上，流有很多具体的形式：文件和操作文件的程序之间的字节序列是一个流，网络通信中传递的数据也是一个流。

流可以分成输入流和输出流两类，比如，从键盘输入到内存的是输入流，从内存到打印机的是输出流。例如，在读写文本文件时，相应的输入流就是把文件中的文本传递到文本编辑器的流，实现这个流的类是 StreamReader。输出流就是把文本编辑器中的文本传递到文本文件的流，实现这个流的类是 StreamWriter。

13.2 文本文件的读写

在 .NET 中，与文件操作有关的类在命名空间 System.IO 中，System.IO 命名空间中定义了许多对象用于支持数据流的处理。要使用 System.IO 命名空间，应在窗体代码的顶部加入语句

```
using System.IO;
```

用于文本文件读写的主要有两个对象，即 StreamWriter 对象和 StreamReader 对象。

13.2.1 StreamWriter

使用 StreamWriter 对象，可以将数据写入文本文件，如果所指定的文件不存在，则可以创建一个新文件。要创建一个 StreamWriter 对象，使用 new 语句：

```
StreamWriter swFile =new StreamWriter( "C:\\MyFile.txt" );
StreamWriter swFile = new StreamWriter( "C:\\MyFile.txt", True );
```

可以有多种方法来创建一个 StreamWriter 实例，在上面的第一个语句中，打开了文件 MyFile.txt 准备向该文件写入。此时，StreamWriter 的构造函数接收要写入文件的路径作为唯一的一个参数，该参数是 String 类型的。在第二个语句中除了路径参数外，还有一个 Boolean 型的变量作为第二个参数。在文件已经存在的情况下，该参数如果为 True，则新写入的数据被追加到文件尾；否则新数据将覆盖旧数据。如果文件不存在则创建新文件。StreamWriter 对象中，核心的方法有以下 3 个。

（1）Write 方法：调用 StreamWriter 对象的 Write 方法，可以往文件中写入一个字符串。

（2）WriteLine 方法：调用 StreamWriter 的 WriteLine 方法，可以往文件中写入一个字符串和一个换行符（写入一行）。

（3）Close 方法：释放 StreamWriter 对象，并关闭打开的文件。

下面的代码创建一个 StreamWriter 类，并把一些文本添加到新创建的文本中（写入的文本是唐代诗人李白的《古意》）：

```
StreamWriter swFile = new StreamWriter( "C:\\MyFile.txt" );
swFile.WriteLine( " 君为女萝草，妾作兔丝花。 " );
swFile.WriteLine( " 轻条不自引，为逐春风斜。 " );
swFile.WriteLine( " 百丈托远松，缠绵成一家。 " );
swFile.WriteLine( " 谁言会面易，各在青山崖。 " );
swFile.Close( );
```

13.2.2 StreamReader

使用 StreamReader 读取标准文本文件的各行信息。创建一个 StreamReader 对象时，可以指定一个带有路径的文件名。一旦对象创建成功，便可以从该文本文件中读取字符了：

```
StreamReader srFile = new StreamReader("C:\\MyFile.txt");
```

StreamReader 对象常用的方法有以下几个。

（1）Read 方法：从文件（流）中读入下一个字符。

（2）ReadLine 方法：从文件（流）中读入下一行字符。

（3）Close 方法：关闭打开的文件（流）。

（4）ReadToEnd 方法：从文件（流）的当前位置读到文件（流）的结尾。

（5）Peek 方法：返回文件（流）中的下一个字符，但并不读入该字符。

采用上面的方法，可以将上一小节创建的文件读入到一个字符串中：

```
StreamReader srFile = new StreamReader("C:\\MyFile.txt");
String strIn;
While(srFile.Peek()>-1)
{
        strIn += srFile.ReadLine();
}
```

例 13-1 读写文本文件。将 TextBox 的内容写入文件或从指定的文件中读出内容显示在 TextBox 中。在窗体上放置两个 Button 控件和一个 TextBox 控件。为两个 Button 控件的 Click 事件编写代码。

微视频：文本文件的读写例题

```
using System;
using System.Windows.Forms;
using System.IO;

namespace CSHARP13_1
{
    public partial class Form1 : Form
    {
        public Form1()
        {
            InitializeComponent();
        }

        private void writeButton_Click(object sender, EventArgs e)
        {
            SaveFileDialog saveFileDlg = new SaveFileDialog();
            saveFileDlg.Filter = "txt(*.txt)|*.txt";
            if(saveFileDlg.ShowDialog()==DialogResult.OK)
            {
                try
```

```
                {
                    StreamWriter swFile = new StreamWriter( saveFileDlg.FileName );
                    swFile.Write( fileTextBox.Text );
                    swFile.Close();
                }
                catch
                {
                    MessageBox.Show( "Write ERROR!!" );
                }
            }
        }

        private void readButton_Click( object sender, EventArgs e )
        {
            OpenFileDialog openFileDlg = new OpenFileDialog();
            openFileDlg.Filter = "txt( *.txt )|*.txt";
            if( openFileDlg.ShowDialog() ==DialogResult.OK )
            {
                try
                {
                    StreamReader srFile = new StreamReader( openFileDlg.FileName );
                    fileTextBox.Clear();
                    fileTextBox.Text = srFile.ReadToEnd();
                    srFile.Close();
                }
                catch
                {
                    MessageBox.Show( "Read ERROR!!" );
                }
            }
        }
    }
}
```

代码简单地使用了前面讲述的方法正确地写入和读出了文件。需要特别注意的是，在写入和读出操作完成之后一定要调用 Close 方法关闭文件。只有这样才能确保写入和读出文件的正确完成。注意，写入和读出的代码放入到了 try 的结构中，捕获写入读出中可能出现的异常。

首先在文本框中输入一些字符，单击“写入”按钮将打开标准的保存文件对话框，选择保存位置后，将文本框中的内容写入文件，如图 13–1 所示。

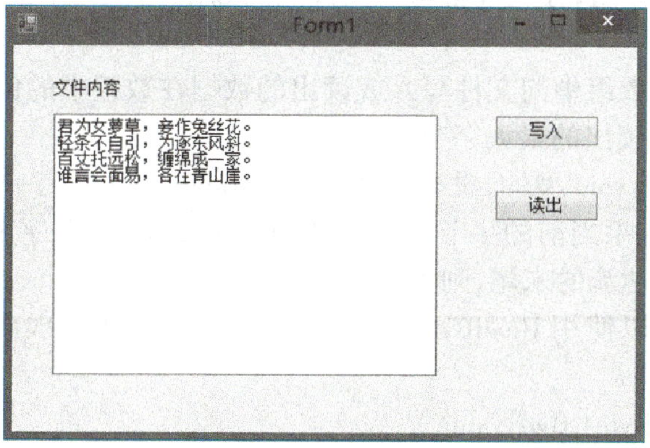

图 13–1　通过程序写入一些字符到文本文件中

在资源管理器中找到写入的文件，直接用记事本打开，验证写入过程是正确的。随后直接用记事本创建一个新的文件，保存为 MyFile2.txt。运行程序打开该文件，验证正确性。

13.3　二进制文件的读写

微视频：二进制文件的读写

上一节介绍了文本文件的读写，这种文件可以通过“记事本”程序打开来查看内容。除此以外，还有一种文件形式，即二进制文件，本节介绍如何读写二进制文件。

13.3.1　FileStream

可以使用 FileStream 对象打开（或创建）文件。它的构造函数比较常用的形式如下：

public FileStream(String path，FileMode mode，FileAccess access)

其中，各参数说明如下：

（1）path 用于指定要打开（或创建）的文件的路径及文件名。

（2）mode 用于指定文件打开的模式，可以是“Create”（创建）、“Open”（打开）等。

（3）access 用于指定文件访问的目的，可以是“Read”（读）、“Write”（写）或“ReadWrite”（读和写）。

例如：

FileStream fsRW = new FileStream("E: \\MyFile.bin"，FileMode.Open，FileAccess.Read);

其中，FileMode 和 FileAccess 是枚举变量。上述语句表示打开 E: \MyFile.bin 用于读出其中的内容。可以使用 FileStream 中的 Read 和 Write 方法来对文件进行写入和读写。Read 和 Write 方法的调用方法相似，如下所示：

override int Read (unsigned char[] array, int offset, int count);

Read 和 Write 方法具有一样的 3 个参数,分别如下。

(1) array: Byte 型数组,存放准备写入文件流的数据 (Write 中) 或从文件流中读出的数据 (Read 中)。

(2) offset: 准备从数组中向文件写入或读出的数据在数组中的偏移量。

(3) count: 写入或读出的最大字节数。

此外, Write 方法是 void 型的,没有返回值。而 Read 方法则有一个返回值,表示读入缓冲区中的总字节数。如果当前的字节数没有所请求那么多,则总字节数可能小于所请求的字节数;或者如果已到达流的末尾,则为零。

FileStream 中还可以使用 ReadByte 方法和 WriteByte 方法一次向文件流中读出或写入一个字节:

override void WriteByte (Byte value);

override int ReadByte ();

ReadByte 将读入的一个字节转换为整数返回。此外, Close 方法用于关闭打开的文件流,而 Seek 方法则用于在文件流中定位:

override long Seek (long offset , SeekOrigin origin);

调用该方法,可以将文件的当前位置移动到指定位置。其中, origin 指定指针移动的方向,可有 4 种选择。

(1) Begin: 从文件头往后开始移动指针。

(2) Current: 从指针的当前位置往后开始移动指针。

(3) End: 从文件尾往前开始移动指针。

(4) offset: 指定相对于 origin 的移动偏移量。

例如:

fsRW.Seek (20, Seekorigin.Begin)

是指将当前位置设置为从文件头开始的第 20 个字节处。

13.3.2 BinaryWriter 和 BinaryReader 对象

FileStream 对象只提供了字节方式的写入。在构造了 FileStream 对象后可以将该对象进一步构造为 BinaryWriter 和 BinaryReader 对象,以获取更高级的功能。需要从一个存在的流来构造 BinaryWriter 和 BinaryReader 对象,例如:

FileStream fsRW = new FileStream ("E: \\MyFile.bin", FileMode.Open, FileAccess.Read);

BinaryWriter bwMyFile = new (fsRW);

BinaryWriter 提供了很多重载的 Write 方法来方便对文件的写入,部分如下。

(1) void Write (Boolean): 将 1 字节 Boolean 值写入当前流。

(2) void Write (Byte): 将一个无符号字节写入当前流。

(3) void Write (Char ()): 将字符数组写入当前流。

(4) void Write (Decimal): 将一个十进制数值写入当前流。

（5）void Write（Double）：将 8 字节浮点值写入当前流。

（6）void Write（Short）：将 2 字节有符号整数写入当前流。

（7）void Write（Integer）：将 4 字节有符号整数写入当前流。

（8）void Write（Long）：将 8 字节有符号整数写入当前流。

在 BinaryReader 中，则有各自的读入方法，例如

（1）ReadBoolean：从当前流中读取 Boolean。

（2）ReadByte：从当前流中读取下一个字节。

（3）ReadBytes：从当前流中将 count 个字节读入字节数组。

（4）ReadChar：从当前流中读取下一个字符。

（5）ReadDecimal：从当前流中读取十进制数值。

（6）ReadDouble：从当前流中读取 8 字节浮点值。

（7）ReadSingle：从当前流中读取 4 字节浮点值。

（8）ReadString：从当前流中读取一个字符串。字符串有长度前缀，一次 7 位的被编码为整数。

同时要注意的是，这些方法从当前流读入数据或写入数据后，均会根据读入或写入数据所占的字节数修正流的当前位置。

微视频：二进制文件的读写例题

例 13–2 将职工的工资信息写入一个二进制文件，并读出来。设计如图 13–2 所示的窗体。

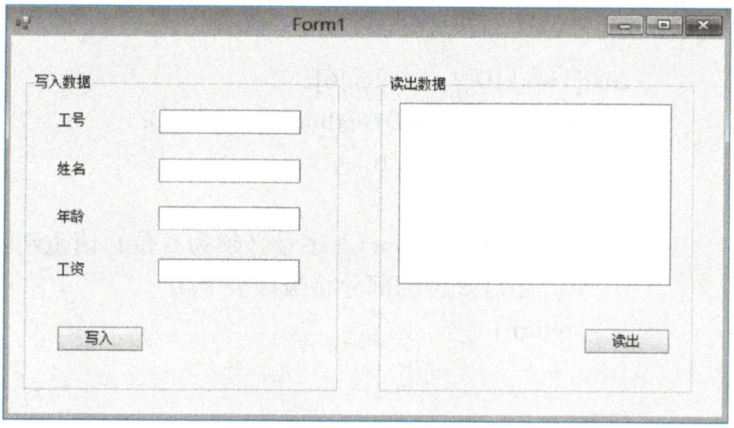

图 13–2 设计好的窗体

窗体左边共使用了 4 个 TextBox 控件来分别输入工号、姓名、年龄和工资。在其旁边分别用 Label 标签进行说明。“写入”按钮每次将用户输入的数据写入一个二进制文件中，数据总是追加在文件的结尾处。

窗体右边使用了 1 个 TextBox 控件，用来显示读出结果。单击“写入”按钮之后，程序将左边 4 个文本框中的内容写入到文件中。一般的，称这样一组信息为一个记录。若每条记录有固定的长度（占的字节数相等），可以使在文件中随机查询和定位一条记录变得更加

简单。

因此，设定了 6 个长度的序号字段，4 个长度的名字，并且对用户的输入进行检查。序号不足 6 位将会要求重新输入，超过 6 位的将被截去。名字不足 4 个字的将被补上空格。另外，在获得输入前，首先去掉了输入前后的空格。这是通过 String 的成员函数 Trim 来完成的。程序代码如下：

```
using System;
using System.Windows.Forms;
using System.IO;

namespace CSHARP13_2
{
    public partial class Form1 : Form
    {
        public Form1()
        {
            InitializeComponent();
        }

        private void writeButton_Click(object sender, EventArgs e)
        {
            char[] workID = new char[6];
            var strTemp = workIDTextBox.Text.Trim();
            if(strTemp.Length < 6)
            {
                MessageBox.Show("序号必须为 6 位！请重新输入。超过 6 位的部分将被截去！");
                return;
            }
            else
            {
                strTemp.CopyTo(0, workID, 0, 6);
            }
            char[] name = new char[4];
            strTemp = nameTextBox.Text.Trim();
            if(strTemp.Length == 0)
            {
                MessageBox.Show("请输入姓名！ ");
```

```
                return;
            }
            else
            {
                if( strTemp.Length <= 4 )
                {
                    strTemp.CopyTo( 0, name, 0, strTemp.Length );
                }
                else
                {
                    strTemp.CopyTo( 0, name, 0, 4 );
                }
            }

            if( ageTextBox.Text.Trim().Length == 0 ||
               salaryTextBox.Text.Trim().Length == 0 )
            {
                MessageBox.Show( " 请输入年龄或工资！ " );
                return;
            }

            int age = Convert.ToInt32( ageTextBox.Text );
            float salary = Convert.ToSingle( salaryTextBox.Text );
            // 写入文件中
            FileStream fsSalary = new FileStream( ".\\Salary.bin",
              FileMode.Append, FileAccess.Write );
            BinaryWriter bwSalary = new BinaryWriter( fsSalary );
            // 写入数据
            bwSalary.Write( workID );
            bwSalary.Write( name );
            bwSalary.Write( age );
            bwSalary.Write( salary );
            // 关闭文件
            bwSalary.Close();
        }

        private void readButton_Click( object sender, EventArgs e )
```

```
        {
            readTextBox.Clear();
            FileStream fsSalary;
            try
            {
                fsSalary = new FileStream(".\\salary.bin",
                  FileMode.Open, FileAccess.Read);
            }
            catch(FileNotFoundException e1)
            {
                MessageBox.Show(e1.ToString());
                return;
            }
            //读文件
            BinaryReader brSalary = new BinaryReader(fsSalary);
            char[] workID = new char[6];
            char[] name = new char[4];
            int age;
            float salary;
            //string strTemp;

            while(brSalary.PeekChar() > -1)
            {
                workID = brSalary.ReadChars(6) ;
                name = brSalary.ReadChars(4) ;
                age = brSalary.ReadInt32();
                salary = brSalary.ReadSingle();

                readTextBox.Text += " 工号: ";
                for(int i = 0; i < 6; i++)
                    readTextBox.Text += workID[i];
                readTextBox.Text += "\r\n" + " 姓名: ";
                for(int i = 0; i < 4; i++)
                    readTextBox.Text += name[i];
                    readTextBox.Text += "\r\n" + " 年龄: " + age.ToString();
                    readTextBox.Text += "\r\n" + " 工资: " + salary.ToString();
                    readTextBox.Text += "\r\n";
```

```
            }
            brSalary.Close();
        }
    }
}
```

程序对所有的输入检查完后，分别将它们复制到了本地的局部变量中。随后构造了一个 FileStream 流，再由这个流构造了 BinaryWriter 对象。接着调用 BinaryWriter 对象的 Write 方法将数据写入到了文件中。第一次将创建新文件，以后将数据追加在文件尾。

读入则把所有人员信息显示在右侧的 TextBox 中。程序从第一条记录开始，每次读出一条记录。在构造 FileStream 流时使用 try 语句，以捕获当要打开的文件不存在时产生的异常。事实上在进行任何文件操作时，均应该放入 try 语句中。

13.3.3 序列化

微视频：文档序列化

上一节介绍了如何将数据写入文件，数据输出到磁盘文件时，会失去某些信息，如每个值的类型。例如，如果从文件中读取数值“3”，则不能判断这个值属于 int 型、字符串或 decimal。磁盘中只有数据，没有类型信息。如果读取这个数据的程序“知道”对应数据的对象类型，则可以直接将数据读取为这个类型的对象。例如，在例 13-2 中，知道 1 条记录的数据类型组成以及先后次序，因此，可以正确读写数据。有时更简单的方法就是读取和写入整个对象。C# 提供了这种机制，称为对象序列化。序列化对象表示为字节序列，包括对象数据和关于对象类型及对象中所存放数据类型的信息。序列化对象写入文件之后，可以从文件读取并去序列化，即用对象类型及对象中所存放数据类型的信息在内存中重建对象。

BinaryFormatter 类（名字空间 SystemRuntime.Serialization.FormattersBinary）可以读取和写入流中的整个对象。BinaryFormatter 方法 Serialize 将对象表示写入文件。BinaryFormatter 方法 Deserialize 读取这个表示并重建对象。这两个方法在序列化或去序列化遇到错误时都抛出 SerializationException 异常。这两个方法都要求用 Stream 对象作为参数，使 BinaryFormatter 能够访问正确的流。

例 13-3 使用序列化的方法重写例 13-2。

```
using System;
using System.Windows.Forms;
using System.IO;
using System.Runtime.Serialization.Formatters.Binary;


namespace CSHARP13_3
```

```
{
    [Serializable]
    public class WorkRecord
    {
        public char[] workID = new char[6];
        public char[] name = new char[4];
        public int age;
        public float salary;
    }
    public partial class Form1 : Form
    {
        public Form1()
        {
            InitializeComponent();
        }

        private void writeButton_Click(object sender, EventArgs e)
        {
            //使用对象来存储每一条记录
            WorkRecord workRec = new WorkRecord();
            var strTemp = workIDTextBox.Text.Trim();
            if(strTemp.Length < 6)
            {
                MessageBox.Show("序号必须为6位！请重新输入。超过6位的部分将被截去!");
                return;
            }
            else
            {
                strTemp.CopyTo(0, workRec.workID, 0, 6);
            }
            strTemp = nameTextBox.Text.Trim();
            if(strTemp.Length == 0)
            {
                MessageBox.Show("请输入姓名！ ");
                return;
            }
```

```
            else
            {
                if( strTemp.Length <= 4 )
                {
                    strTemp.CopyTo( 0, workRec.name, 0, strTemp.Length );
                }
                else
                {
                    strTemp.CopyTo( 0, workRec.name, 0, 4 );
                }
            }

            if( ageTextBox.Text.Trim().Length == 0 ||
             salaryTextBox.Text.Trim().Length == 0 )
            {
                MessageBox.Show( " 请输入年龄或工资！ " );
                return;
            }

            workRec.age = Convert.ToInt32( ageTextBox.Text );
            workRec.salary = Convert.ToSingle( salaryTextBox.Text );
            //写入文件中
            FileStream fsSalary = new FileStream( ".\\Salary.ser",
            FileMode.Append, FileAccess.Write );
            //序列化
            BinaryFormatter binFomatter = new BinaryFormatter();
            binFomatter.Serialize( fsSalary, workRec );
            //关闭文件
            fsSalary.Close();
        }

        private void readButton_Click( object sender, EventArgs e )
        {
            readTextBox.Clear();
            FileStream fsSalary;
            try
            {
```

```
079:                    fsSalary = new FileStream( ".\\salary.ser",
                        FileMode.Open, FileAccess.Read );
080:                }
081:                catch( FileNotFoundException e1 )
082:                {
083:                    MessageBox.Show( e1.ToString());
084:                    return;
085:                }
086:                // 读文件并且去序列化
087:                BinaryFormatter readFomatter = new BinaryFormatter();
088:                int count = 0;
089:                WorkRecord workRec =
                        ( WorkRecord )readFomatter.Deserialize( fsSalary );
090:                readTextBox.Text += " 工号: ";
091:                for( int i = 0; i < 6; i++ )
092:                    readTextBox.Text += workRec.workID[i];
093:                readTextBox.Text += "\r\n" + " 姓名: ";
094:                for( int i = 0; i < 4; i++ )
095:                    readTextBox.Text += workRec.name[i];
096:                readTextBox.Text += "\r\n" + " 年龄: " + workRec.age.ToString();
097:                readTextBox.Text += "\r\n" + " 工资: " + workRec.salary.ToString();
098:                readTextBox.Text += "\r\n";
099:                count++;
100:                fsSalary.Close();
101:            }
102:        }
103:    }
```

在代码中，为了使用 BinaryFormatter 类方便，引入了名字相应的名字空间（代码第 4 行）。同时将要存储的数据组织在了一个单独的对象中，并声明该对象是可序列化的（代码第 9 行）。注意与例 13-2 不同，在文件中只写入了一个对象的数值，也只读出了 1 个对象的数值，原因是如果存储多个对象，需要自己计算文件中对象的个数，FileStream 类并不是太好判断是否达到了流的末尾。

13.4 目录和文件操作

微视频：目录和文件操作

.NET 还提供了大量的方法对磁盘上的文件或目录进行操作和管理。如创建文件夹，移动、删除和复制文件等。这些方法所属的类有些是静态类。因此，无须生成一个类的实例便可以使用这些方法。

13.4.1 目录操作

Directory 类提供了操作一个目录所需要的大部分方法，Directory 类中的方法全部是静态的。因此，无须生成 Directory 的实例便可以使用这种方法。以下是一些常用的方法。

（1）CreateDirectory（string Path）：该方法按照 Path 所指定的路径创建一个新的目录。如果 Path 指定的路径格式不对，或者不存在等错误均会引发异常。最好将该方法置于 try 语句中。

（2）Delete（string Path，bool recursive）：该方法删除 Path 所指定的目录。如果 recursive 为 false，则仅当目录为空时删除该目录。若为 true，则删除目录下的所有子目录和文件。

（3）Exists（string Path）：该方法测试 Path 所指定的目录是否存在。若存在，则返回 true；反之返回 false。

（4）GetDirectories（string Path）：该方法得到 Path 所指定的目录中包含的所有子目录。结果以字符串数组的形式返回，数组中的每一项对应一个子目录。

（5）GetFiles（string Path）：该方法和 GetDirectories 方法类似，返回目录中所有的文件名。

（6）Move（string sourceDirName，string destDirName）：该方法将一个目录中的内容移动到一个新的位置。sourceDirName 指定要移动的目录，destDirName 指定移动到何处。

（7）GetLogicalDrives()：返回计算机中的所有逻辑驱动器名称。

例 13-4 读出磁盘上的目录和文件。

程序在启动后，将在 ComBox 控件中显示所有的驱动器列表。选择了一个驱动器后，将在左边目录的 ListBox 控件中显示该驱动器下的所有文件夹，在右边的 ListBox 控件中显示该驱动器下的所有文件。如果在目录的 ListBox 控件中对某个目录双击，则目录的 ListBox 控件将列出该目录下的文件夹，同时右边的 ListBox 控件列出该目录下的文件。在窗体上添加一个 ComBox 控件和两个 ListBox 控件。以合适的名字为这 3 个控件的 Name 属性命名。将 ComBox 控件的 DropDownStyle 属性设置为 DropDownList。Label 控件对每个控件的用途加以说明。由于需要在程序启动后便在 ComBox 中列出计算机中的所有驱动器，因此对 Form 窗体的 Load 事件编写代码，该事件在窗体加载时被触发。接着为 ComBox 的 SelectedIndexChange 和 ListBox 的双击事件编写代码，整个程序的代码如下：

微视频：文件操作

```
using System;
using System.Windows.Forms;
using System.IO;

```

```
namespace CSHARP13_4
{
    public partial class Form1 : Form
    {
        private string[] directory;  // 当前 ListBox 里现实的文件夹
        public Form1()
        {
            InitializeComponent();
        }

        private void Form1_Load(object sender, EventArgs e)
        {
            foreach(var logicDriver in Directory.GetLogicalDrives())
            {
                driverComboBox.Items.Add(logicDriver);
            }
        }

        private void DriverComboBox_SelectedIndexChanged(object sender, EventArgs e)
        {
            // 得到某个驱动器下的所有文件夹
            directory = Directory.GetDirectories(driverComboBox.Text);
            directoryListBox.Items.Clear();
            foreach(var dir in directory)
            {
                // 去掉路径名,仅显示文件夹的名字
                directoryListBox.Items.Add(Path.GetFileNameWithoutExtension(dir));
            }
            fileListBox.Items.Clear();
            foreach(var file in Directory.GetFiles(driverComboBox.Text))
            {
                // 去掉路径名,仅显示文件的名字
                fileListBox.Items.Add(Path.GetFileName(file));
            }
        }

        private void directoryListBox_DoubleClick(object sender, EventArgs e)
```

```
            {
                if(directory.GetUpperBound(0)== -1)
                    return; //ListBox 中没有项目
                // 得到双击文件夹中包含的文件夹
                var currentDirectory = directory[directoryListBox.SelectedIndex];
                directory = Directory.GetDirectories(currentDirectory);
                directoryListBox.Items.Clear();
                foreach(var dir in directory)
                {
                    // 去掉路径名,仅显示文件夹的名字
                    directoryListBox.Items.Add(Path.GetFileNameWithoutExtension(dir));
                }
                fileListBox.Items.Clear();
                foreach(var file in Directory.GetFiles(currentDirectory))
                {
                    // 去掉路径名,仅显示文件的名字
                    fileListBox.Items.Add(Path.GetFileName(file));
                }
            }
        }
    }
```

程序运行如图 13-3 所示。

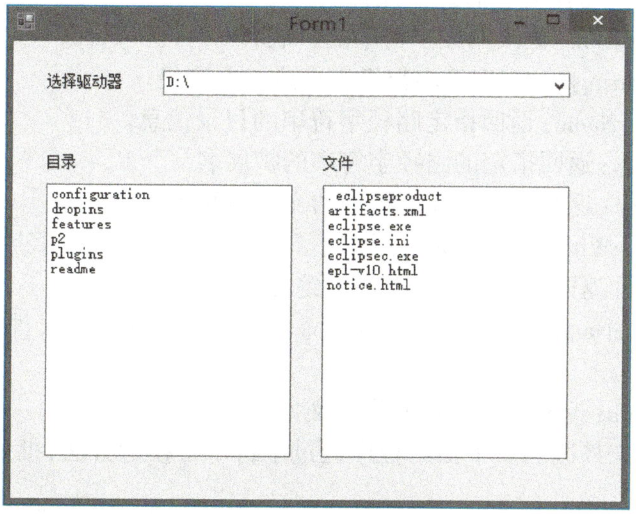

图 13-3　程序的运行界面

Directory 类的 GetLogicalDrives 方法返回所有的驱动器列表（第 17 行）。将结果放入到 ComBox 控件中显示。当选择了一个驱动器后，需要列出该驱动器下的文件夹和文件。通过调用 GetDirectories 方法得到该驱动器下所有文件夹路径（第 26 行），该方法返回的结果是每一个文件夹的完整路径。而在 ListBox 中只要显示文件夹名，因此，在显示之前，对返回结果做了裁减（第 31 行）。同时，文件夹完整的路径还需要使用，简单起见，将它们存放在一个成员变量 dircetory 中（第 9 行）。

13.4.2 文件操作

和目录操作类似，静态的 File 类提供了对文件操作的方法。可以方便地创建、删除、移动或复制文件。以下是常用的一些方法。

（1）Copy（string sourceFileName，string destFileName）：sourceFileName 指出要复制文件的文件名以及该文件的路径，destFileName 指出新的副本的文件名可以带有路径。但 destFileName 不能是一个目录或者一个已存在的文件。

（2）Delete（string path）：删除一个文件。path 指出该文件名和路径。

（3）Exists（string path）As Boolean：测试 path 指定的文件是否存在。若存在，返回 true，否则返回 false。

（4）Move（string sourceFileName，string destFileName）：将文件由位置 sourceFileName 处移动到新位置 destFileName 处。

（5）GetCreationTime（string path As String）：返回由 path 所指定文件的创建日期和时间。类似的还有 GetLastAccessTime，返回上次访问指定文件的日期和时间。GetLastWriteTime 返回上次写入指定文件或目录的日期和时间。

这些方法都是静态的。使用方法和 Directory 类相似。此外，如果需要对 Path 路径做一些处理，Path 类提供的常用方法有以下几种。

（1）ChangeExtension：更改路径字符串的扩展名。

（2）Combine（String[]）：将字符串数组组合成一个路径。

（3）GetDirectoryName：返回指定路径字符串的目录信息。

（4）GetExtension：返回指定的路径字符串的扩展名。

（5）GetFileName：返回指定路径字符串的文件名和扩展名。

（6）GetFileNameWithoutExtension：返回不具有扩展名的指定路径字符串的文件名。

（7）GetFullPath：返回指定路径字符串的绝对路径。

（8）GetTempFileName：创建磁盘上唯一命名的零字节的临时文件，并返回该文件的完整路径。

（9）GetTempPath：返回当前用户的临时文件夹的路径。

例 13–5 批量文件改名。下面的程序通过字符串替换的方法，批量更改文件名。程序界面如图 13–4 所示。

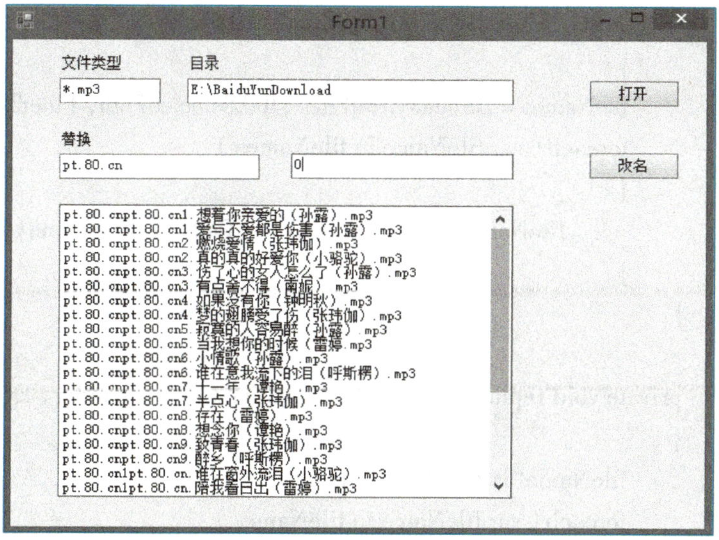

图 13-4　批量改名程序界面

在该程序中，在“文件类型”文本框中输入要寻找的文件，单击“打开”按钮，将显示一个文件夹浏览对话框。选择一个文件夹，ListBox 中列出所有的该类型的文件。单击“改名”按钮，将在所有文件的文件名中，匹配前一个文本框的字符，然后用后一个文本框的字符替换。

```
using System;
using System.Windows.Forms;
using System.IO;

namespace replace
{
    public partial class Form1 : Form
    {
        public Form1()
        {
            InitializeComponent();
        }
        string[] fileNames;
        private void getButton_Click(object sender, EventArgs e)
        {
            FolderBrowserDialog fbd = new FolderBrowserDialog();
            if(fbd.ShowDialog()==DialogResult.OK)
            {
```

```
19:                 dirTextBox.Text = fbd.SelectedPath;
20:             }
21:             fileNames = Directory.GetFiles(fbd.SelectedPath, FliterTextBox.Text);
22:             foreach(var fileName in fileNames)
23:             {
24:                 fileNameListBox.Items.Add(Path.GetFileName(fileName));
25:             }
26:         }
27:
28:         private void replaceRenameButton_Click(object sender, EventArgs e)
29:         {
30:             fileNameListBox.Items.Clear();
31:             foreach(var fileName in fileNames)
32:             {
33:                 try
34:                 {
35:                     var newFileName = fileName.Replace(replaceSoureTextBox.Text,
                            replaceDestTextBox.Text);
36:                     File.Copy(fileName, newFileName);
37:                     File.Delete(fileName);
38:                     fileNameListBox.Items.Add(Path.GetFileName(newFileName));
39:                 }
40:                 catch { }
41:             }
42:         }
43:     }
44: }
```

注意，File 类中并没有一个 Rename 的方法，所以用了 Copy+Delete 来实现 Rename（第 36~37 行）。

习题

1. 假设有要排序的 20 个数存在文件 Data.txt 中。编写程序，打开该文件并将排好序的数重新写回该文件。

2. 重新打开第 1 题创建的文件，在文件的结尾再添加 10 个随机数。

3. 参考 Windows 的记事本程序，编写一个简单的文本编辑器程序。

4. 编写程序，在用户选择了一个目录后，找出该目录及其子目录中所有扩展名为 doc 和 docx 的文件。

5. 假设有文本文件 1.txt 和 2.txt。编写程序，创建一个新的文本文件将 1.txt 中的内容和 2.txt 中的内容重复两遍，交替写入新的文本文件并删除 1.txt 和 2.txt。

6. 现代生活中有很多垃圾邮件。寻找 30 份垃圾邮件作为样本，将其保存为文本格式。扫描这 30 个文件中的词，统计出词频出现最高的 30 个词。另外随意挑选一些邮件，保存为文本格式，扫描这些邮件，根据它们含有上述 30 个词的多少等给出一个打分的规则，最后根据分数，判断一个邮件是否是垃圾邮件（注：中文的分词较难些，可以选择英文练习）。

参考文献

[1] Deitel P. Visual C# 2010 大学教程[M].4 版.张思宇,等译.北京:电子工业出版社,2011.
[2] Watson K, Nagel C. C# 入门经典[M].5 版.齐立波译.北京:清华大学出版社,2010.